建筑基础110
庭院种植技巧

[日]山崎诚子 著
祝 丹 译

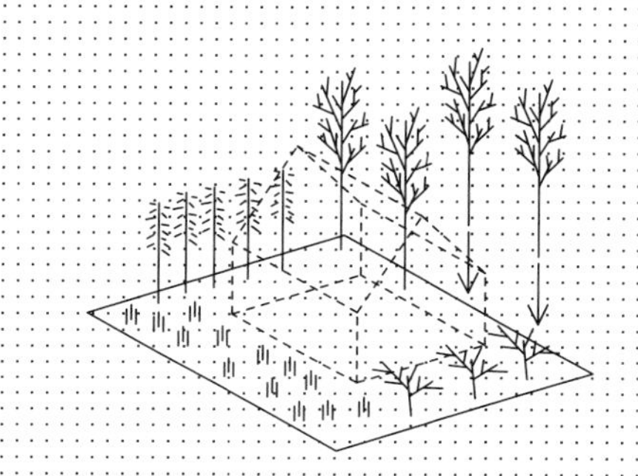

中国建筑工业出版社

目 录
CONTENTS

第 1 章 住宅庭院的种植设计

第 2 章 树木的基础知识

第 4 章 充分发挥绿化的功能

第 5 章　不同主题的种植

（注：本书中出现的台湾云杉、北美云杉、日本柳杉等是学名，与地名、国名、洲名无关）

第 1 章

住宅庭院的种植设计

BESS 广场　秋津原木屋别墅

001

什么是住宅庭院的种植？

在进行住宅种植设计时，我们需要了解有关树木及种植施工等方面的知识。

有关种植方面的知识：

有关"种植"一词，辞典中的解释是"培育草木生长"(《大辞林》三省堂)，即栽培植物的意思。但是，在建筑、土木工程及造园的世界中，除了以观赏为目的进行草木的种植外，还要考虑树木本身的生长特性及管理方法等，并选择适合它们生长的地方进行种植。

因此，在进行建筑的植物配植规划时，设计师首先要选择适合该建筑及其庭院特征的树木及植物。在此基础上，还要思考树木喜欢什么样的环境、何时开花、树形将如何变化等问题，这就要求设计师需具备一定的植物学常识，以便对所设计的植物至少一年后形态的变化趋势有所了解。此外，对于树木应在何时、以何种方式进入建筑现场、如何进行栽种等施工方面的常识也需有一定的了解。

选择适合住宅的植物：

不同于公园中的庭院，住宅庭院是以建筑物主人的休闲、娱乐等内容为主要使用目的。因此，我们建议首先要明确合适的植物数量，以便日后打理。

适合住宅的植物数量，主要由其成长起来以后的植物大小来判断（请参照第 52 页）。例如，常被用来当作行道树的光叶榉，不仅树形美观，树叶的颜色也富于变化；若生长条件适宜，十年左右就大概可长到 15m。若是私人庭院选择此树来种，就要十分注意其生长性。

而所谓便于打理的树木，是指选择那些在建筑物主人的日常管理范围就可以打理的植物。如玫瑰花虽然美丽，但需要每天精心的呵护和管理，而对于那些没有时间和闲暇的业主来说，玫瑰就不是很好的选择。

按照住宅的各个位置来探讨种植

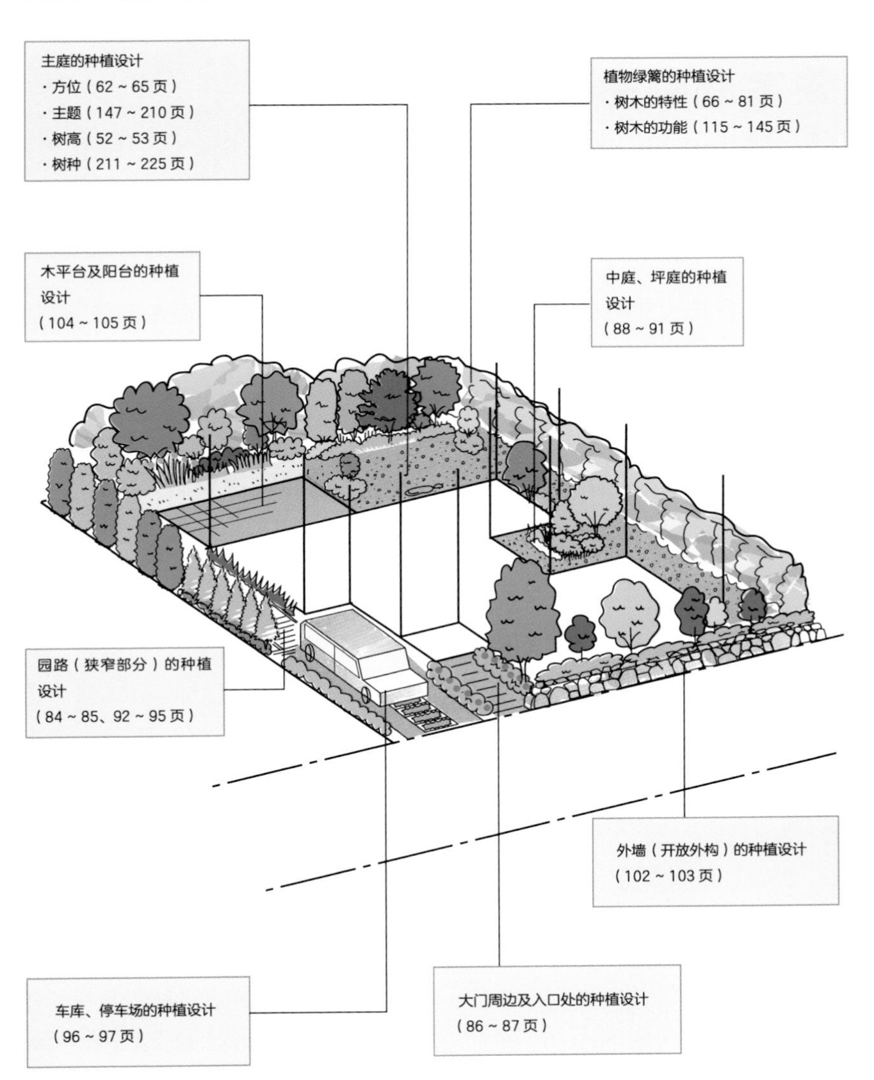

除此之外，还可以对浴室外环境（98～99页）、棚架（106～107页）、屋顶（108～109页）、屋檐（110～111页）、壁面（112～113页）等部位进行种植设计。

002

住宅庭院的种植理论

在进行住宅的种植设计时，独栋建筑需在 3 年后，而集合住宅则需在入住时就要保证部分植物的景观效果。

独栋建筑的种植设计

种植设计完成的时间节点不同，种植数量及配植（种植）密度等也大有不同。对于独栋住宅来说，树木要按照 3 年后、草本植物（宿根草除外）要按照 2 个月后的生长情形来决定种植密度。

种植的树木种类要依据房屋主人的管理能力来决定，并要对树木及草本植物进行科学、合理的配置。因为树木的生长期一般在 1 年左右，所以管理上较为简单。而草本植物则需要人们从春天到秋天在庭院中逗留数小时，为其浇水、除草及摘花壳。

房屋主人的喜好是选择树种的主要决定因素，所以事先一定要与房主沟通与交流，积极听取房主对于种植方面的意见与建议。另外，种植设计也有流行与过时一说，因此要充分考虑几年后房主对种植需求的变化，最好做一些可以进行施工调整的设计。

集合住宅的种植设计

对于集合住宅来说，在人们入住时就要完成一定的种植设计，因此种植范围要相对小一些。特别是在建筑物的门面（如入口周围等），一定要把一些豪华的花木（请参照 158 ~ 165 页）进行高密度的种植。但须注意的是：若干年后，由于这些花木的密度过高，一定要进行合理的修剪及空间整理。

选择种植的树种最好以树木及宿根草为主，尽量避开需要频繁更换的一年草。

集合住宅的种植管理由原来的交给专业公司管理到现在的居民自我管理趋势，决定了选择便于管理的树种至关重要（请参照 208 ~ 209 页）。

另外，在种植大乔木时需要注意的是要保持树木与建筑物开口部之间的距离，以免其渐渐地生长到建筑物的内部。

树木：生长较快且有多年生木质茎的植物。枝与干冬季不枯萎，会不断生长，在四季分明的日本可长出年轮。
草本：茎的组织柔软且水分多。不会木化，也不会再生长。

住宅的种植设计

①独栋住宅

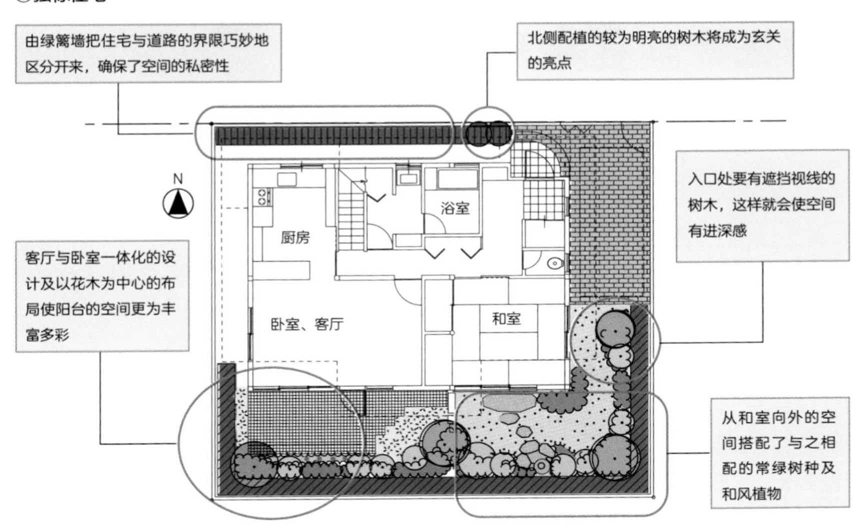

②集合住宅

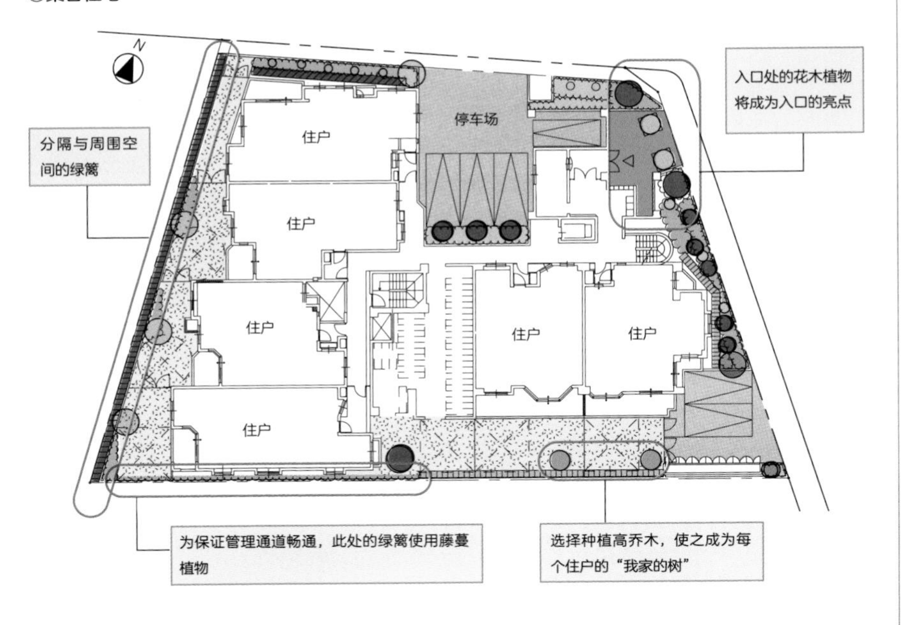

摘花壳：枯萎且散落的花瓣不仅影响美观，更是植物生病的原因之一。除了要获得种子外，要经常地把枯萎的花壳摘掉。
分隔空间：为了降低种植密度，要适当拔除发育中的部分植物。

003

委托专业住宅种植设计师

要点 根据想要种植的树种、庭院的规模及主题等条件，委托最适合的种植设计师进行设计。

种植设计的被委托方

除了种植设计师外，与种植设计相关的行业有很多，如花园设计师、景观设计师（景观建筑师）、园艺师、造园师、作庭师等。按照资格来分类的话，有“造园施工管理技师”、“注册景观设计师”等，主要由他们来负责种植设计。一般来说，如果建筑设计师或建筑物的主人不能亲自设计种植的话，一般都委托以上这些专业人士进行设计。

根据树种及庭院的主题来选择

根据树种及庭院的主题来选择相应的种植设计方，可参考以下的选择方式。

如果想建一个规模较小的、以草花为主的花园或香草园，建议委托花园设计师或园艺师。另外，有些贩卖苗木的公司也会承接此类的设计，甚至可以协助完成施工，所以也可咨询并选择。

如果想建一个规模较大的、以树木为主的庭院，委托种植设计师、造园师、作庭师、景观设计师等的情形较多。

关于这些被委托方的信息，除了从相关的报纸、杂志及书籍获取外，查找相关设计师的网页或网站或许更快。另外，通过与种植相关的协会或团体来介绍设计方或施工方的方式也是不错的选择。切记事先要讲明自己的希望与要求，就是要有离规划用地近且有能力设计完成指定风格庭院的设计方。

另外，与建筑公司经常合作的造园公司或专业人士也是不错的选择，可以通过建筑公司来介绍。

造园施工管理技士：为了正确开展造园施工工作及提高造园施工技术水平，根据日本建设业施工法令授予的大臣资格。该资格授予那些与施工规划、施工图制作、工程品质及安全管理等方面相关的造园施工管理技术检定的合格者。

与种植设计与施工相关的人员

职种		业务内容
设计	种植设计师	负责规划、设计、施工监理等业务，业务规模多种多样
	景观设计师	负责规划及设计，主要是大规模的种植设计。同时也涉及街区建设、公园、道路、绿道、外构（立面）、口袋公园、生态栖息地等多方面业务
	花园设计师	负责设计个人住宅、住宅团地、集合住宅的外立面等业务，并以花草为中心进行种植设计
	作庭师	负责和风（日式）庭院的设计，如个人住宅的庭院、茶亭、石组、流水、瀑布等
施工	造园施工业者	负责全部的种植施工工程，如植物的种植、修剪、竹垣、石据、石组、流水、瀑布、简单的铺装等
	造园公司	除了出售造园材料外，还承接植物的种植、修剪、竹垣、石组、石灯笼安装等业务
	土木绿化建设业者	种植施工只是其业务的一部分，主要负责道路、桥梁等大规模的施工。业务范围包括工程施工、种植施工、道路施工、铺装施工、外装施工、建筑施工等
材料销售	生产者（苗圃等）	出售及培育植物。从多种植物的幼苗及种子开始培育
	施工业者	以外构资材的设计、施工及销售为中心开展业务，如围栏、门扉等
	园艺店、家装服务中心	销售园艺资材。近年来，大规模的园艺店及家装服务中心除了销售外，也开展设计、施工等业务
其他	树木医、树医	主要处理树木的病虫害及其伤害、恢复老树的树姿等

与种植相关的主要团体

团体名称	地址	电话	网址
（社）日本造园组合连合会（简称：造园连）	邮编：101-0052 东京都千代田区神田小川町 3-3-2 松下大厦 7F	03-3293-7577	http://jflc.or.jp/
（社）日本植木协会	邮编：107-0052 东京都港区赤坂 6-4-22 三冲大厦 3F	03-3586-7361	http://www.ueki.or.jp/
（社）日本景观咨询协会	邮编：102-0082 东京都千代田区一番町 9-7 一番町村上大厦 2F	03-3237-7371	http://www.cla.or.jp/
JAG（日本花园设计协会）	邮编：156-0041 东京都世田谷区大原 2-17-6 B1	03-5355-0603	http://jagdesigner.com/
日本树木医会	邮编：113-0021 东京都文京区本驹込 6-15-16 六义园第六栋 302 号	03-5319-7470	http://jumokui.jp/
日本园艺协会	邮编：151-8671 东京都涉谷区代代木町 14-3 创艺元代代木大厦	03-3465-5171	http://www.gardening.or.jp/

注册景观设计师：是指那些在庭院、公园、绿地等方面与造园、城市空间、建筑群相关的、有一定专业知识和水平、并能进行规划与设计的技术者。相关人员可通过专业教育、实务训练及认定考试来获取资格。

004

与种植设计师共同探讨种植方案

要点 事先要准备好图纸等资料，碰头会上要确认成本及管理办法。

事先需准备好相关资料

委托种植设计师进行设计时，为确保碰头会的顺利进行，需事先准备好规划用地图、配置图、平面图（含建筑物一层、能了解建筑与庭院空间相连接部分的空间构成状况）。因为屋顶的形状、大小及从二楼可眺望的景观也非常重要，所以也要准备二楼的平面图、绘有窗户大小、门的感觉的立面图、能了解室内外高低差的断面图以及与种植施工相关的设备及管线的平面配置图。此外，如果能有表现建筑外立面的材质及色彩的效果图的话，在探讨建筑与植物平衡关系时将会起到重要的参考作用。

如果能有地质及地下水位等相关资料的话，在决定种植地高度及土壤改良等方面将会起到重要的参考作用。此外，如果能准备些树木的图片，将会简单明了地了解双方意图，顺利推进碰头会的进展。

确认施工费用及管理办法

碰头会上，不仅要就设计效果进行商讨，更要明确施工成本及施工后的管理办法等。

对于选择珍稀树种或同样树种中树形较好、造型独特的树木的，都要无形中增加材料成本。为了明确种植施工及完成时的成本，设计方及施工方有必要在初期的碰头会上一一确认这些能想到的施工费用。

另外，施工后的管理办法、频率及管理所需费用都将左右树木的生长与发育，所以一定要慎重地选择树木。如果不去设想建筑物主人后期的管理方式，而盲目地种植一些难于管理的一年草及草花（需要频繁地摘掉花壳），或是种植需要施肥的、管理起来较为麻烦的玫瑰等植物的话，事后必然会引起不必要的争端与麻烦。

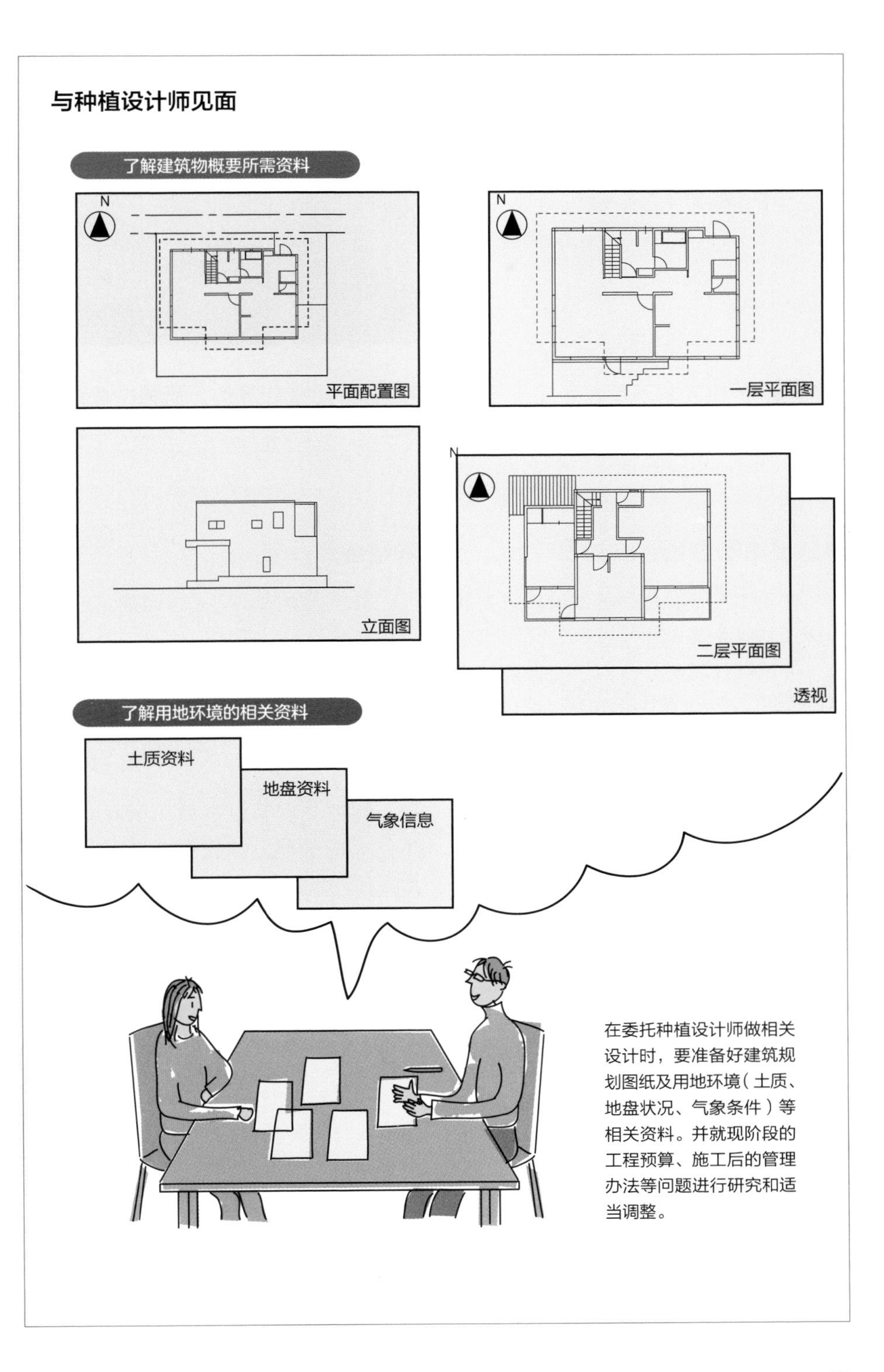

在委托种植设计师做相关设计时，要准备好建筑规划图纸及用地环境（土质、地盘状况、气象条件）等相关资料。并就现阶段的工程预算、施工后的管理办法等问题进行研究和适当调整。

005

种植的成本

种植成本不是按照建筑施工费用的百分比来计算的，而是按照设计及施工所花费的劳务费计算出来的。

种植成本所含项目及内容

种植成本一般包括种植设计成本及种植施工成本两大部分。

种植设计成本是指向种植设计师支付的费用，包括大体敲定树木的种类、配植的大体方针等阶段基本设计费、施工图设计费及配合施工阶段的监理费等。

而种植施工成本是指向施工单位支付的费用，主要包括材料费及施工费等两大项。施工费是指种植费、支撑树木的支柱费、土壤改良所必需的改良材料费等。此外，从田里搬运树木的搬运费、现场种植及配置支柱费及材料搬运费、植物养生费等各种费用。

根据树木大小不同，需求也不相同。当搬运大树时，也许会需要大型吊车等设备，就需要计算在成本之内。另外，如果搬运道路狭窄的话，不能把材料一次性全部搬运的情况下，也需要另计搬运费。

种植成本一览

种植设计成本不是按照建筑施工费用的百分比来计算的，而是按照进行参与设计及施工监理所花费的劳务费计算出来的。另外，日本国土交通省每年公开发表的“技术者单价”是计算成本的最佳参考。

施工成本会根据使用的材料而发生重大的变化。如松树或罗汉松等树木在使用前需要大量时间进行培育和修剪，作为商品来说，成本自然会很高。相反给人以昂贵印象的草坪，如果想控制价格的话，可选择 1500 日元 /m^2 的品种，与内装的奢华材料比起来实在是不算昂贵。

除了材料费以外的种植费或搬运费等按照材料费的两倍来计算的话，应该不会有太大的出入。

监理：设计监理是指设计师对施工人员进行指导，并监督其按照设计图纸及相关流程完成施工任务的工作。

种植成本的构成

①种植设计费包括

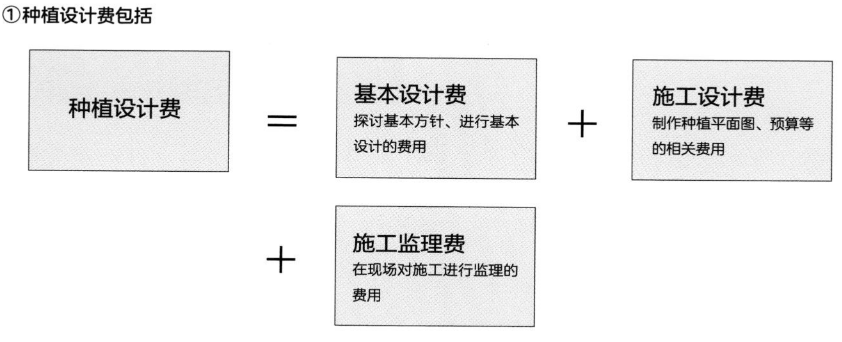

设计师的技术水平也会改变技术材料的数量。与建筑施工类似，从施工费用的比例中算出材料费的案例很少，而与设计行为相关的人工费的算法相近。而人工费的计算标准通常参照国土交通省每年公布的“技术者单价”。国土交通省（相当于我国的住房和城乡建设部）“预算基准等”http://www.mlit.go.jp/tec/sekisan/index.html。

②施工费包括

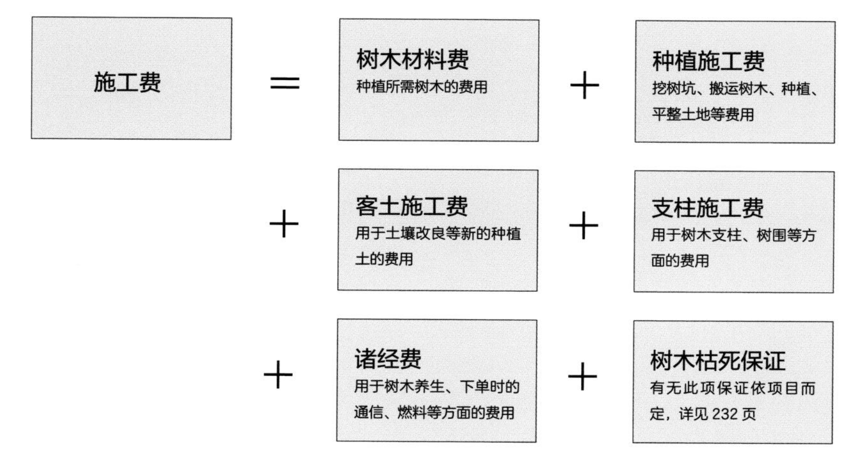

树木材料费会根据流通量而有价格浮动。此外，搬运费也会随材料所在地的远近而有所不同。如椰子类植物一般生长在九州等温暖的南方，若在东京种植就会大大提高各项成本。

土壤改良：为了植物健康生长，有时要进行人为的土壤改良。土壤改良包括提高土壤的通气性、排水性、保湿性、肥沃性及改善土壤硬度、调节其酸碱度（pH值）、补给其养分、去除其有害物质等内容。

006

种植设计及施工的日程安排

要点　独栋住宅建筑的种植设计及施工的最短参考周期为：设计用 1 周时间、施工用 1 周时间。

制定种植规划的参考周期为 2 周左右

种植设计及施工是按照“听取业主意见”、“现场及周边调研”、“制定规划”、“施工”、“管理”等步骤来进行的，这些步骤也是推进建筑物的设计与施工所必要的程序。

虽然现场及周边环境调研依施工规模而有所不同，但是如果是小规模的独栋住宅的话，现场调研需要 1～3 日，周边调研需要 1～2 日，加上之后的整理工作共需约 1 周左右的时间。

如果事先能拿到用地的测量图、现状图（有树木的位置及给水排水的位置等）等图纸的话，就会缩短调研的天数。

建筑物的主人与设计师的碰头会要依场地的规模及状况而定，有的只需 1 日，有的则需花费 2 个月左右。若是标准的独栋建筑类型的话，种植规划大约需要 1 周时间、加上现场及周边环境调研，到施工为止大约需要 2 周左右的时间。

种植施工的参考周期为 1 周

种植施工分为预定材料和施工两个阶段。因为有些材料是生物材料，所以必须在开工 2 周前左右完成预定（如果是施工方经常使用的材料，只需 1 周左右）。

施工周期受到施工规模、周边状况、施工的时间节点、天气状况等诸多因素的影响。如果是小规模的住宅，周边条件良好，天气状况也最佳的情况下，只需 1 周左右即可完成施工。

但是，如果用地的周边道路狭窄、施工用车无法长时间在用地及其周边停留或种植施工与建筑施工冲突的话，就会使施工期间延长。

种植设计、施工的基本流程

种植设计

种植规划

明确种植设计基本方针的关键词

①问卷调查
听取建筑物主人的希望及对管理体制、方法的意见和建议

②现地调查、分析
确认调查地形、土质、气象、植物、水分含量、日照的各项条件及设备设置状况、周边环境等（参照 22 ~ 27 页）

明确种植设计的基本意向

③功能分区、动线规划
探讨主庭、副庭的布局、整体意向的形成、进入及服务动线、视线的移动等问题

④基本设计
探讨树木、景观小品、铺装材料、施工费的概算等问题

完成设计图

⑤施工设计
探讨配植图（树种、形状、数量）、景观小品的布局、铺装材料的布局、门、塀、围栏、绿篱、施工费用概算等问题

种植施工

选择施工单位

⑥选定施工单位
提交施工设计图纸、经确认现场及概算等环节，若费用达成一致即可决定

订购材料

⑦订购材料
订购种植树木，有时施工单位和供货商不是一家

预约施工

⑧施工
一定配合建筑施工的进程及条件进行种植施工

向建筑物的主人交工

⑨交工
经设计者、施工者、建筑物主人三方检查确认后方可交工

基本设计、施工设计：在基本设计阶段，决定树木的种类、布局等大体的种植方案；在施工设计阶段，则是以基本设计为基础，制作可用来施工及施工内容明细的图纸。

007

对用地周边环境的了解与把握

要点 现场调研前，要以地形图为基础，了解与把握用地周边大体的地形及气象等条件。

地形图入手

树木成长所需的日照、水、土、风等自然条件受到用地周边地形所营造的微气候影响（请参照 116 页）。因此，在进行种植设计时，一定要先了解用地周边地形的状况及对用地产生的影响。

如果想了解用地的整体地形概况，需要准备比例尺约在 1/25000 左右的地形图（国土地理院发行）。

地形图可在大型书店购买，也可以通过网络阅读（有相关的自治团体管理），请选择自己方便的方式。

解读用地的周边环境

在用地的周边环境中，最重要的是方位。主要明确用地处于一个什么样的地形中，又在地形中的哪个方位上。如果规划用地处于山丘或大山的北侧，日照条件不是很好，就需要种植一些耐阴植物。

接下来要确认用地周边是否有凹凸状的地形。如果是山丘或台地的凸状地形，日照条件好且温暖，会比较适合植物生长。但是，由于这些地区的风势较强且干燥，所以有必要去现场考察风势的强劲程度。反之，山谷、河川等凹状地形的日照时间短，寒湿气容易滞留，所以最好种植一些耐湿树木，并设置排水井等设施以确保水能顺利排走。

此外，还要了解与把握用地的标高、河川等水路的位置及分水岭等状况。如果规划用地位于山下，还要调查是否有涌水（地下水等）流出。为了更精准地把握场地情况，最好再拿到比例尺为 1/1500 左右的详细地图以及有公共机关分布情况的住宅地区详图，或者采取现场调研的方式进行了解（请参考 22 页）。

排水井：在屋外配水管的合流点、分歧点等处设置的扫除用的水孔。
分水岭：使 2 条以上的河川分开的山稜。

通过地图确认的要点

附近有山和丘的情况

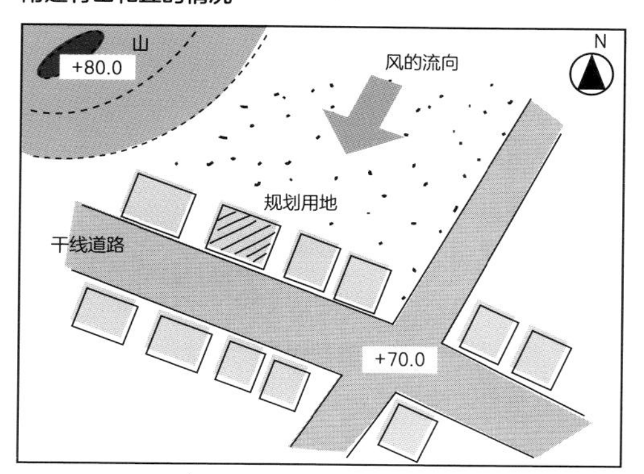

规划用地若位于比山和丘都低矮的地方，风很容易经过，因此要确认是否有北风从规划用地的北侧吹来。另外，用地位于干线道路附近，要把握交通流量状况。

附近有河川的情况

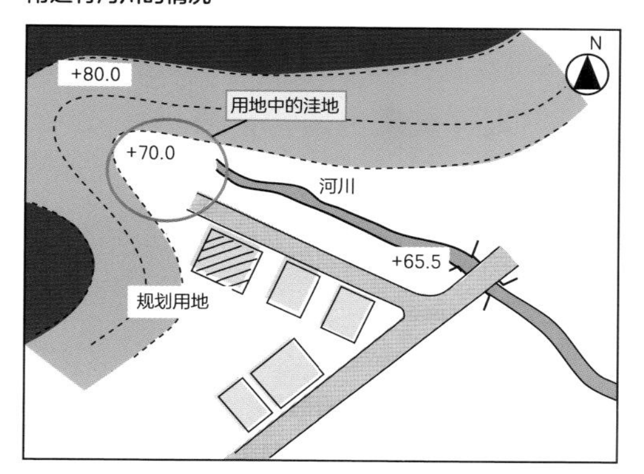

有必要确认水流方向及大雨时河川的水位等状况。如左图所示，若规划用地附近的地形呈洼地状态时，还要确认降雨时那里会有怎样的水流生成。另外河川也不只在同样的地方流动，应在古地图等资料上确认该地是否在历史上曾是河川。

附近有小山却没有洼地的情况

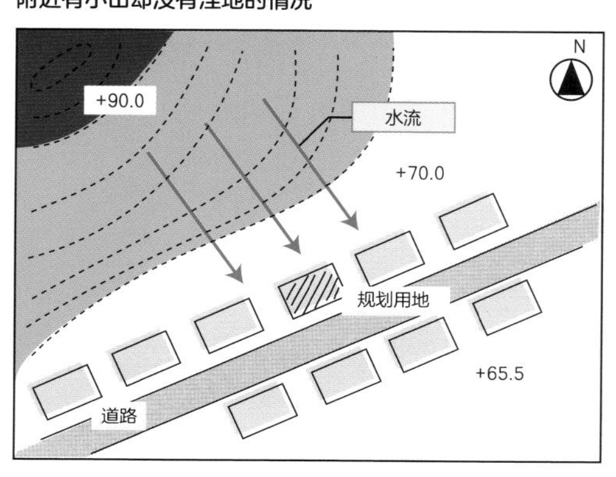

降雨时雨水如何从山上流淌下来、是否有水土流失的可能、是否要做防洪堤坝等问题要一并确认。

008

通过现场调研确认用地环境

要点　通过现场调研，确认用地的日照、水分、土、风、气温等微气候。

植物生长不可或缺的三要素

通过现场调研，要确认植物生长不可或缺的日照、水分、土壤等三要素的状况。

①日照：树木可分为喜阳、喜阴及中庸树（请参照 58 ~ 59 页）。因此需要确认规划用地中朝阳能照射到的地方、整日太阳能照射到的地方及夕阳能照射到的地方。

②水分：无论是多么耐旱的树种，完全没有水分的话也无法成活。因此需要调研土壤的干湿状况及是否有排水用的管道等设备。

③土壤：植物一般喜欢弱酸性的、富含有机质的、排水性良好的土壤（请参考 24 ~ 25 页）。如果没有满足以上条件的话，需要进行土壤改良或更换客土等工作。在土质确保之后，需要了解与确认土壤的范围与深度。一般来说，植物的根系范围与枝叶的冠幅相对应，因此需要超过枝叶冠幅的土壤范围。

风与温度也同样重要

一定强度的风会把树木周围的脏空气及湿气吹散，但是如果风吹的频率过多、强度过大的话，非但对植物的生长没有任何好处，还会妨碍其生长。

树木的生长点一般在枝和干的先端，因此先端的新芽非常柔弱。如果树木种在频繁接受强风吹拂的地方，树芽会经常处于弯曲的状态，这样会导致树木停止生长与发育。因此，在有季节性风吹及建筑物间的强风吹过的地方种树的话，一定要确认好风的强度，并根据实际情况选择耐风的树种（请参考 70 页）。

树木有其各自生长所适宜的温度（请参照 68 ~ 69 页）。如果种植树木不适应所在地的气温的话，也会导致变弱甚至枯死的情况发生。

客土：是指在栽培植物时，搬入优质的土壤。客土是在土壤环境不好又不易改良、土壤厚度达不到种植需求时所使用的方法。一般来说，树木的高度不同所需的土量也不同，因此常常会出现挖了住宅地的土壤也不够种植高乔木所需的土壤深度的情形，而这些情形都需在现场调研阶段了解与把握。

树木生长必要的条件

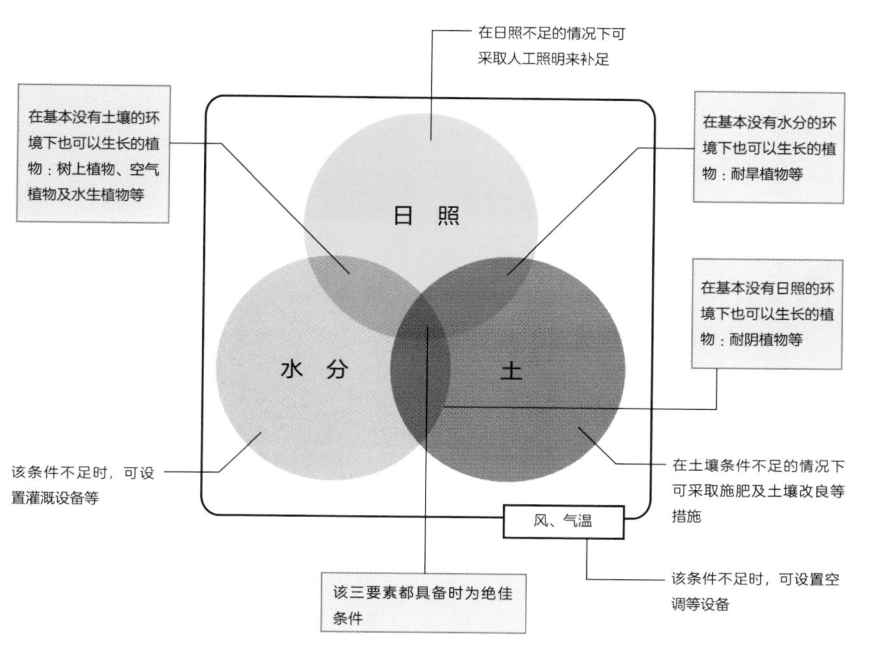

为了树木能够健全地生长，所有的客观条件能够平衡发展较为重要。
哪一项条件或多或少都不利于植物的生长，要注意及时调整

小常识

种植所必需的土壤量

一般人都认为只要土质肥沃，植物就很容易种植，殊不知这是一种误区。因为根据树高（52 ~ 53 页）不同，其所需的土壤量一般是固定的。

种植所需土壤厚度的基本数值请参照左图表所示内容，但是对于那些定期浇水较困难的地方，要在原数据基础上分别增加 10cm 左右的厚度为好。

此外，如果是屋顶花园的话，还要在左表所示数据的基础上增加 10 ~ 20cm 的排水层。

住宅用地常有土层厚度不够种植乔木的情形发生，所以在现场考察阶段最好要确认一下土层厚度。

树木生长所需要的土壤厚度

树高	土层的厚度
乔木	80cm 以上
中乔木	60cm 以上
灌木	40cm 以上
地被植物	20cm 以上

生长点：植物的茎与根等前端细胞分裂旺盛的部分。

009

适合种植的土壤

要点　确认并调整土壤的排水性、保水（湿）性及营养成分的平衡。

优质土壤的条件

为了确保树木的健康成长，除了要有充足的土量，还要有良好的土质。特别是人工造成地，更要确认土质的好坏。

土壤条件决定了树木生长的状态，因此土壤的排水性、保水性及营养成分等三要素是必须要确认的指标。

与动物相同，植物也是依靠根系吸入酸素并排出二酸化炭素，因此过硬的土壤或像黏土一样的土壤会使树木在土壤中没有足够的空间呼吸而导致根系枯死。像这样的土质，就必须进行土壤改良，如在土壤中混入大颗粒的土或腐叶土进行搅拌等。

植物的根系在获得适当的水分时才会生长，但如果根系周围一直有水的话也不利于根系的成长。所以选择拥有强壮根系的树种，并且保证适宜的水量是确保根系生长的最佳状态。

但是，如果土壤过于干燥的话也会导致根系枯死，所以一定程度的保水性也非常重要。尤其对于含有砂砾或碎石的土壤，要加入泥炭土等海绵状物质进行土壤改良。

种植施工后的土壤管理

在种植施工过程中有些状态良好的土壤，在经年岁月的洗礼后也会出现种种问题。因此有必要在施工结束后也进行定期的管理，如翻土、加入腐殖土或增加土壤空隙等工作。

对于大多数种植树来说，土壤中若有一定营养成分的话，就不需要每年都施肥。但是，如果想让花和果都变大的话，就有必要加强土壤的营养，可在土壤中加入堆肥等。

腐叶土：大叶栎、青冈栎、麻栎等树木的落叶发酵后分解并土壤化后的物质，具有良好的排水性、通气性和保水性。

泥炭土：寒冷潮湿地带生长的泥炭藓在酸性（养分）不足状态下堆积、分解而成的物质，具有良好的保水性和通气性。对于酸性度过高、没有中和的堆肥要用石灰进行中和和调节。

适合种植的土壤

以下三种条件相对平衡就是适宜种植的土壤

排水性
为提高土壤的排水性，要在土中掺入黑曜石搅拌

保水性
为提高土壤的保水性，要在土中掺入泥炭、珍珠岩等尿素系的土壤进行搅拌

营养成分
为提高土壤的营养成分，要在土中掺入家畜的粪尿、尘芥尿、化学肥料等进行搅拌

土质调查除了上述条件外，还需注意以下两点：

①土壤的 pH 值是否合适

在日本生长的树木，一般喜欢 pH 值为 6 ~ 6.5 的弱酸性土壤的居多。降雨较多的日本，土壤易呈酸性，若酸性过强，则需考虑加入石灰进行中和。

但是，最近由于受混凝土铺装及地基成分影响，土壤呈碱性的状况也时有发生。

②土壤中是否含有盐分

若土壤中含有盐分，则植物就不能健康成长。

人工造成土地的土壤环境

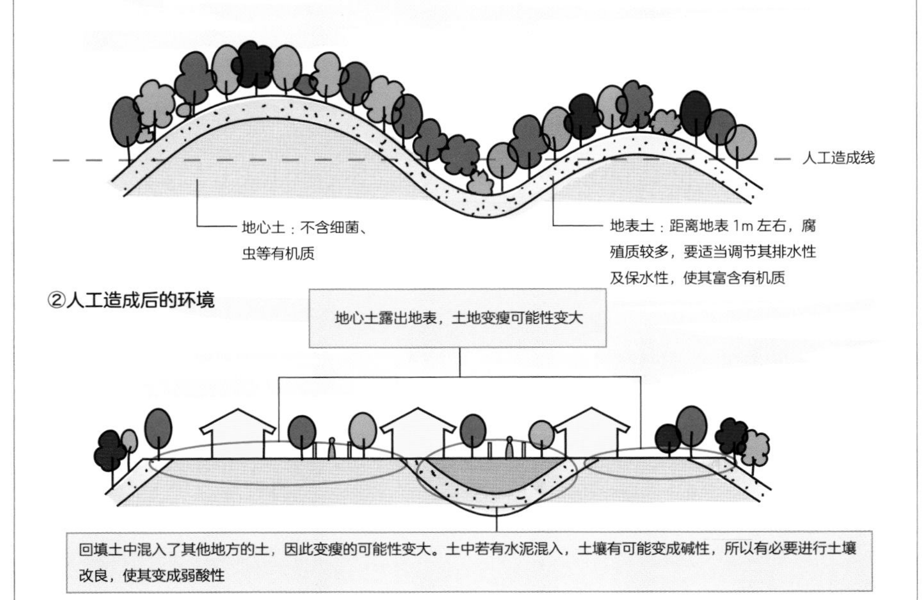

树皮堆肥：把树皮裁断，堆积并发酵，使之变为肥料。这种堆肥的通气性及排水性都非常好。

010

确认庭院与建筑物的关系及用地条件

确认庭院与建筑物的关系及用地条件，避免在窗前或室外机前种树。

明确建筑物的影响

种植用地与建筑物相邻的部分与建筑用地的其他地方不同的情况很常见，因此在做种植设计的时候，除了在相关图纸上获取必要的信息外，最好去现场调研与考察。以下几点尤其需要确认：

①种植地的降雨状况

首先需要确认的是预计种植地的上方是否有与建筑物或工作物的一部分重合的地方。如果恰好是在屋檐下的话，就无法期待降雨而导致那一片土地较干。在土壤干燥及排水比较困难的地方，因为土壤干燥而不适合种植。一般来说，屋檐下的种植都不是枯死保证对象（请参照 234 页），这些地方可用碎石等处理。

②与动线的关系

预想开口处的人流动向，若人的进出距离开口部很近的话，尽量要避免种植动线与之交叉，可采取交错的方式进行种植。

③建筑物与工作物的装饰材料

建筑物的外立面、停车场的铺装及门等距离树木都很近，因此它们所使用的材质及色彩会让人们对树木的印象有所改变。

一定要注意设备的位置！

在图纸上很难确认的是配线及配管等的设备关系。在种植地若有配线及配管的话，可能种植不了植物或眼前可种，但日后会出现因配线或配管侵入根系而损坏的情形。为了避免这样的情形发生，事先要与负责管线等设备的施工单位进行沟通，交代好种植的预计位置。

另外，空调等外挂设备经常会不出现图纸上，而这些设备散热时的热气及排风会使树木变弱甚至枯死，所以有必要改变种植的位置以避免此类现象发生。

工作物：在地上或地中，人为建造的设施。

与建筑物结合部分的调查项目

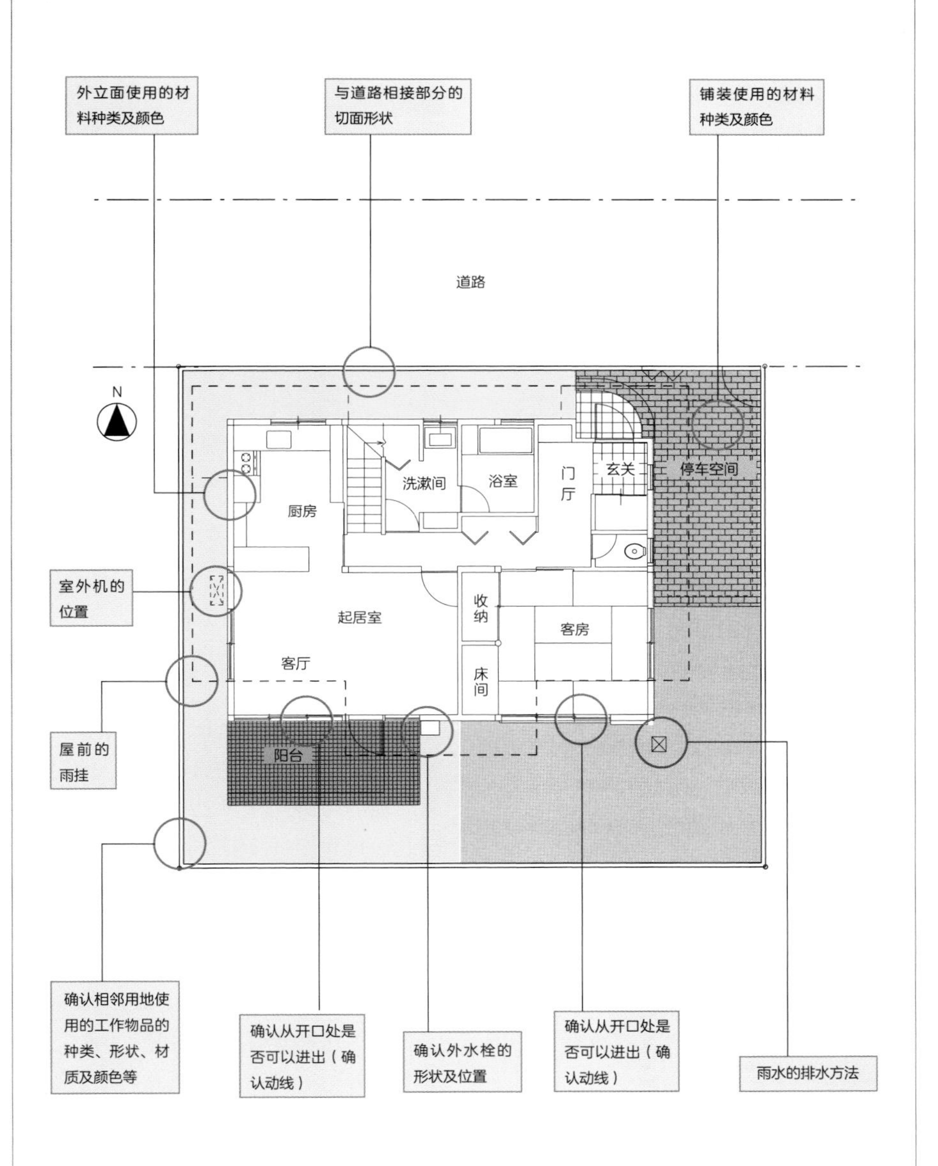

在进行种植设计的过程中，要十分注意调整与建筑物的结合与协调。
具体做法就是在进行种植设计前，至少要确认以上事项。

011

制定植物配植规划

要点 按照庭院整体种植效果、各功能分区大概的功能及配植的效果等步骤逐步完善。

功能分区图的制作

种植设计的第一步是向建筑物主人征求意见，主要询问建筑物主人希望拥有一个什么样的庭院，日常打算如何管理等内容。之后要进行现场考察（请参考 22 ~ 27 页），确认规划用地周边的环境等，并结合之前的屋主意见开始进行植物配植规划。

配植规划中，首先要确定庭院整体的种植效果，并绘制用地功能分区图。在事先准备好建筑平面图上，用大圆圈先把功能分区大体描画出来。在各个功能分区上，用文字记载该区域的特点，如日照条件、屋主意见征询阶段问到的屋主关于四季的感受以及对该场所的印象等等。

如果有可能的话，把能体现那个场所特点的象征性树木的名称也写上，就更能形象地表达设计意图了。

明确视线与动线

在大体确认完各功能分区的功能后，在接下来的图纸中就要绘制视线及动线了。

视线是指从室内向外看，能够看到庭院中的哪些景物；同时，从规划用地外向庭院内部看，所能看到的范围及景象也很重要。如在路人的视线最容易触及的地方，种上象征性树木，对于路人来说，也将是一个让人期待的、趣味横生的庭院。

绘制动线的目的是明确人们如何在庭院中移动，以及种上树木后也不会影响人们活动的场所。

以上这些步骤不断重复、不断完善，基本就可明确植物的配植意向了。之后，以功能分区图为基础，在与建筑物主人商讨并协调双方意见后，就可制作最终的植物配植图（请参考 30 ~ 31 页）了。

制作功能分区图

①确认适合种植位置的功能分区图例

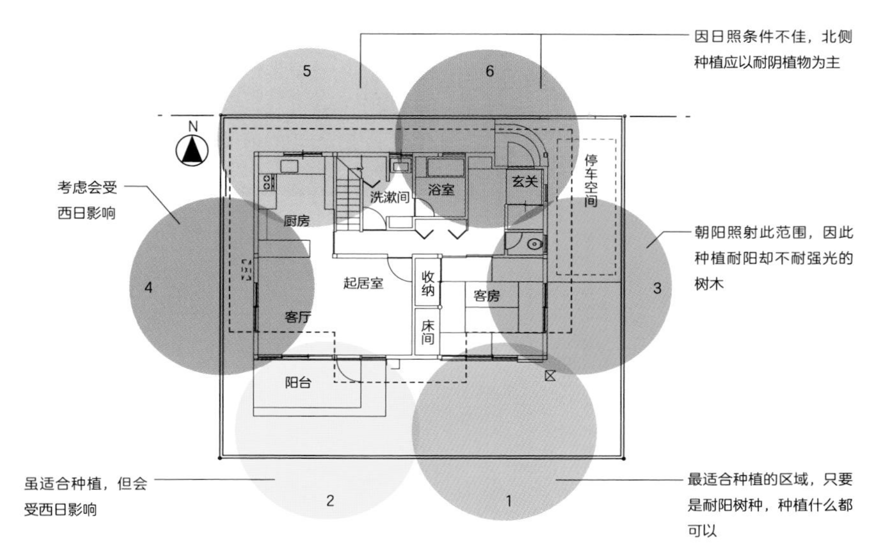

从数字 1 开始按顺序表示适合种植的区域

②与外构空间相结合的、考虑了用途、视线及动线的功能分区图例

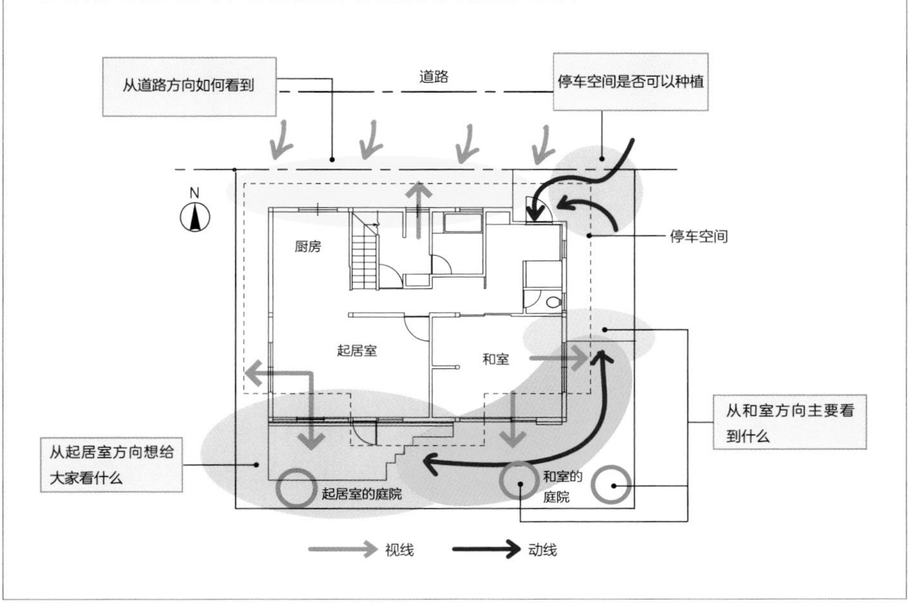

012

绘制植物配植图

要点 配植图上要有树木的位置、数量及效果，要表现得简单易懂。

配植图的画法

建筑平面图中，如果有高出地面高度（GL）或基础高度（FL）1 ~ 1.5m 的部分，就要通过断面图来表现。配植图的绘制方法也大体相同，人们可通过高差 1 ~ 1.5m 的断面图，看到除了树干的其他部分；还可通过植物配植图中树叶的伸展（冠幅等）情况来了解树木的位置及数量。

树木图会因树高不同而有所变化。高乔木及中乔木要表现其树干的位置及叶子的伸展（冠幅）情况。而杜鹃或绣球花等灌木要画出从上至下俯瞰到的范围。只有 1 株的话只画 1 株的冠幅，而丛植的话，就要画出整丛种植的轮廓。如果树叶是很细致的植物，不仅要画出树叶的冠幅，更要以凹凸或锯齿般的线条来表现出树叶及树枝的特点。比灌木还低矮的草木类的表现方法与灌木相同，只要画出种植的范围及轮廓即可。一般来说，草木的叶子较有特点，这时就不要用直线表现，而是用锯齿形等不规则的线条表现。

落叶树和常绿树、针叶树要区分表现。落叶树要想象其冬天落叶的样子，只画枝干就好。而常绿树的叶子数量饱满，要用结实的线条来变现这种量感，并且用覆盖或叠加方式来表现叶子的浓密感觉。针叶树要画出叶子尖尖的感觉。

用不同的比例尺来改变表现效果

图纸比例尺如果在 1/30 ~ 1/100 间的话，树种名称可在圆圈中或圆圈附近用片假名的开头字母或开头两个字母表示，也可标在引线上。但是，当比例尺小于 1/200 时，就不用过细地标记了。可以用单纯的线条或颜色，把树种名称符号化，通过图例一目了然地标记出来。树木的尺寸也可通过图例或在引线上标注。

高乔木、中乔木、灌木：没有过于严谨的说法，一般按照高乔木的树高在 2.5m 以上，中乔木在 1.5m 以上，低乔木（灌木）在 0.3m 以上的方式来划分。

配植图例

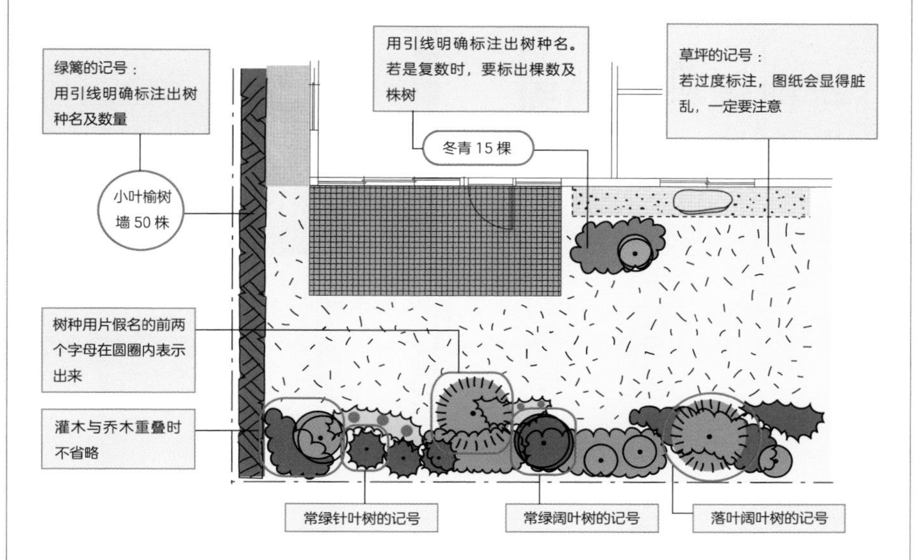

配植图的记号

乔木、中乔木			灌木	地被植物	地被植物（草坪类）
针叶树（常绿、落叶）	常绿阔叶树	落叶阔叶树			

椰子类	竹子类	绿篱	矮竹类、草花	藤蔓类

※ 上述记号只是一部分例子，并不是一成不变的，自己可根据需要进行搭配和组合。

013

与种植相关的绿化申请

向对绿篱及屋顶绿化有补贴制度的自治体（日本的基层存在自治制度），确认是否有申请绿化的义务。

提出绿化规划申请

在对绿化的加强及保护倾注力量的地区，条例中规定了相关的义务，即在一定规模的新建或改建土地上，宗地及建筑物上要实施一定基准的绿化。在上述地区进行相关建筑设计的同时，必须向相关公立部门申请种植规划（绿化规划）。例如，在东京都目黑区实施宗地面积为 200m^2 以上的新建及增改建项目中，必须向区政府提交绿化规划书（目黑区绿色条例第 18 条）。

绿化的基准依各自治体而有所不同。有根据宗地面积来决定绿化面积的情形，也有从整体宗地面积中刨除建筑面积后的空白地区来决定绿化面积的情形。

此外，除了要决定绿化面积外，有时还要确定要种植树木的棵数。在制定种植规划时，要事一定要先向规划地的自治体确认是否有相关的绿化基准。

对于规划用地中既存树木，有的自治体还制定的相关的砍伐制度。另外，对于贴有“保存树木”标签的树木，自治体有时还会发放补贴款。总之，在进行种植规划前，一定要与相关的自治体进行商讨。

种植的补贴制度

在东京 23 区中，有的自治体对设置绿篱予以奖励，有的自治体对屋顶绿化有奖励制度。所以，在进行种植规划前，一定要确认这些事项。

每个自治体都有各自不同的申请格式，大多数的情形是在建筑施工前按照各自治体提供的格式进行申请。并在施工结束后，统一提交报告书，这样就有可能获得一部分补助。

通常的业务流程及与绿化申请业务相关的时间节点

通常的种植业务	绿化申请业务
建筑确认申请 签署事前协议，确认规划用地所属的自治体有哪些相关的绿化基准	**制作绿化设计图** 整理现状图片、确认既存树木及是否要保留、制作新种植规划中树木的数量、名称及位置图
建筑施工、种植施工	**为了绿化申请的施工** 对既存树木进行保存、移植及种植的工程。若要接受设置绿篱及屋顶绿化的相关补助，还要拍摄施工现场的图片
施工结束	**绿化结束申请** 提交完成种植图（完成图片、种植图），并同时提交绿篱及屋顶绿化的相关补助申请材料。有的自治体会去考察现场

代表性自治体的绿化条例[※]

自治体	条例名	概要
东京都	东京都自然保护及恢复的相关条例第14条	适用于用地面积超过1000m^2（公共设施为250m^2）的新建工程。对于用地面积中所占的绿化面积、树木的数量、屋顶绿化等都有相应规定
东京都目黑区	目黑区绿色条例第18条	对于规划用地面积超过200m^{2}的新建、新设、增改建、增设等工程，要求保护好现有树木，确保与道路相接部分的绿化及与用地相应的绿化面积等
千叶县船桥市	船桥市绿的保护及绿化推进相关条例	对于规划用地面积超过500m^{2}的新建、新设、增改建、增设等工程，要求保护好现有树木，确保与道路相接部分的绿化及与用地相应的绿化面积等

※ 这里举的事例来源于笔者常提出申请的自治体在2011年5月末的实时内容。其他自治体还有各种各样的绿化申请相关规定。若想了解有无申请及最新内容，请向各自治体询问。

建筑确认申请：是指在建筑物规划设计阶段，把相关规划书提交给相关负责审查的部门或机构，由这些相关的部门或机构对规划内容是否符合建筑基准法规定等方面内容进行确认及审查。

专题1—神代植物公园

神代曙的樱花。这里约有 600 棵樱花树，可供长时间观赏

这里可观赏到关东地区的大部分植物

DATA

地　　址：东京都调布市深大寺元町 5-31-10
电　　话：042-483-2300
开园时间：9:30 ~ 17:00（入园时间至 16:00）
休 园 日：每周周一（若周一为节假日的话，休园日即为周二）、年末年始（12 月 29 日~ 1 月 1 日）
入 园 费：一般 500 日元（65 岁以上老人为 250 日元）、中学生为 200 日元、小学生以下免费

神代植物公园是位于东京都调布市的一座都立公园，园内育有约 4500 种、10 万株的植物。

这里除了春天开花的樱花品种丰富、可进行长时间的赏花活动外，玫瑰的品种也很多，人们可在下沉花园欣赏到从春天到秋天的花卉；这里除了拥有多彩的槭树类植物外，还有武藏野的杂木林区，可尽情观察各种树木的变迁。

除此之外，针叶树种的水杉及落羽林、草坪广场的蒲苇等，均可让人们欣赏到普通的庭园中所看不到的树木本来的尺寸及风貌。

第 2 章

树木的基础知识

014

树木的名称

树木通常按照其科、属、种来分类，而种植设计是按照其种名（和名）来确定树种的。

树木的名称有多种叫法

国内的树木一般按照科名、属名、种名等三种分类方法来划分，并分别有其名称。

科名是依照花、果实或树叶等各部分相似的群组进行分类的。如，梅和草莓，由于两者花的形态相似，因此同被划分为蔷薇科。

属名是比科名更为细致的划分方式。如科名相同的梅和草莓，因其果实的形态有很大差异，所以梅属于杏属，而草莓则属于草莓属。

种名是植物图鉴中常用的名称，不同国家对植物有不同的叫法。在日本，种植的名称一般使用“和名”（日本专属的名称），有时也会使用全世界共通的拉丁名。

和名是否通用?

近年来，国外品种的园林树木增多了。由于这些树木没有和名，因此通常用片假名来标注其学名。如地被植物中常被使用的大萼金丝梅就是其中的一例。此外，如圣诞玫瑰等，也会由一些专业人士或园艺工作者按照自己喜欢的方式来命名，这样更显亲切。

与和名相似的读法还有地方名或行业名。如预定的是九州地区的日式庭院中常使用的全缘冬青，到货时却是比全缘冬青叶子大的铁冬青。在林业界，常把昌化鹅耳枥和鹅耳枥称为“刺楸”等。所以在做特殊区域的种植设计时，要了解该区域的植物有无独特的名称或叫法。

地被植物：指那些株丛密集、覆盖地表并向四周扩展生长的植物。

树木的分类

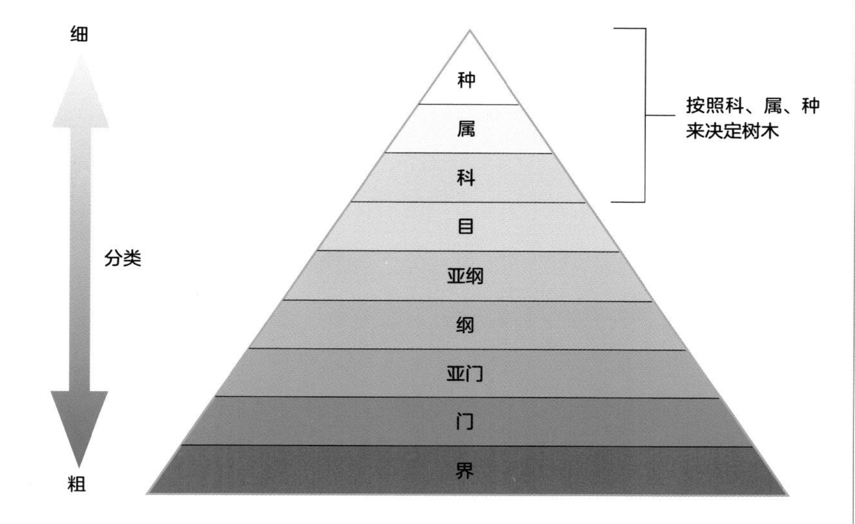

树木名称的构成

①普通名（和名）

KEYAKI（榉树）

②学名（学名、拉丁文标注）

ULMACEAE	Zelkova	serrata
科名	属名	种名
榆树科	榉树属	有细密锯齿

地域名（以榉树为例）

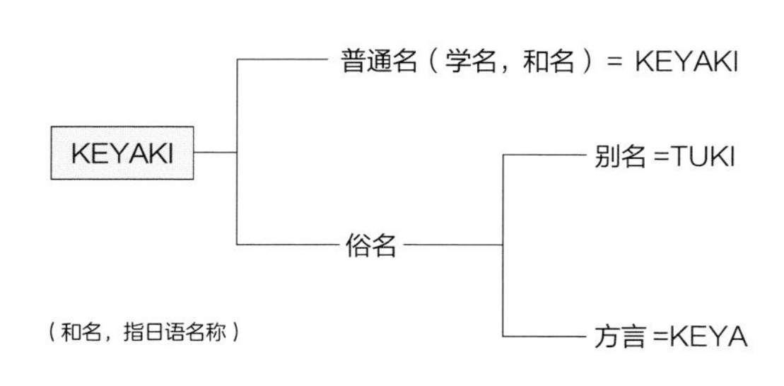

015

树木与草的区别

有树干、可持续生长的为树；无树干、数年后枯死的为草。

树木与草的区别究竟是什么？

用于种植的主要植物为樱花等树木及阔叶山麦冬等草本植物。树木和草的区别主要在于，生长于地上的、有树干的、可持续生长的植物为树木；生长于地上的、无树干的、生长 1 ~ 2 年后枯死的植物为草。

草又可分为三大类，即一年草（二年草）、宿根草和多年草。

一年草（二年草）是指经历了正常的发芽、生长、开花、结果等规律、并在结成种子后就枯死于地上或地下的草本植物。由于大部分草都属于这类，所以我们常在花坛、阳台等不适合植物长期生长的地方种植这类植物。

和百合相似的玉簪等植物，虽然地上部分枯死，但是地下部分的球根或植株可保持数年不死，并且从那里还可长出新草的植物被称为球根植物或宿根草。还有如沿阶草（龙须草）和阔叶山麦冬等植物，1 年中都不会枯死的植物叫作多年草。由于宿根草和多年草的存活时间较长，与地被植物一样，比较适合覆盖地表种植。

竹子介于树木与草之间

竹子的性质介于树木与草之间。竹子不是靠种子获得新生的植物，而是靠地下的根茎延伸及由此发出的新芽（竹笋）来获得新生。竹子生长的速度非常快，一年（树高）就能长到 5 ~ 6m 高。如果我们仅看一棵竹子的话，它的寿命大概为 7 年左右；若从竹子的整体来看的话，由于根茎发达，并且会不断地从根茎部发出新芽（竹笋），因此有时会感觉不到竹子的枯死状况。

竹子适合栽种于空间狭小的庭院中，并且由于竹子具有独特性而不适合与其他植物进行搭配种植，最好选择单一品种并进行单独种植。

一年草、二年草：一年草是指播种一年内会有开花、结果和枯死的过程的草；二年草是指经过一年四季后，第二年开花、结果，并在那一年的冬季枯死的草。

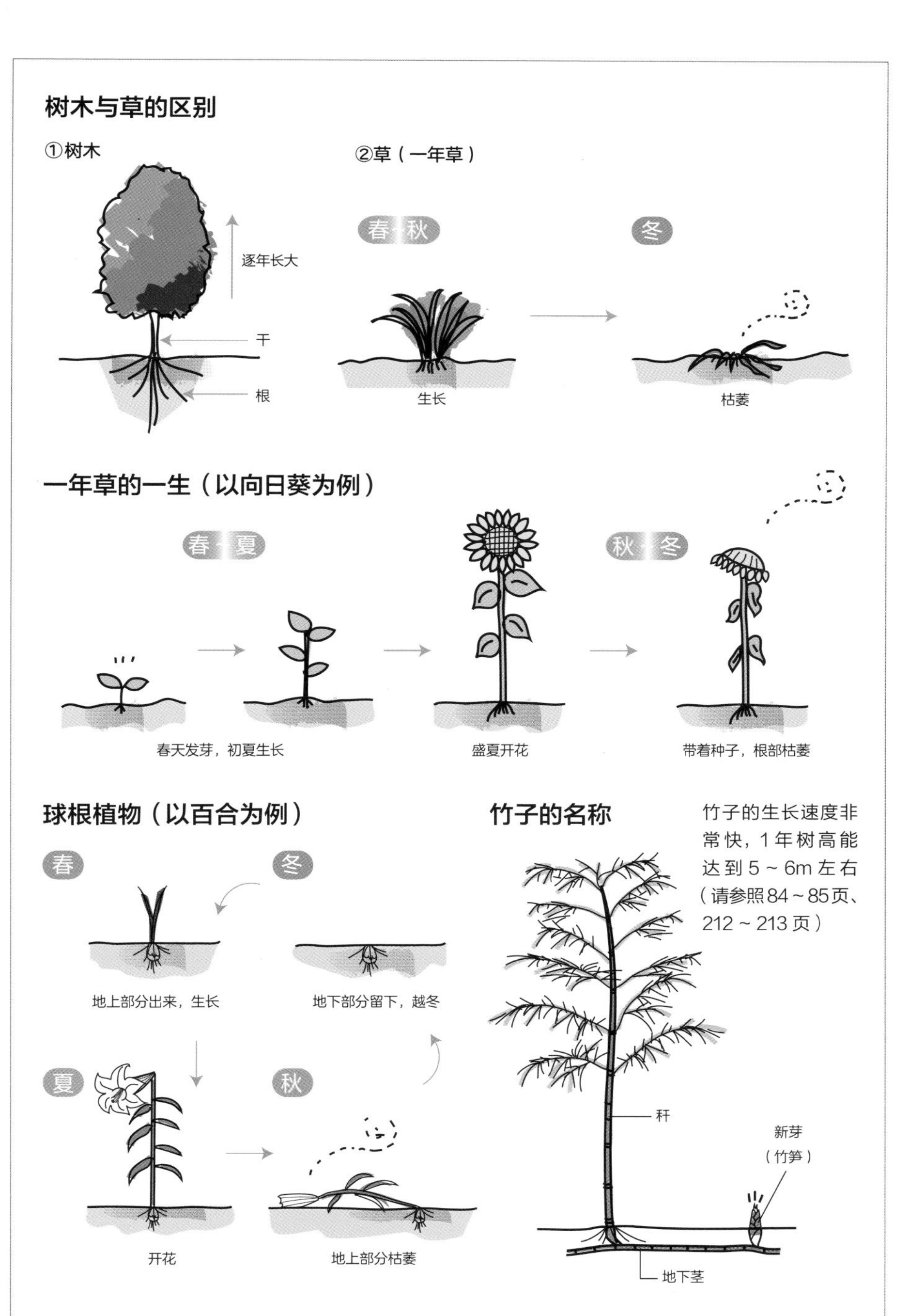

宿根草：多年草中，有茎和根都非常发达的植物如：桔梗、菊花、芍药、石竹、望都菊、蓝紫桉、花菖蒲、射干、杜鹃草等数量较多。

多年草：根及地下茎能生存2年以上，每年春天，茎和叶生出并开花；到了秋季，地上部分就会枯死。

016

常绿树和落叶树

一年中，绿叶常在的树称为“常绿树”；而到了秋冬季节就会变红并落叶的树为“落叶树”。

常绿及落叶树的区别

按照树木叶子的性质，可把树木分为常绿树、落叶树和半落叶树三类。

常绿树是指一年之中树叶都不会掉落的树木，如松树等针叶树或丹桂、具柄冬青（具梗冬青）等树木。尽管是常绿树，仅观察一片树叶的话，也有在一年内或几年后掉落的现象发生。

落叶树是指到了秋冬季节会随着气温的降低而落叶的树木，如染井吉野樱、小叶鸡爪槭等。这些落叶树到了春天气温回暖时又能重新发芽，重获新生。但是，由于近年来受热岛现象的影响，暖冬的到来使得落叶时间出现延迟倾向。

半落叶树是指只要气温不下降到过低就不会落叶且保持常绿的树木，代表性树木有大花六道木、山杜鹃等。

选择常绿或落叶树的要点

在进行植物种植前，首先要考虑的就是选择落叶树还是常绿树。因为常绿树与落叶树的数量及搭配是否合理会直接影响到整个庭院的景观效果及后期管理。

一般来说，落叶树的树叶要比常绿树薄。因此，在建筑物与建筑物之间，由于通风良好使得树叶容易干燥而造成树木枯死现象发生，因此不宜种植落叶树。

另外，由于落叶树每到秋天就会落叶，会给清扫工作带来一些麻烦，因此需要慎重决定栽种落叶树的棵数。

常绿树会在种植当初忽略其生长性，往往若干年后会发现其长势惊人。因此，有些长势旺盛的常绿树不适合种在离建筑物过近或出入口附近的地方，建议种在空间较大的地方或院墙内侧。

热岛现象：是指由建筑物蓄热及排热所造成的城市气温比郊外气温高的现象。地图上气温高的地区被涂成如漂浮在陆地上的小岛一般，因此被称为“热岛现象”。

常绿树（以小叶青冈为例）

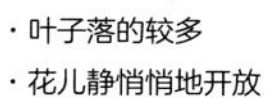

・叶子落的较多
・花儿静悄悄地开放

・叶子飘落

・叶子落的较多
・结果实

・叶子飘落

	乔木、中乔木	灌木、地被植物
代表性树种	赤松、青冈栎、罗汉松、丹桂、樟树、铁冬青、日本厚皮香、茶梅、珊瑚树、小叶青冈、日本柳杉、红楠、北美香柏、雪松、冬青、厚皮香、山茶花、杨梅	久留米杜鹃、皋月杜鹃、厚叶石斑木、沈丁花、草珊瑚、海桐、柃木、转筋草、朱砂根、紫金牛

落叶树（以染井吉野樱为例）

・开花
・发新芽

・枝繁叶茂
・结果实

・叶子变红、飘落

・叶子落尽，突显枝干形态

	乔木、中乔木	灌木、地被植物
代表性树种	榔榆、银杏、昌化鹅耳枥、小叶鸡爪槭、梅、大叶朴、柿树、光叶榉、麻栎、枹栎、日本辛夷、紫薇、垂柳、白桦、染井吉野樱、大花四照花、山荆子、日本紫珠、四照花	绣球花、山绣球、麻叶绣线菊、日本绣线菊、日本吊钟花、卫矛、少花蜡瓣花、棣棠花、珍珠绣线菊、连翘

017

阔叶树和针叶树

要点　一般来说，叶幅较宽的为阔叶树，较窄的为针叶树，但是银杏则为针叶树（属于特例）。

阔叶树与针叶树的区别

阔叶树的叶子多为顶部尖、中间宽的椭圆形，如染井吉野樱、樟树、茶花树、柿子树等都是具有代表性的阔叶树。如枫树、八角金盆等叶子有开裂的树木也是阔叶树。针叶树是指叶子像针一般形状的树木，如松树、杉树等。

在植物学上，鲜有对阔叶树与针叶树的缜密分类，如常把阔叶树分为被子植物类，而把针叶树分为裸子植物类。由于银杏是从恐龙时代就流传至今的、非常珍稀的植物，所以植物学上把其划分于裸子植物类，属于针叶树。

我们把阔叶树的叶子上那条清晰的线称为主脉，把旁边分支出来的线称之为侧脉，而针叶树只有主脉而没有侧脉（请参照 45 页）。我们在神社常见到的竹柏树，虽然长着类似于阔叶树的椭圆形尖头叶子，但是却属于没有侧脉的针叶树。

选择阔叶树与针叶树的要点

树木叶子的形状影响到庭院整体给人的印象，根据叶子的形状来选择树木是决定庭院种植设计的关键因素（请参照 154 ~ 155 页）。

阔叶树的树叶多为椭圆形，给人留下温柔、亲切的印象，因此若栽种在庭院中，会给人一种温馨而柔和感觉。

与阔叶树不同，针叶树往往给人一种硬质、肃穆的感觉。如杉树一样，树形规整的针叶树适合栽种在混凝土抹浆的建筑物周边，以凸显混凝土建筑物的质感。但是，针叶树中也有如侧柏一样树形较为柔和的树种，因此不能一概而论。

被子植物：在带花、结种的显花植物（种子植物）中，结种子的胚珠变成果实时被包裹在子房中的植物。
裸子植物：在显花植物中，既无花瓣也无萼片，结种子的胚珠裸露于花的表面的植物。

阔叶树和针叶树

①阔叶树

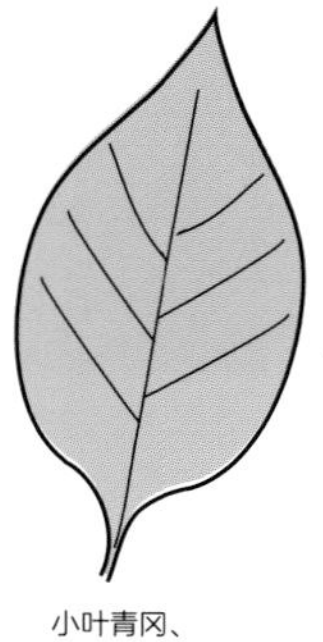

小叶青冈、
染井吉野樱

樟树、
月桂树

小叶鸡爪槭
大红叶鸡爪槭
八角金盆

②针叶树

赤松、
罗汉松、
日本冷杉

桧木、
日本花柏

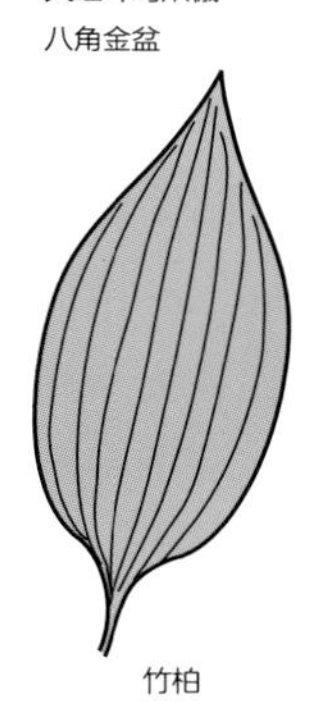

竹柏

各种代表性的树种

	乔木、中乔木		灌木、地被植物	
	常绿	落叶	常绿	落叶
阔叶树	青冈栎、夹竹桃、樟树、铁冬青、月桂树、茶梅、珊瑚树、光蜡树、小叶青冈、具柄冬青、红楠、荷花玉兰、大叶冬青、火灰树、冬青、山茶、杨梅	鹅耳枥、榔榆、山杏、昌化鹅耳枥、小叶鸡爪槭、梅、光叶榉、麻栎、枹栎、水曲柳、日本辛夷、山茱萸、紫薇、垂柳、染井吉野樱、红山紫茎、垂丝海棠、大花四照花、马尾山茱萸、法国梧桐、山樱、四照花	青木、金雀花、锦绣杜鹃、雾岛杜鹃、栀子、久留米杜鹃、日本厚皮香、皋月杜鹃、厚叶石斑木、草珊瑚、海桐、柃木、滨柃、齿叶木犀、小栀子、锦绣杜鹃、南天竺、朱砂根、紫金牛、维氏熊竹、小叶维氏熊竹、阔叶山麦冬	绣球花、山绣球、日本木瓜、麻叶绣线菊、白棠子树、日本绣线菊、日本吊钟花、卫矛、郁李、细梗溲疏、少花蜡瓣花、三叶杜鹃、结香、棣棠、珍珠绣线菊、连翘
针叶树	赤松、罗汉松、龙柏、黑松、日本柳杉、北美香柏、日本扁柏、雪松、垂枝扁柏木	银杏、日本落叶松、水杉、落羽杉	矮紫杉、铺地柏、黄金花柏	

018

叶的形态

人们往往会根据叶子的形态来选择树种，特征明显的树叶也会被有效用于种植设计上。

多种多样的叶子的形态

树种不同，叶子的形状、大小、附着方式等也往往大不相同。选择形态具有特色的树叶会给庭院的设计增加很多亮点（请参照 154 ~ 155 页）。

①叶子的形态（概要）

树木的叶子形态可谓多种多样，从椭圆形、卵形到针形、线形、披针形、倒披针形、长椭圆形、倒卵形、梨形、圆形、扁圆形、肾形、心形、倒心形、菱形等。在庭院设计过程中，若能有效活用叶子的这些特征，将会令庭院的风格大不相同。

②单叶与复叶

若树木的叶子由一片构成，我们称之为单叶；若由复数的小叶构成，我们称之为复叶。复叶又可分为掌状复叶和羽状复叶。

③叶子的附着方式

按照叶子的附着方式（叶序）可把叶子分为互生、对生、轮生和束生。如樟树、小叶青冈等树木的叶子是交互生长的，我们称之为互生；如槭树类的叶子是左右对称生长的，我们称之为对生；如风车般从一处长出数片叶子的树木，我们称之为束生。

④叶子的大小

较为低矮的树木（低木、灌木）的树叶大小会因树种的不同而有所不同。有时尽管是同样的树种也会有所差异，而且即便是同一棵树上的叶子也会由于生长位置不同而大小各异。我们看到的植物图鉴中常用幅宽来记录叶子的大小，如树高约 0.3m 左右、常用作绿篱的皋月杜鹃，会长出长 20mm、宽 5mm 左右的叶子；树高为 20m 左右的日本厚朴木兰，长着长约 40cm、宽约 15cm 左右的叶子；而生长在热带的椰子类（棕榈科）或橡皮树类的树木，常长着约 1m 左右大的叶子。

灌木：常被解释为低矮的树木或指那些树形较为低矮、从根部长出很多分支的、被修剪树形的树木。

叶子的形态

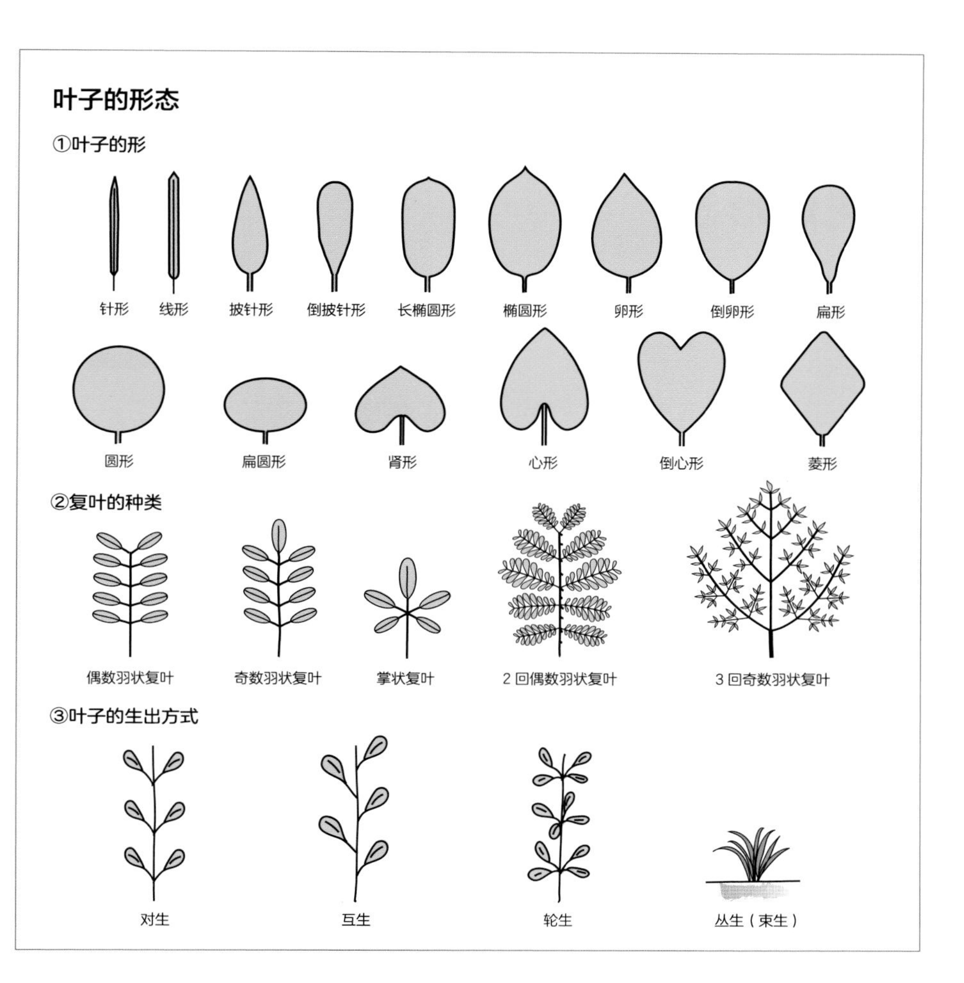

小常识

叶子的部位

叶子的形态构成可分为叶脉、叶身、叶缘和叶柄等部分。

叶脉中贯穿叶子主体部分的成为“主脉”，其余分支出来的称为侧脉（也叫支脉）。

叶身就是指叶子本身。

叶缘根据不同形状有不同的叫法，如叶缘带锯齿的可分为“锯齿叶缘”、“粗锯齿叶缘”或“重锯齿叶缘”；不带锯齿的叫作“全缘”等；还有叶缘呈波状起伏的叫作“波状叶缘”；叶缘的锯齿不规则的叫作“欠刻叶缘”等等。

支撑叶子的部位称为“叶柄”。不同树种的叶柄长短也不同。一些植物（如蔷薇科的）在叶柄的根部还有托叶。

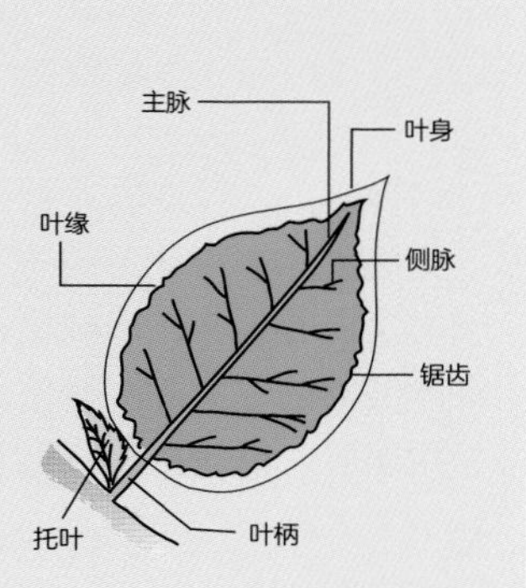

叶子的名称

019

花的形态

花木注重的是花的形状、大小和颜色。只要群体开放，即使是小花，也一样很豪华。

根据花的形态来设计

自古以来，人们常把可观赏花卉的树木称为花木，在进行种植设计时，开花植物是不可忽视的要素（请参照 158 ~ 165 页）。

开花树木，可按照花瓣的数量分为一重和八重等种类。一重花接近原种，更适合保持其原有的风貌，如樱花中的染井吉野樱。而八重花中多为突然变异或园艺改良品种，与一重花相比，由于后者花瓣多而显得更为豪华和厚重，如较具有代表性的是八重樱中的“关山樱”等品种。

树种不同，花瓣的形状也是多种多样，但是大体上可分为椭圆形和细长形两大类。前者如梅花和樱花的花瓣；后者如木茼蒿的花瓣等。紫薇的花瓣的前端呈褶皱状，因其形状特别和珍稀会给人留下非常深刻的印象。

根据花的大小来考虑设计

只要庭院中有一朵大花绽放，就会令整个花园不同寻常。可以开出大朵花卉的树木有蔷薇、山茶花，热带树种的芙蓉等均适合在庭院中栽种。还有以叶子大为显著特点的日本厚朴木兰也可以开出 25cm 左右的大花。

但是花开的过大也有枝干容易折损的弊端，尤其是种植在通风良好的这类植物，更应通过添加支架等方式来解决这类问题。

有些花开虽小，但别有味道的树木也可当作花木来对待。

另外，还可以选择花序有特点树木进行栽种，如珍珠绣线菊、窄叶火棘等，单看一朵花是很小，但是它们的花是群体绽放的，其豪华程度丝毫不比其他花木逊色。

原种：品种改良前的原品种。
突然变异：因遗传基因的变化或染色体异常而出现与原种不同的遗传形质，并传给下一代。

花序的种类

①总穗花序：从轴的下方或外侧开花

总状花序
紫藤

穗状花序
草珊瑚

伞房花序
野茉莉

伞形花序
山茱萸

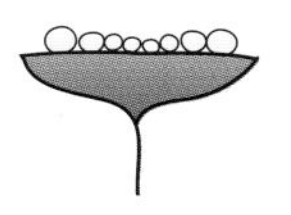
头状花序
蒲公英

②集散花序：按照从轴的先端到侧枝的先端的顺序开花

单顶花序
茶花（山茶）

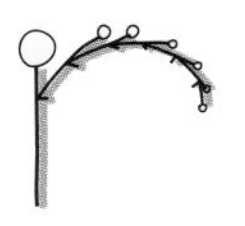
卷伞花序
勿忘草

扇形（互伞）花序
鹤望兰

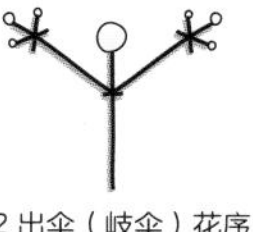
2 出伞（岐伞）花序
野蓝草

多出伞花序
绣球花

③复合花序：同种或异种花的结法集合

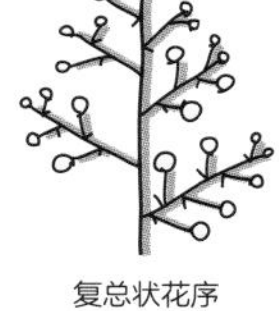
复总状花序
南天竺

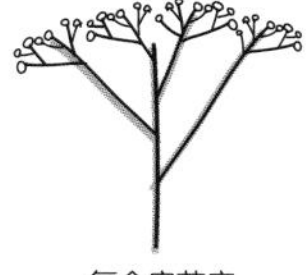
复伞房花序
叶石楠

复伞形花序
毛当归

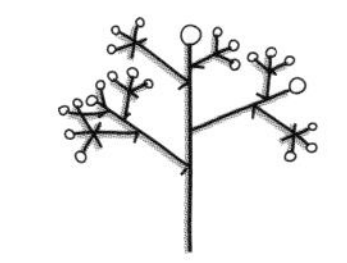
复集伞花序（总状集伞花序）
染井吉野

花序的特征明显的花的例子

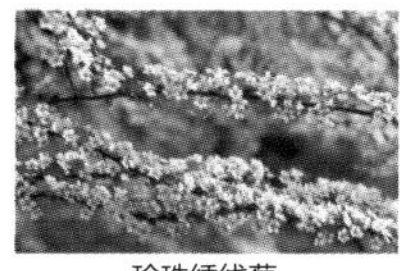
珍珠绣线菊
（伞形花序）

窄叶火棘
（伞房花序）

东亚唐棣
（总状花序）

紫薇
（复合花序之一的圆锥花序）

花的部位

科、属不同，花的构成也大不相同。一般来说，中心部分为雌蕊，周边是雄蕊、花瓣，下面是花萼。也有些特殊的品种，雄花或雌花的花蕊只有其中一个。

此外，百合没有花萼，取而代之的是花萼和花瓣合二为一的花被。还有如兰花类的花瓣、花萼、苞叶等都有独特的形状。

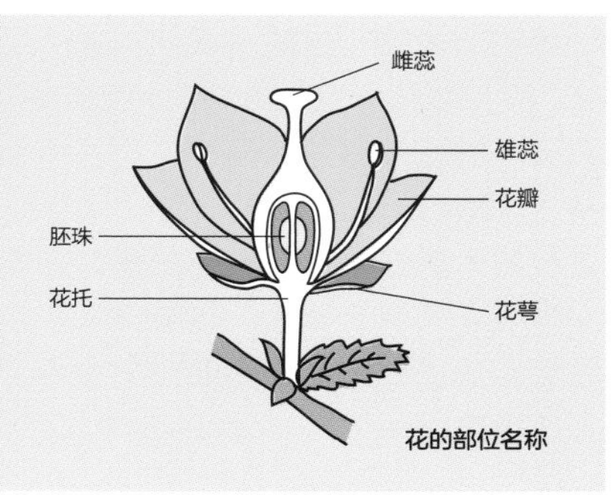

花的部位名称

园艺品种：按照不同的园艺目的，对花、果实的颜色、大小及开花时期等进行改良和育种的植物。

020

干的形态

要点 **树干的形态按照主干的生长方式分为“直干形”、“分支形”、“丛生（多株）形”和“曲干形”。**

丛生形和曲干形

看树木的整体（树形），主要看构成这棵树的主干和枝杈（※）。

大多数树木的主干都是竖直生长的，我们称之为“直干形”。但是若主干分出很多枝杈，我们有可称之为“分支形”。此外还有一些树木的主干为复数。被称为“丛生形”；主干的生长方向不确定的被称为“曲干形”等等。我们可把树干为形态各异的树木配植于庭院中，营造不同风格的院子。

①丛生形

“丛生形”树木是指从树根部长出数棵树干的树。庭院中常使用的有野茉莉、红山紫茎、马尾山茱萸和四照花等。在日本的造园专业术语中，把丛生树干超过 10 棵以上的树木称为“武者立”。这类树木虽然整体颇有体量感，但是每一根独立的树干都给人以纤细和轻巧的感觉，所以种植在狭小的空间也不会给人压迫感。

②曲干形

“曲干形”树木是指主干不是按照一定的方向，而是向四方摇摆着生长的树木，代表性的树种有松树、紫薇等。在种植曲干形树木时，为了凸显其独特的树形，尽量不要在其根部周边种植其他植物，最好是把颜色较深的常绿树的树篱种植在其后方当背景。

利用有纹理的树干

虽然与带有特色的叶子和花相比，效果可能不是那么显著，但是树干上有纹理的树木也是打造有特色的庭院的好素材（请参照 170 ~ 171 页）。

如叶子和花一样，以树干的色彩为特色的树木有青木（树干为绿色）、红瑞木（树干为红色）等；以树干的光滑和纹理为特色的树木有紫薇、日本紫茎等；以树干上的斑点等为特色的树木有剑叶木姜子、法国梧桐等。这些树干具有特色的树木都可以作为营造特色庭院的素材。

※ 大多数针叶树的树干都是竖直向上生长的，而且树枝也是整整齐齐地分布，最终形成圆锥形的树形；而大多数的阔叶树却因为树叶要受光等原因，树枝的长短及伸展方向多为不规则的。

树干的形态

直干
（白桦）

丛生（日本紫茎）

曲干
（紫薇）

小常识

丛生植物的由来

自然界有很多丛生树种，也有一些丛生树木是由于遭遇了人工砍伐或落雷后，在地面残留的枯树根上后长出几棵树来。

遭遇过砍伐等后长出的丛生树木要比自然生长的丛生树木高大。如连香树、光叶榉、麻栎、小叶青冈等树木都不是自然生长的丛生树种，因此可认为是后天生长而成。

由于丛生树木干多、根广、树重，因此在搬运和施工的过程中较为费力。与相同树种的单棵树相比，丛生树的成本通常会更高。

变成了丛生的光叶榉

021

树形的五种类型

枝叶伸展的姿态我们称之为树形。树形大致有椭圆形、圆形、圆锥形、杯形、乱形等五大基本类型。

树形及种植的要点

我们把枝叶伸展的姿态称为树形。不同树种及树龄的自然树形会呈现出各种各样的姿态，大体上可分为椭圆形、圆形、圆锥形、杯形、乱形五种基本类型。在选择树种时，一定要考虑其未来的树形。

①椭圆形

杨梅、厚皮香、铁冬青等常绿阔叶树和连香树、日本辛夷等落叶阔叶树的树形多为椭圆形。因为这些树木的枝干扩张范围不是很大，所以适合种植在玄关周边等空间受限的地方。

②圆形

小叶鸡爪槭、朴树、樱花树等树木是落叶阔叶树中代表圆形的树形。这些树木的枝叶伸展范围很大，所以种植的时候需要为它们预留一定的生长空间。但是，如大花四照花等树木，由于枝叶伸展空间不是很大，所以在狭窄的空间也可以种植。

③圆锥形

日本金松、日本柳杉等是针叶树中较为常见的树形，冠幅多为树高的 1/3。拥有该树形的树木多会长成参天大树，种植的时候要格外注意。

④杯形

因为生长形态如杯子，所以被称为杯子形。代表性树种如光叶榉树等，因其树形美观，所以一般保持其原本树形而不做修剪，尽量种在宽敞的地方。

⑤乱形

是指树干的生长方向不确定，树形较为随意的树种。通常乱形树的枝条较为柔软，如绣球花、杞柳、艳紫野牡丹、大叶醉鱼草等，而枝条较硬的树木也有乱形树，如乌冈栎等。若将常绿树种在这些树的后面形成绿色的背景，会凸显其独特的形态。

自然树形：树木本来的形态。

树形的种类及种植的要点

	椭圆形	圆形	圆锥形	杯形	乱形
树形	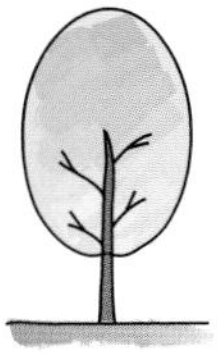				
种植的要点	不会横向扩张，适合种在狭窄的地方	冠幅大于等于树木高度，要种在空间较大的地方。树木下面有树荫，适合种植一些耐阴植物	几乎不用修剪，省时省力。在狭小的空间中也会显得很干净、利落	比圆形树木还占空间，所以要确保足够的场地才能让其尽情生长。树下有足够的绿荫空间供休憩	仅种一棵会显得单薄，只能靠着墙壁种植，或者数棵一起种植
代表性树种	丹桂、铁冬青、厚皮香、杨梅、连香树、日本辛夷、茶梅、杨树、山茶花  丹桂  铁冬青  厚皮香  杨梅	樟树、小叶青冈、小叶鸡爪槭、朴树、樱花树、大花四照花  樟树  小叶鸡爪槭  樱花树	日本金松、日本柳杉、雪松、罗汉松  日本金松  日本柳杉  雪松  罗汉松	榔榆、光叶榉  光叶榉	乌冈栎、夹竹桃、八仙花、绣球花、杞柳、艳紫野牡丹、大叶醉鱼草  乌冈栎  夹竹桃  绣球花

022

树木的尺寸

树木的尺寸可以通过测量树高、冠幅、干周等数据来了解。在进行种植设计时，按照植物当时的尺寸来进行设计。

测量树木尺寸的方法：

市场上流通的树木的尺寸表现为树高、冠幅、干周等数据。树高是指从树根到树冠的高度；冠幅是指枝叶左右的延伸幅度；干周是指从树根到 1.2m 左右位置树干的周长。丛生树木周长的算法是把每个树干的数据相加后乘以 0.7 后得到的数据。最高处低于 1.2m 的矮树无法测量干周数据。此外，由于地被植物是以苗来流通的，所以其尺寸是以花盆（钵）的直径为参考。

相关从业者在制作植物配植图时，均以如上方法来算出数据。

榉树也是矮树?

当我们读植物图鉴时，除了实际的高度尺寸外，我们会看到业界会以乔木（高树）或灌木（矮树）等用语把树木的高度进行分类（※）。这样的分类方法虽然没有非常严格的规定，但是在进行种植设计时，我们常把树高为 2.5m 以上的树木称为乔木（高树）；树高为 1.5m 以上的树木称为中乔木（中高树）；树高为 0.3m 以上的树木称为灌木（矮树）。

在进行种植设计时，我们常按照种植时树木的高度为准，而不是以生长时的尺寸计算。如生长高度可达 20m 以上的光叶榉，我们在购买其苗木时也是按照栽种时的矮树来核算。

如果按照树木生长尺寸来看的话，大多数树木均可分为乔木和灌木两种，只有住宅鉴赏用的树木有中乔木一说。在日本，由于树木修剪技术很成熟，所以有的树木的树高完全可以通过植物修剪技术来控制其高度。但是，如绣球花、木槿等树木，由于其生长速度过快，所以需要频繁地修剪，尤其要重视种植后的管理工作。

如果不能确保频繁地进行后期管理，最好在设计当初就要选择那些生长慢、易管理的树木为好。

※ 同样的树种也存在个体差异，很难进行非常明确的分类。有时我们把树木按照中乔木到高乔木的顺序来分类，有时也会把中乔木和高乔木放在一起进行分类。

树木尺寸测量方法

①独立树

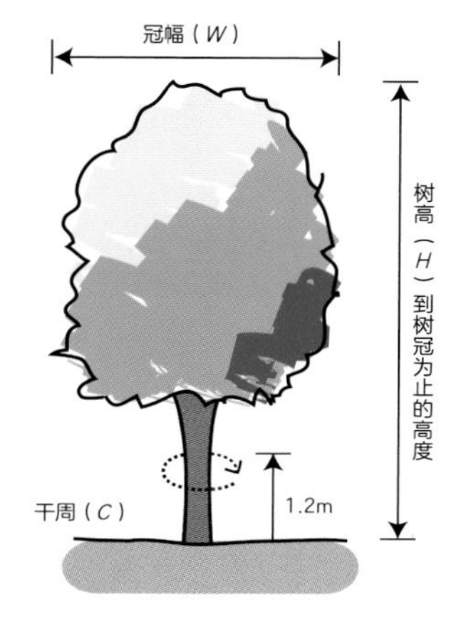

②丛生树

所有干周长度加起来后乘以0.7，这个数字就是这组树木的干周。树高、冠幅的测量方法与独立树的方法相同。

③灌木

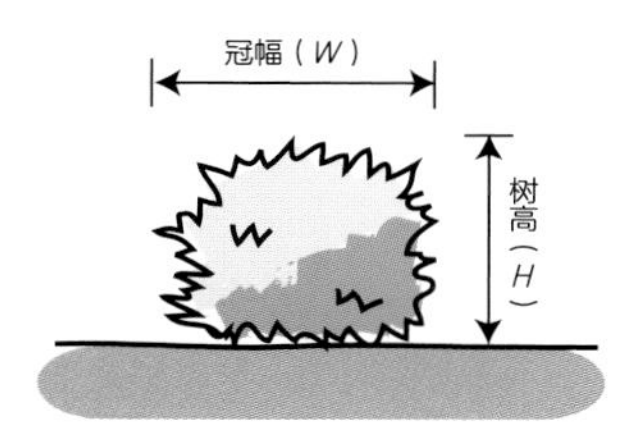

干周在10cm以下的话，流通时不用标记数字。

④花盆（钵）

一般花盆（钵）的尺寸	
9号	9cm（3寸）
10.5号	10.5cm（3寸5分）
12号	12cm（4寸）
15号	15cm（5寸）

以花盆（钵）形式流通的植物按照花盆（钵）的直径计算。

按照树木高度的分类

023

树木生长的速度

行道树、外来树种及竹子类的生长速度较快，而寒冷地带的自生常绿针叶树的生长较慢。

生长速度快及慢的树木：

不同树种的生长速度也大不相同，因此在选择庭院种植设计及选择庭院绿化用的树木时，必须要考虑管理办法及管理频率。

一般说来，大多数行道树的生长速度较快，种下后很快就能长成参天大树。如果庭院的规模较小又不想频繁地修剪及管理，就尽量不要种植行道树。但是近年来，原来用于行道树的大花四照花经过品种改良后，生长速度变得较为缓慢且便于管理，便逐渐在庭院绿化中流行起来。

相对来说，从国外引进的树种（外来种）生长速度较快。如含羞草中有名的黑荆、尤加利等树木一年能长 1m 左右。多数豆科树木的生长速度也很快，尤其要注意的是作为外来生物的黑荆，其生长力及繁殖力都非常强大，所以如果种到庭院当中，管理起来会非常吃力。

正如古语中常说的“如雨后春笋般”快速生长的有毛竹、桂竹等竹子类植物，春季破土发芽后，能在 1 日内长出 1m 左右。相反，长得较慢的有罗汉柏及东北红豆杉（紫杉），在寒冷地区自生的常绿针叶树中有很多同类。

搬入时树枝少怎么办?

在绿化施工时，园林施工人员为了搬运方便或保证树木的成活率，会先把树木的一些枝杈处理掉后再搬运。因此，种上的树木就会与原来挑选时的树木有所不同。

需要注意的是，被砍掉枝杈的树木中，长得较快的要数落叶树，但是想要让这些树木恢复到以前的样子至少得需要 3 年左右的时间。而对于那些生长速度较慢的树木，要嘱咐那些园林施工人员，搬运前尽量不要砍掉那么多的树枝。

要注意外来生物：是指非外来生物法规定的对象，但是由于会对生态系造成不好的影响，所以要适当选用的生物种类。

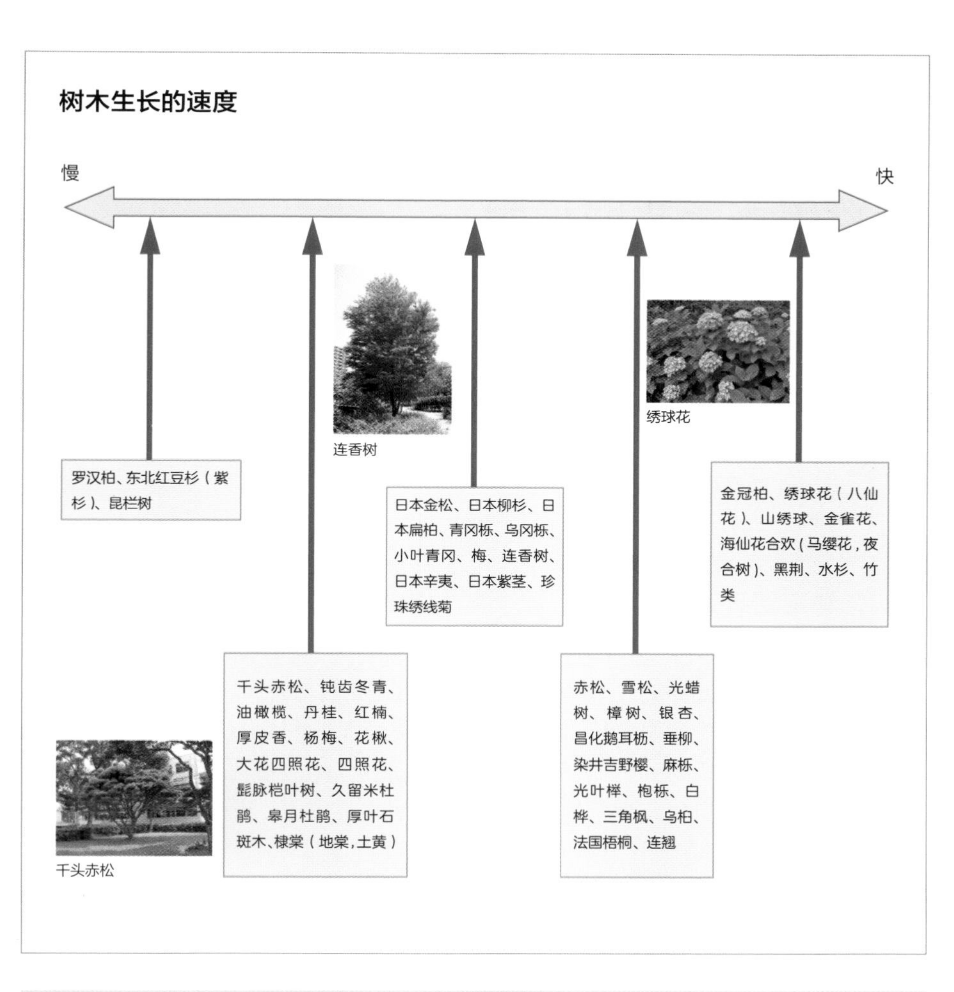

小常识

令人震惊的水杉

水杉又名署杉，属落叶针叶树。虽然在日本的公园里常常看到树姿优美的水杉，但它们并不是日本的原产树，而且传入日本的时间也并不长。

以前，人们通过化石发现该树种，误以为已经绝种。直到 1945 年，在中国的四川省发现了该树种，并通过插木及种子的方式被带到了日本。

水杉的生命力及繁殖力都非常强大，虽然是 60 年前的种子和插木，不到十年时间，全国各地都可见到 20m 以上的参天大树。但我们在探讨庭院种植时，还是尽量避免使用这种高大的树木吧。

水杉（新宿御苑）

024

对树木生长的控制

要点 不好修剪及不好整形的树木，可以委托专业的造园公司进行修剪。

通过修剪来管理庭院

在生命走到尽头前，树木是不会停止生长的。因为住宅庭院的空间极为有限，所以要控制好树木的大小。特别是日本的树木生长离不开适宜的日照、水、土、气温等条件，所以定期修剪树木，对其生长进行有效控制是十分必要的。

如果委托专业的造园公司，定期对树木进行修剪当然是最好的选择。但如果是业主自行修剪树木的话，就要制定一个完善的管理规划，并在挑选树木时多下些功夫。如常用来做绿篱的光叶石楠、行道树的乌冈栎等树木的特点是，如果旧枝被砍掉的话，新枝很快就会长出来（萌芽力非常强），所以如果不是把修剪时间搞错的话，是很好修剪的树木。而像染井吉野樱、光叶榉等树木，因其不愿意被剪掉枝叶及被整形，所以修剪方法及修剪时间都很难把控。

修剪：为了限制树木的高度及冠幅等，采取修剪树枝、制造分枝等手段对树木进行管理。在修剪时，一定要考虑树木的生育特点，有的放矢地对其干、枝、叶、根等部位进行修剪。

如果树木不喜欢被修剪怎么办?

树木讨厌被修剪的原因一般有以下两点：①修剪后树木会变得柔弱；②修剪后，树形的改变会使树木本身的优势丧失。

原因①中具有代表性的树木是染井吉野樱。在日本，有句口头禅说道："剪掉樱花的傻瓜和不剪梅花的傻瓜"，意思是说樱花不喜欢被修剪。从专业角度来看的话，是因为像染井吉野樱一样的樱花树，一旦被剪断枝干的话，细菌很容易就会从破损的剪口处进入到树木内部，导致树木腐烂。此外，紫藤如果被修剪的话，修剪部位迟迟开不出花朵。针叶树中，也有旧的枝干被剪掉后，新的枝叶迟迟长不出来的树木。

原因②中具有代表性的树木是光叶榉。光叶榉的树形呈美好的杯子形状，一旦不小心修剪了榉树，就很难恢复其本身的树形了。

如果庭院中有上述这些不喜欢被修剪的树木的话，还是建议把修剪等管理工作交给专业的造园公司较好。

需要修剪的枝干

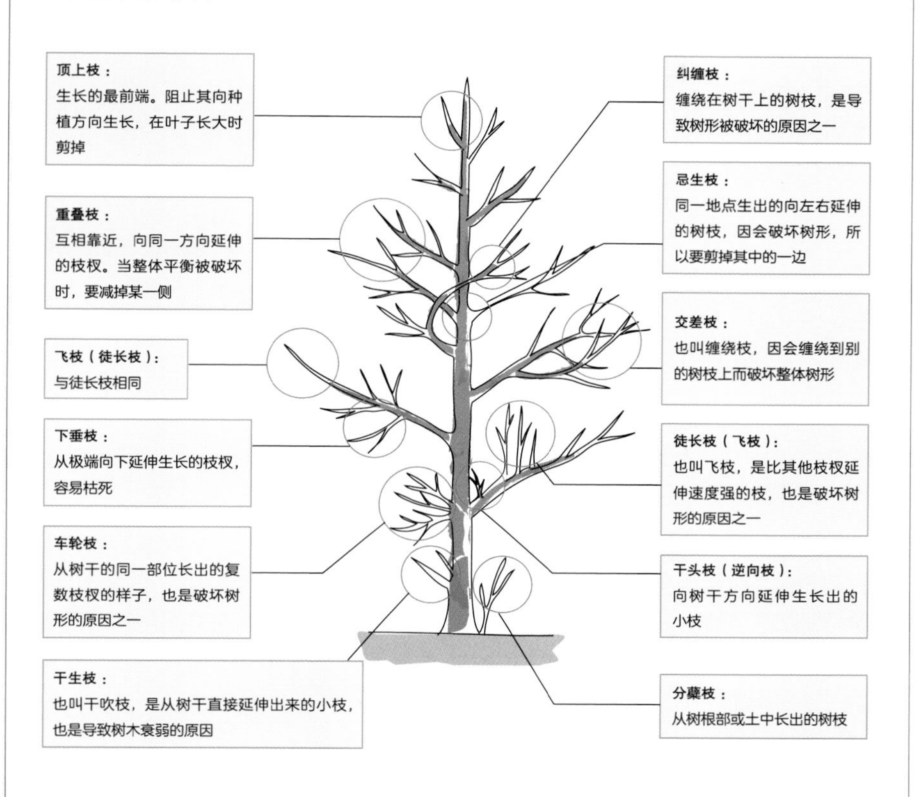

主要修剪的时期（东京周边）

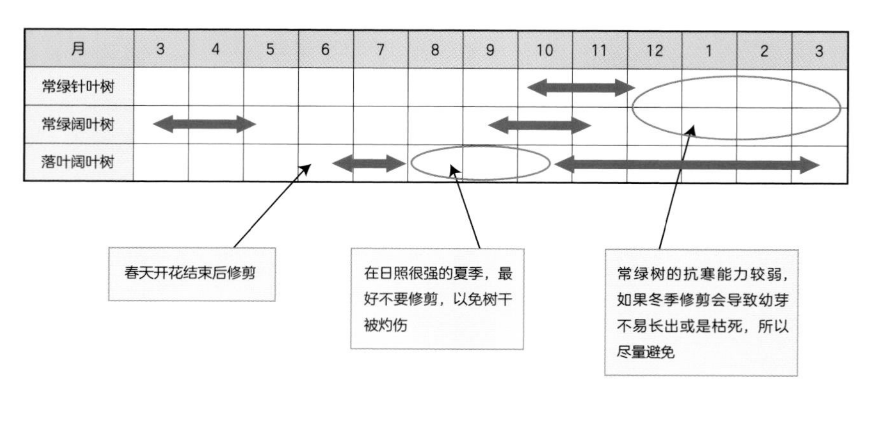

025

树木对日照条件的喜好

要点　有的树木喜欢温暖的阳光，有的树木则喜欢暗湿的场所，所以要结合树木对日照条件的不同需求及喜好进行选择。

阳树、阴树、中庸树

树木可以按照其生长所需的日照量进行分类。喜欢日照条件好的树木，我们称其为“阳树”（※）；喜欢阴暗、潮湿场所的树木，我们称其为“阴树”；同时具备“阳树”及“阴树”特点、喜欢适度日照的树木，我们称之为“中庸树”。

阳树适合种在南向的、日照条件好的庭院中；阴树适合种在北向的、几乎没有阳光的庭院中，也可以选择中乔木种在高乔木下面有树荫的地方；中庸树则适合种在午前日照好的东向庭院中。

当然也有一些特殊的树木，如桧柏虽然是“阴树”，也能在向阳的地方生长。但是大多数“阳树”则在日照条件不好的地方则不能健康生长。

辨别树木对日照喜好的方法

日照是树木生长不可或缺的要素之一。一般的植物图鉴中，都会对阳树、阴树及中庸树有详细的介绍及分类，在选择种植场所及对应的树木时，一定要参考树木的这些习性及特点。

如果手边没有植物图鉴时，可以参考以下原则。一般来说，落叶阔叶树及落叶针叶树多为阳树或中庸树；常绿阔叶树及常绿针叶树多为中庸树或阴树；樱花类、蔷薇等花木基本为阳树，喜好阳光；开着夺目的大花的树木一般都是阳树或中庸树。

但是，也有一些特殊的树木，如茶花及茶梅类植物，虽然开着夺人眼球的花朵，也喜欢阳光，但是身上却兼具中庸树及阴树的性质，在日照条件不好的环境中也能开花。

※ 同为“阳树”，有的叶子较薄的、适合在温带生长的落叶树喜欢朝阳却讨厌西日，所以西向的庭院中尽量避免选择这种树。反之，那些生长在亚热带或温暖地带的常绿树则喜欢西日。

代表性的阴树、阳树

	中乔木、乔木	灌木、地被植物
极阴树	东北红豆杉（紫杉）、钝齿冬青、大叶钓樟、日本金松、柊树、齿叶木犀、日本扁柏	青木、马醉木、沈丁花、草珊瑚、朱砂根、八角金盘、紫金牛
阴树——中庸树	小叶青冈、欧洲云杉、日本紫茎	八仙花（绣球花）、山绣球、鸡麻、南天竹、十大功劳（黄天竹）、日阴杜鹃、柃木、棣棠
中庸树	无花果、野茉莉、水曲柳、日本辛夷、日本花柏、日本毛木兰、日本柳杉、垂丝卫矛、日本半萼紫茎、琵琶	大花六道木、山月桂、木五倍子（旌节花）、胡椒木、蜡瓣花、东北山梅花、金丝桃、柳叶绣线菊、三叶杜鹃、迎红杜鹃、蜡梅
中庸树——阳树	小叶鸡爪槭、朴树（沙朴）、连香树、麻栎、月桂树、枹栎、东亚唐棣、加拿大唐棣、椎栗、西洋杜鹃、具柄冬青（具梗冬青）、红楠、茶花类、日本七叶树、圆锥绣球、玉铃花、大花四照花、日本山毛榉、西南卫矛、日本冷杉、粉团、四照花、杨梅、紫丁香、髭脉桤叶树	蝴蝶荚蒾、栎叶绣球、荚迷、冬红山茶、金丝梅、栀子、水栀子、日本绣线菊、茶树、卫矛、海仙花、玫瑰、细梗溲疏、锦绣杜鹃、紫藤、臭牡丹、结香、珍珠绣线菊
阳树	梧桐（青桐）、赤松、榔榆、鸡冠刺桐、青冈栎、乌冈栎、梅、油橄榄、龙柏、光叶石楠、木瓜、柽柳、丹桂、贝利氏相思、日本栗、铁冬青、光叶榉、樱花类、紫薇、野山楂、山茱萸、艳紫野牡丹、垂柳、九芎、光蜡树、紫玉兰、白桦、荷花玉兰（广玉兰）、三角枫、乌桕、北美香柏、紫荆、碧桃、春榆、菲油果、大叶醉鱼草、大叶黄杨（四季青）、日本石柯、日本金缕梅、木槿、冬青、厚皮香、苹果	齿叶溲疏、落霜红、金雀花、迎春花、锦绣杜鹃、夹竹桃、钝叶杜鹃、香桃木、金芽黄杨、小叶黄杨、麻叶绣线菊、侧柏、皋月杜鹃、厚叶石斑木、日本吊钟花、檵木、海桐、胡颓子、郁李、凌霄、铺地柏、胡枝子属、杞柳、滨柃、蔷薇类、少花蜡瓣花、窄叶火棘、木芙蓉、欧洲女贞、蓝莓、贴梗海棠（贴梗木瓜）、锦熟黄杨、龟甲冬青、日本小檗、毛樱桃、连翘、迷迭香

可以种在乔木下方的树种

乔木下面多为树荫，适合种植耐阴树种。但若是落叶乔木的话，冬季落叶后会有一定日照。如果落叶乔木树的下面种植常绿树，而常绿乔木树的下面种植落叶树的话，会让人感受到季节的变化带给人的乐趣。

阴树——半阴树	八仙花（绣球花）、马醉木、山绣球、冬红山茶、吉祥草、圣诞玫瑰、竹叶草、草珊瑚、麦冬、茶树、南天竹、滨柃、十大功劳（黄天竹）、柃木、金边阔叶麦冬、富贵草（转筋草）、常春藤属、朱砂根、紫金牛、阔叶山麦冬（沿阶草、玉龙草、麦冬）
阳树	筋骨草、大花六道木、西洋杜鹃、金丝梅、马蹄金、铃兰、大萼金丝梅、少花蜡瓣花、连翘

小常识

喜好会改变的树木

树木分阳树和阴树，但有的阳树在出芽、种子及幼苗阶段也喜欢日阴。这是因为树木在幼小阶段，叶子及根系还没有完全长牢，蓄水能力较弱，若日照强的话，很容易干燥或枯死。

相反，禾本科中的草本类植物及赤松、白桦、柳树类（杨柳科）等是在种子及幼苗期就喜欢日照的树种。

此外，像日本金松类的树木在从幼苗向树木生长的过程中，会从开始喜欢日阴的阴树变为喜欢日照的阳树。由此可见，很多树木是有转化性的，所以不能轻易将其定性为阳树或阴树。

日本金松（中国树木分类学），杉科（Taxodiaceae），金松属（Sciadopitys）的常绿针叶树

026

日照条件及树木选择

在考虑日照条件时，不仅要考虑方位，也要考虑时间的推移及判断地域间的差异。

依据日照条件来选择树木

不同植物对日照的喜好不同，如何根据不同植物的特点为它们选择合适的生长环境尤为重要。通常，我们会根据场所的方位来判断日照移动的轨迹。午前，东升的朝阳会发射出柔和的光芒，照射东侧的场地；午后，愈发强烈的日光主要照射南侧的场地。我们把正午到傍晚的日照称为“西日”，而场地中的北侧，因终日晒不到太阳，我们暂且把这样的地方归为一般的日照条件吧。

上述的日照条件及前文中提到的阳树、阴树、中庸树（请参照 58 ~ 59 页）等条件综合考虑的话，就会得出以下结论：在向东的场地建造庭院的话，适合选择中庸树；南向及西向的场地适合选择阳树；北向的场地适合选择阴树。

进行场地调研及有效利用日影图

日照条件会受到很多因素的影响，如场地自身、周边建筑的高度、邻地的环境等等。

对于建筑物自身的影响评估，可以把建筑物在庭院中的投影落在纸上，绘制成日影图进行分析；对于周边建筑的高度，需要进行实地调研进行评估；而邻地的影响也不容忽视，因为有时尽管自己的场地是南向，但由于邻居的场地地势较高、建筑阴影面积大的话也会影响阳树的生长。

此外，即便是北向庭院，如果它是面向道路或公园等开敞空间的话，也会比较明亮，这样就可以考虑种植具有阴阳两面性的中庸树了。

再有就是地域间的差异也会影响日照条件。如东北及其以北地区，本身日照条件就不好，即使是南向庭院，也可以考虑种植中庸树。而与之相反的近畿南部直到冲绳一带，由于日光强烈，所以南向的庭院中要尽量避免种植中庸树。

日影图：把建筑物的投影及时间变化规律按照一定的标准落在水平面上的图。

根据日照条件来选择树木

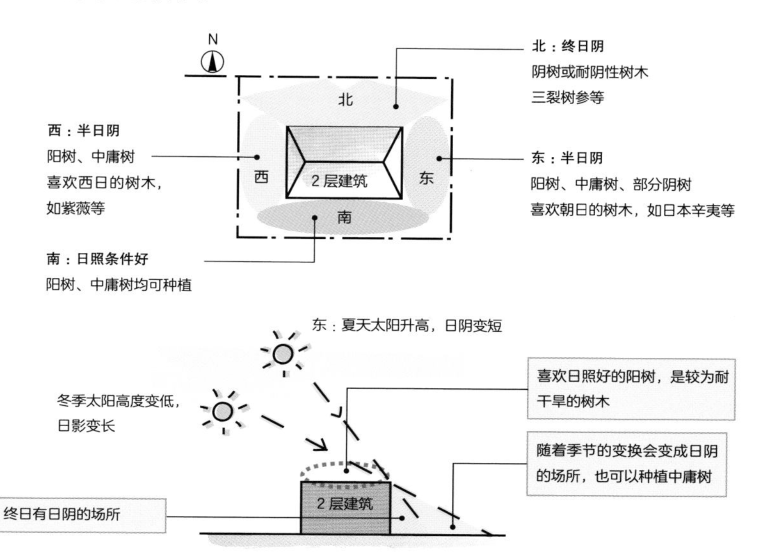

根据日影图来确认

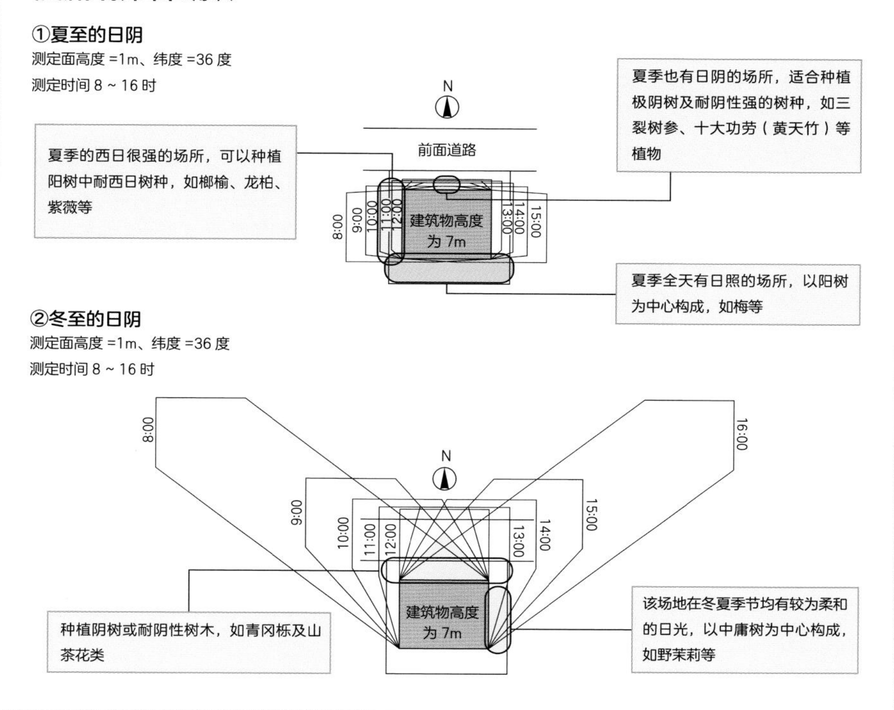

027

南北向庭院的树木

要点　阳树适合种植在有充足日照的南向庭院中；阴树则适合种在终日有日阴的北向庭院中。

阳树喜欢南向庭院

整日都有充足日照的南向庭院是适合种植的好环境，几乎所有的树木都可考虑种植，当然我们还是要以喜欢日照条件好的阳树为主。

紫薇、木槿、木芙蓉等夏季开花或开出炫目花朵的树木基本都是阳树。此外，早春开花的梅、染井吉野樱、5 月开始开花的蔷薇等蔷薇科的树木也几乎都是阳树。

如果南向日照过强的话，可以种植一些高大的乔木来营造日阴的效果，下面再种上棣棠、八仙花（绣球花）等中庸树中的灌木等。这种营造日阴效果的树我们称之为“日阴树”，如落叶树中喜欢日照的有榔榆、朴树(沙朴)、合欢树等，如果把这些树形向横向拓展的大乔木植入到庭院中较好。

只能孕育阴树的北向庭院

因北向的庭院终日都晒不到太阳，所以种植时首先要考虑的是没有阳光也能生长的阴树。

具有代表性的阴树有乔木中的三裂树参、小叶交让木；中乔木中的青木、南天竹（南天竺）；灌木中的草珊瑚、朱砂根等常绿阔叶树。但是像北海道那样冬季气温极低的地域，耐寒的常绿阔叶树很少，所以种植针叶树为好。常绿针叶树中的阴树有东北红豆杉(紫杉)和罗汉柏等。地被植物中常被使用的有沿阶草、富贵草、小叶维氏熊竹等，蔓藤植物中常被使用的是常春藤类植物。

此外，如果在建筑的北侧种植植物的话，其长势将不被看好，所以要尽量选择那些已经长成的树木种植。

①南北向庭院的配植

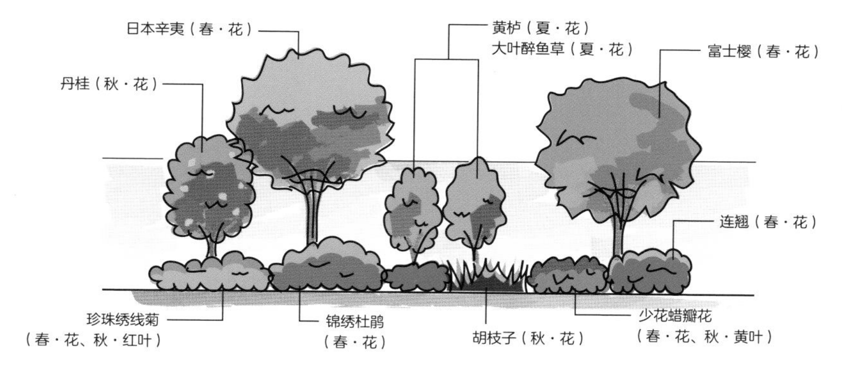

开花、红叶等，考虑季节变化的配植。

北庭的配植

①配植例平面图

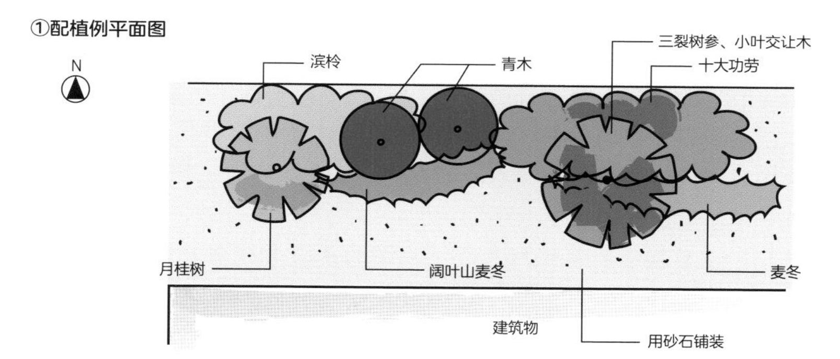

②北庭种植的要点

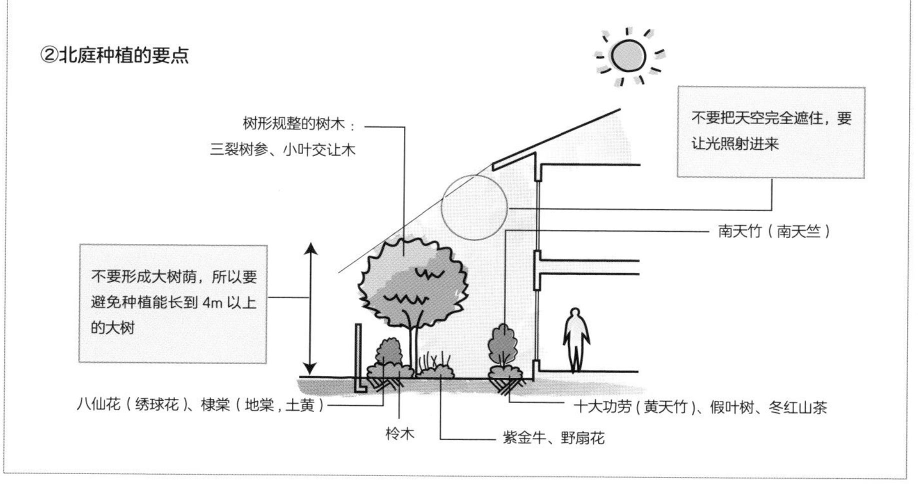

028

东西向庭院的树木

要点　朝阳照射的东向庭院中适合种植阴树、中庸树等耐阴性强的树木，而西日照射的西向庭院则适合种植阳树。

适合种植中庸树的东向庭院

东向庭院，上午能接受到太阳的照射，下午却因建筑物的遮挡，会有日照不足的现象出现。所以，东向的庭院适合选择喜欢适度日照的中庸树，如乔木中的野茉莉、日本紫茎、红山紫茎；中乔木中的荚蒾花、日本紫珠；灌木中的齿叶溲疏、棣棠等都很适合。

如果日照不是很强烈的话，基本上所有的阴树都可以考虑种植。相反，对于喜欢强烈日照条件的阳树来说，如果不能保证充足的日光，对它们的生长是极其不利的，所以不建议选择。配合上述树木的下草可以选择玉簪、虎耳草等喜欢东向庭院日照条件的植物中选择。

此外，竹类植物也适合在东向庭院中种植。竹子的习性是：如果照射到竹竿上的日光过于强烈的话，竹子就会枯死。所以，像东向庭院般有适当的日照及日阴环境才是竹子们的最爱。

适合种植阳树的西向庭院

西向庭院午前、午后的日照顺序刚好与东向庭院相反，所以那些认为西向庭院中适合种植中庸树的想法是错误的。

午后的日照比午前的日照要强烈，若种植中庸树或阴树的话，很容易发生树叶被晒焦、晒枯的现象从而不能正常生长。所以在西向的庭院中，建议选择那些喜欢强烈日照的阳树来种，如九芎、光蜡树等。

有关种植树木，如同前面在南向庭院中列举的一样，适合选择那些夏季开花、在温暖地带自我生长性良好的树木。如杨梅等常绿阔叶树，蜜柑等柑橘类，油橄榄、棕榈类、迷迭香等都适合种植。此外，与南向庭院一样，在乔木的树荫下可以种植中庸树。

东向庭院的配植

昌化鹅耳枥（落叶）
具柄冬青（具梗冬青）（常绿）
红山紫茎（落叶）
日本紫珠（落叶）
皋月杜鹃（常绿）
玉簪（多年草）
大花六道木（半落叶）
栀子（常绿）
金丝桃（半落叶）
金边阔叶麦冬（常绿）

以明亮的绿色叶子构成的落叶树为主，灌木及中乔木被配植在周边，一年中都可欣赏绿色。

西向庭院的配植

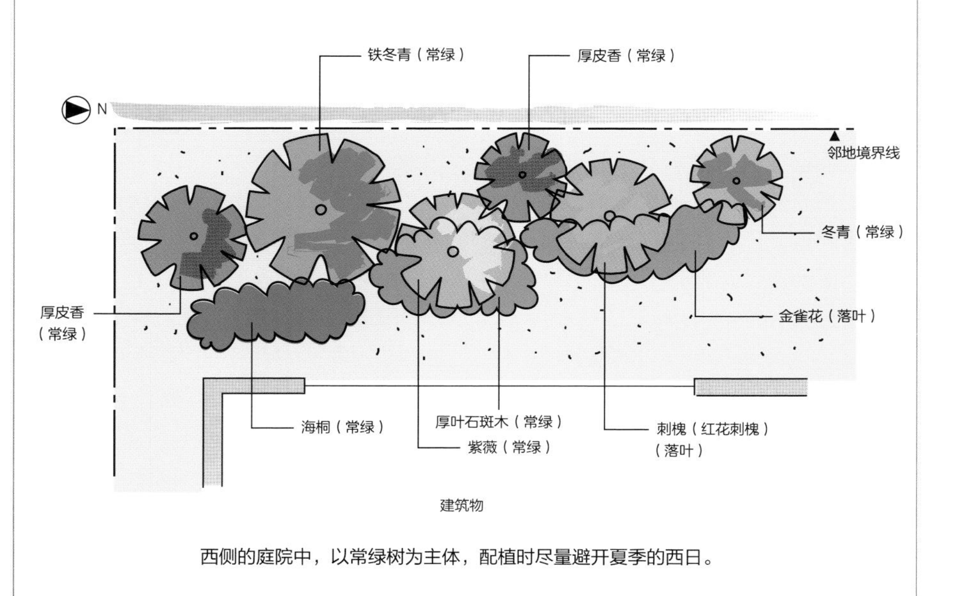

西侧的庭院中，以常绿树为主体，配植时尽量避开夏季的西日。

029

选择树木的三大条件

要点 **我们常以“具有观赏价值”、“便于施工及管理”和“具有市场价值”为标准，来对树木进行选择。**

选择种植树木的三要素

不是所有自然生长的树木都适合栽种，在选择种植树木时，我们最好考虑是否具备以下三个方面的条件。

①具有观赏价值

在我们选择种植用树木时，首先要考虑的就是其是否具有观赏性。如树形是否美观，花、叶子及果实是否美丽，而这些方面都是我们判断这棵树木是否具有魅力的重要参考因素。

如果这棵树木的本身不具备这些魅力，如果它能够为其他树木起到衬托作用，我们也说这棵树具有观赏价值。

②便于施工及管理

在选择用于住宅庭院中的树木时，我们常会选择不需要太多管理的树木，如施肥和修剪等。另外，我们也不选择那些生长速度极快和容易招病虫害的树木。

我们经常会考虑选择那些易移植的树木，但是老树移植起来非常困难，我们要尽量选择较为年轻的树木。

③具有市场价值

具有稳定的市场价值及流通性也是我们选择树木时重点考虑的问题。树木通过“实生”（指通过播种的方式进行繁殖）生长的话，需要数年才能长大，所以很多造园从业者会通过“插木”或“接木”的方式来增加树木的数量。现在用于种植的树木很多都是通过这种方法生产出来的，价格及流通量也比较稳定。

相对而言，市场上流通的大树、珍稀树种一般都来源于深山中野生的树木（日本叫作“山取”）。由于这种树木的数量及价格都不稳定，所以在工期不允许的情况下，尽量不使用这种树木。

此外，种植树也有流行一说。虽然有时市场上会大量流通一种树，但是流行过后就会瞬间消失，所以一定要注意。

实生：播种进行繁殖的方法。

插木：把植物的枝、叶、根等从它们原本的树木上切下后，再插到土中长出新根的繁殖方法。

常使用的种植树

具柄冬青（具梗冬青）

冬青科，冬青属

常绿阔叶树

深绿色的叶子，革质，有光泽和长柄。当风吹过，它的叶子会发出沙沙的声音，日本名字（和名）由此得来。初夏会盛开小白花，长着长柄的果实（10 ~ 11 月）成熟变红，树形整齐，抗病虫害能力也较强。

小叶青冈

壳斗科，青冈属

常绿阔叶树

常被使用的有从乔木到中乔木等各种尺寸。虽然不是花木，但叶子为明亮的绿色，适合较为轻盈的庭院风格。在高大的围墙旁也常常种植这种树，无论是日照强还是弱的场所都适合。

大花四照花

山茱萸科，山茱萸属

落叶阔叶树

春季开花，夏有绿叶，秋季还有红叶和果实。因其一年四季都可观可赏，所以是常被使用的花木。无论如何生长，高度都不会超过 6m，所以大小庭院都可使用。病虫害现象不会像染井吉野樱那样频繁，也好修剪，所以是近年来庭院中必不可少的绿化树木。出产数量稳定，较容易买到，但是其耐暑性差，不喜欢干燥的特性需要注意。

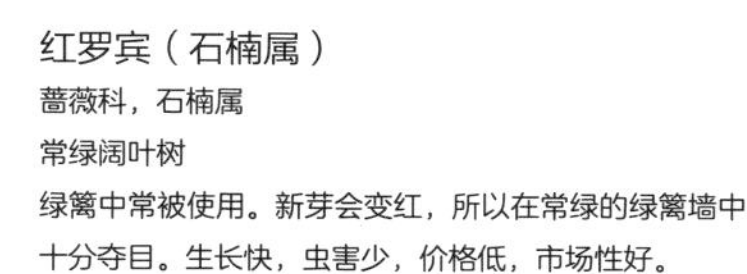

红罗宾（石楠属）

蔷薇科，石楠属

常绿阔叶树

绿篱中常被使用。新芽会变红，所以在常绿的绿篱墙中十分夺目。生长快，虫害少，价格低，市场性好。

皋月杜鹃

杜鹃花科，杜鹃花属

常绿阔叶树

具有代表性的、春季开花的花灌木。从古至今，一直被庭院业主所爱戴，也是盆栽、行道树、公园树中不可或缺的树种。易于修剪，病虫害较少。原产于日本的和歌山，和歌山也因此颇具盛名。品种繁多，花色多样，代表性色彩有浓粉色、白色及浅粉色等等。

接木：把一种植物的干、枝、芽、根剪下，接到别的植物的干、枝、根、球根上，从而获得新的个体的繁殖方法。

030

可用于绿化的树木

要点 通过现地考察来了解植被，从而了解树木的自然分布及种植分布状况。

调查用地周边的植被状况

每棵树木都有其适合生长的环境。好不容易种植的树木，因其对环境的不适应而产生的变弱及枯死。

想要调查规划用地适合什么样的植被生长，最简单易行的方法就是调查规划用地周边的庭园或公园中都有哪些树种，生长时间越久的树木，说明它们越适应那里的环境。

自然分布及种植分布

如果没做现场考察，只要做了规划用地的“自然分布”调研，也可以把控种植的种植范围。“自然分布”是指树木的自然生长、繁殖的广泛地域。

另外，与“自然分布”同样可以起到参考作用的是“种植分布”。常用于公园树和行道树的香樟树，按照“自然分布”规律来看的话，它们应分布于从九州到本州南部地域，但实际上到本州的东北南部也被广泛种植。像这样，有些树木不仅生长在本来产地，而是生长在被移植后的区域，这种分布方式被称作“种植分布”。

在植物图鉴中有对种植分布的详细介绍，可以简单地了解到相关信息。但是，由于地球温暖化等影响，种植分布情况年年都会有所变化，希望使用最新的图鉴进行了解。

园艺种及外来种的分布图

经过改良而用于园艺方面的树种不适合用“自然分布”规律考察。因此，在种植前要考察这类品种是否适合该地域，并且要参考改良前该品种的自然分布状况。对于外来品种，要调查其原产地的环境，若种植现场的环境与其原产地有所相似，就可以进行种植。

植被：在特定土地上生长发育的植物的集团的总称。

树木生长及孕育地区一览

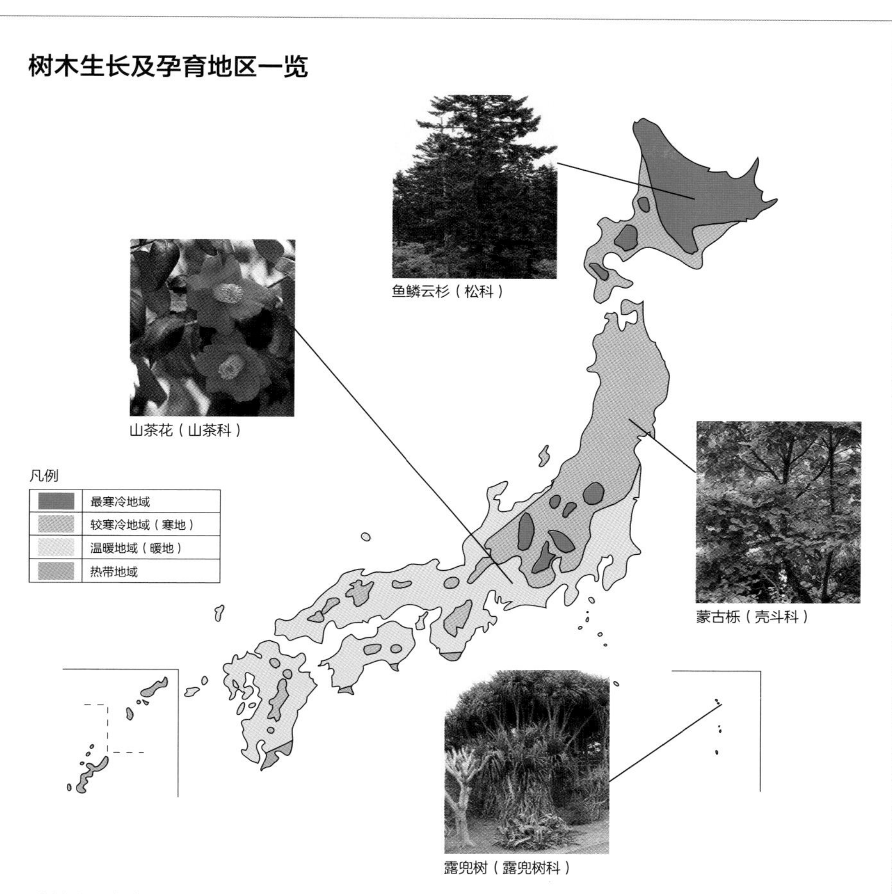

种植的分布

分布		代表性树种	
		中乔木	灌木、地被植物
水平分布	最寒冷地域	鱼鳞云杉、库页冷杉、日本花楸、圆叶槭	红果越桔、大叶越桔、小璎珞杜鹃花
	较寒冷地域（寒地）	大叶钓樟、白桦、柳叶木兰、日本山毛榉、蒙古栎	虾夷绣球花、薮手毬（粉团）
	温暖地域（暖地）	樟树、白新木姜子、椎栗、红楠、山茶花	青木、细梗络石、紫金牛
	热带地域	雀榕、榕树（黄金榕）、苏铁、露兜树、莲叶桐	银合欢、厚藤（马鞍藤）、肾蕨
垂直分布	高山带	—	牛皮杜鹃、奇妙荷包牡丹、偃松
	亚高山带	北海道铁杉、韦氏冷杉、岳桦、日本花楸、园叶槭	黄心卫矛、舞鹤草
	低山带	赤松、假绣球、白桦、少裂叶海棠、日本山毛榉	马醉木、小叶石楠、羊踯躅、柳兰
	丘陵地	野桐、光叶榉、椎栗、合欢（马缨花，夜合树）	青木、柃木、阔叶山麦冬、山杜鹃

031

耐风性较强的树木

防风林
在风势较强的区域，不能仅靠树木自身的防御能力，还要适当建造一些辅助设施来缓冲风力。

选择具有较强耐风性的树木

在风势较强的地方，要选择枝叶强壮的树木，这类树木是以用于防风林的日本柳杉、黑松、罗汉松等常绿针叶树为代表。而常绿阔叶树中的小叶青冈及青冈栎等冈栎属的树木抗风能力也较强。

此外，叶子硬而细的棕榈科树木也是耐风能力较强的树种。相反，那些枝干细、叶子薄的树木就属于抗风能力弱的一类树木了。如槭树科的树木，新芽又软又柔弱，枝干又纤细，所以抗风能力特别弱，尽量不要栽种在强风的地方。

但是，也有如柳树类的树木，虽枝条柔软，貌似柔弱，但抗风能力却非常强，能很好地抵抗强风。

通过设施来阻挡强风

树木的生长离不开风。无论是从促进叶子周边空气循环、促进光合作用的角度来说，还是从传播花粉的角度考虑，风都是不可或缺的重要媒介。

尽管风的作用如此重要，但是如果风力过大，则会对植物的生长造成妨碍。特别是树枝前端的生长点，如果一直受到强风的侵袭，就会抑制植物的正常生长，使其生长速度变得缓慢。有些自然生长在山脚或山顶的树木，因其常受强风吹拂，所以就会形成匍匐于地面的树形，这是树木本能地自我保护的方式。

所以，在经常有强风光顾的地方，除了要选择耐风的树种外，还要建设一些如围墙或挡墙等设施作为缓冲带来阻挡或减弱风力。

光合作用：是指植物从太阳光中吸收能量，并将大气中的二氧化碳和从土壤中吸收的水分合成碳水化合物的过程。除水分外，植物的成分约 85% ~ 90% 是由光合作用形成的碳水化合物构成，所以我们常说“二氧化碳”是植物的“主食”。

抗风性强的树木的植被

①山间

②海边

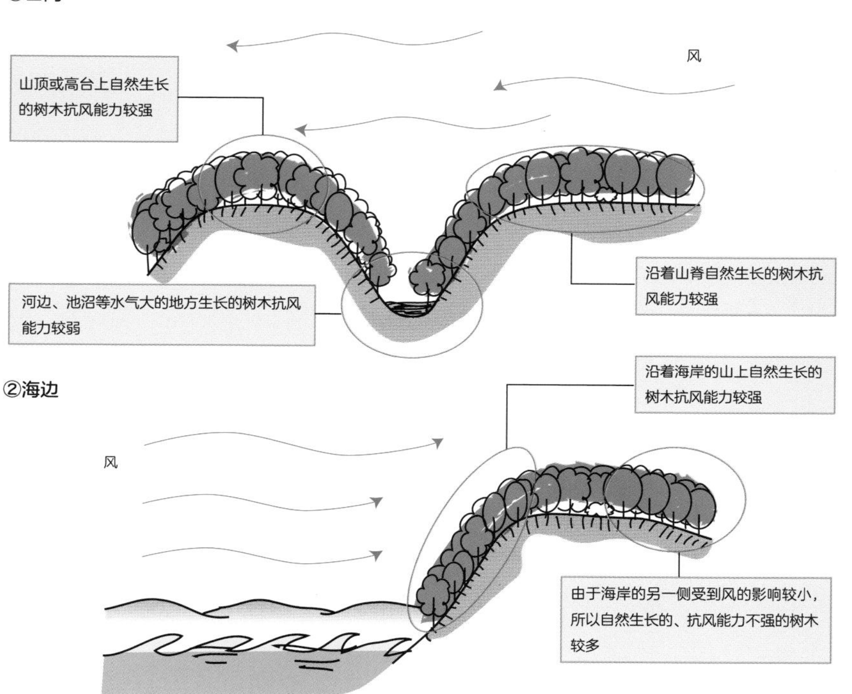

抗风较强的代表性树木

	常绿树	落叶树
乔木 中乔木	赤松、罗汉松、黑松、日本柳杉、青冈栎、樟树、山茶花、光蜡树、小叶青冈、椎栗、红楠、日本石柯、大叶黄杨、山茶花、杨梅	榔榆、银杏、朴树（沙朴）、糙叶树
灌木 地被植物	冬红山茶、厚叶石斑木、海桐、胡颓子、日本女贞、滨柃、澳洲朱蕉	牛奶子
特殊树	加拿利海枣、棕榈、苏铁（铁树，凤尾蕉）、韦氏棕榈、华盛顿椰子	—

032

耐潮风较强的树木

海边的树木若附着了盐分，可通过清洗或冲刷的方式处理，但是土壤中是否含有盐分则需要确认。

不存在防潮能力超强的种植树

我们通常会拿“青菜上撒盐”来比喻植物与盐分的关系，大部分植物都讨厌盐分，所以耐潮风的树木几乎是不存在的。通常，在有潮风、有盐分的地方种植的植物只有红树林吧。

相对来说，较为耐潮风的树木有在海岸边自行生长的加那利海枣等棕榈科、黑松等松树类和罗汉松类等罗汉松科等树叶较硬的常绿针叶树，这些树可以种在距离海岸线稍有距离的地方。

再稍远点的地方，还可以种植如山茶花、椎栗、杨梅、红楠、乌冈栎等常绿阔叶树，这些树木都有较粗壮的树干和较厚的叶子。此外，常绿阔叶树的朴树、榔榆也可以种植。

海边种植的要点

滨海绿化的要点就是要选择耐盐碱性较强的树种。但是，无论树木本身具有多强的耐盐碱性，若把附着了盐分的树叶放置不管，也会对其生长不利。所以种植场地也要尽量选择树木能接受雨水的自然冲刷或人工便于清洗的场所。在潮风很强的场所，最好用一些设施先遮挡一下，然后再种植一些耐盐碱性较强的树木。

在近海岸的地方，尽管不是潮风直接吹打的场所，土壤里的盐分也可能会很高。有土壤表面有白色的盐分，或是杂草根本不会生长的现象发生，都说明土壤中的盐分很高。在这种情况下，就要考虑通过腐叶土或堆肥对土壤进行改良处理，处理好排水问题，有效去除土壤中的盐分或重新更换种植土。

红树林：生长在热带、亚热带的河口、盐分较高的湿地带的特殊植物群落；由红树科的乔木、灌木等构成，叶厚、常绿、耐盐性高；因土壤为泥质，地表的呼吸根格外发达。

与海的距离及可种植的植物

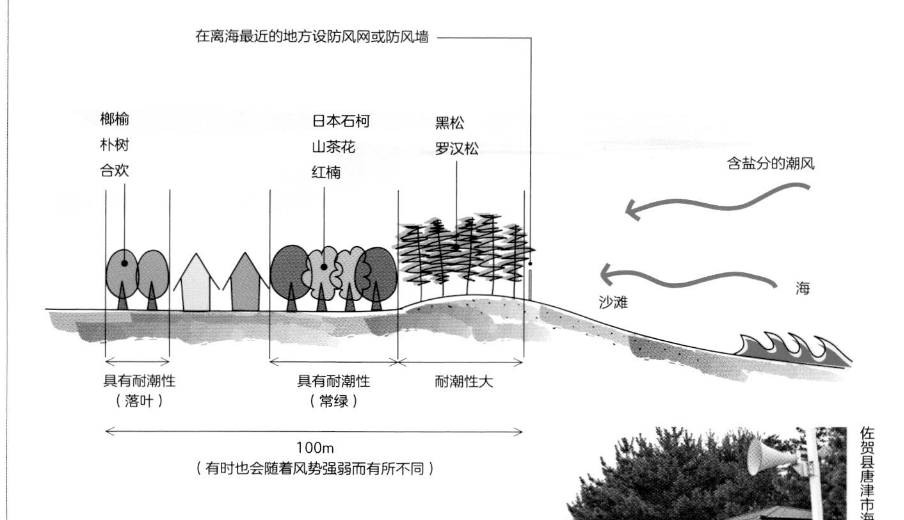

佐贺县唐津市海岸边的黑松林

耐潮风的代表性树种

	可耐潮风	耐潮风能力较强	耐潮风能力很强
乔木 中乔木	日本榧树、红千层、油橄榄、榔榆、犬枇杷、朴树、食茱萸、柑橘类、海州常山、紫薇、合欢	龙柏、乌冈栎、夹竹桃、红楠珊瑚树、椎栗、大叶黄杨、日本石柯、杨梅、尤加利类、鸡冠刺桐、大岛樱、九芎、金合欢	黑松、罗汉松
灌木 地被植物	大花六道木、青木、锦绣杜鹃、柃木	厚叶石斑木、海桐、大叶胡颓子、山绣球、铺地柏迷迭香、结缕草	单叶蔓荆、滨柃、厚藤（马鞍藤）、三裂叶蟛蜞菊、草海桐、里矶菊、大吴风草
特殊树	—	棕榈、韦氏棕榈	加拿利海枣、苏铁（铁树，凤尾蕉）、果冻棕榈、华盛顿椰子、文殊兰、丝兰、澳洲朱蕉、芭蕉 奄美大岛的海岸山崖上的苏铁林

033

抗废气较强的树木

多指种在高速公路或交通干道两旁的有较强抗污染能力的行道树，但光叶榉及染井吉野（樱花树）类的树木除外。

具有抗污染能力的常绿阔叶树

空气中有许多有害气体，有的是工厂排放的气体，有的是汽车排放的气体。无论是人还是树木，可以说喜欢这些有害气体的生命是不存在的。因此，我们在车流量较大的主干道等地，要选择抗污染能力较强的树种。

众所周知，一般树木是通过光合作用来吸收二氧化碳并释放氧气，但是对于有害物质的吸附能力较强的树木当属那些叶片较为厚、硬的常绿阔叶树了。以夹竹桃、大叶黄杨为首的乔木还有乌冈栎、山桃，中乔木有茶梅、珊瑚树、山茶花，灌木有锦绣杜鹃、柃木等树木的防污染能力都较强。落叶乔木树中，银杏也是抗污染能力较强的树种。

相反，那些独自生长在高山上的日本山毛榉、日本冷杉等树木，由于比较喜欢新鲜的空气，所以不适合种在道路两旁。

可有效防止有害气体的“绿层”

种植时，最好从低矮的灌木到高大的乔木，要种成密实的“绿层”。但是，无论树木本身有多强的抗污染能力，如果一旦树叶的表面被污染物质覆盖，也会阻碍其正常呼吸及光合作用，所以要有雨水可以冲刷的自然环境，或是人工冲刷的人工环境。

树木受大气污染后不会立刻枯死，会有一个渐渐变得萎靡不振后枯死的过程。所以，当看到叶子上面变成黑色时就要冲洗了。

在车流量较大的干线道路旁，常常会种植一些抗污染能力较强的树木。特别是在高速公路两旁的种植带上，更需要选择一些既耐污染又无需过多管理的植物。尤其要多参考一些相关树种。

可以遮挡废气的配植

①立面

②平面

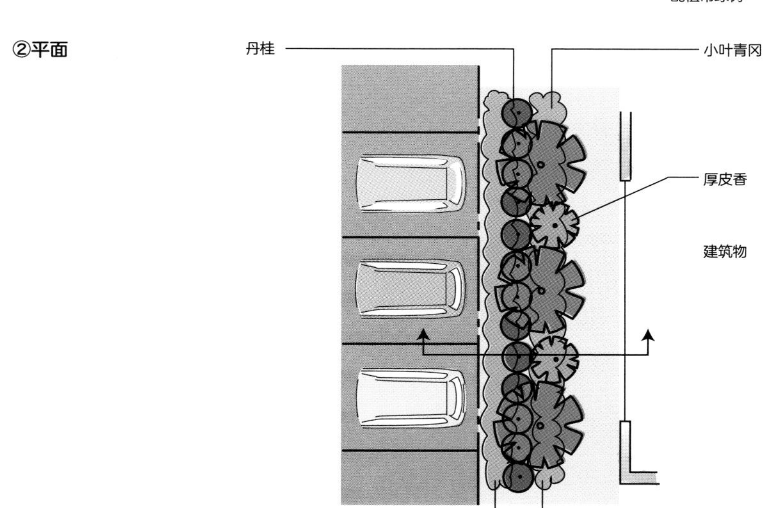

抗废气强的代表性树种

乔木、中乔木	灌木、地被植物
银杏、香花槐（国槐）龙柏、夹竹桃、茶梅（山茶花）、珊瑚树、红楠、木槿、北美枫香（胶皮枫香树）、山茶花、山桃（杨梅）	青木（东瀛珊瑚）、马醉木、厚叶石斑木、海桐、地锦（爬山虎，爬墙虎）、大花六道木、滨柃、柃木

山茶花
茶梅科茶梅属的落叶阔叶树

034

耐干旱的树木

在城市中尽量避免种植不耐旱的树木，而那些叶子较厚、较硬的常绿树往往比较耐旱。

城市中的土壤多为干燥土

对于树木的生长，水是不可或缺的。但是，由于城市中人工铺装路面的增加及温暖化现象的出现，使得城市的湿度在逐年降低。因此，地下蓄水能力减弱，导致土壤出现干燥的趋势。

为了解决这一问题，城市需要导入自动灌水设备。有了这一设备，就可以大大减少不必要的人力，也确保了树木能够拥有良好的生长环境。

但是，也不要过分依赖设备，因为一旦设备出现故障，树木就会立刻枯死，而且，设备的维护及管理费用也将是不菲的开销。

综合考虑以上因素，在为城市选择树种时，就先优先考虑一些耐旱的树种。

叶子厚的树木耐干燥性较强

判断树木是否耐旱，可以根据其叶子的薄厚、软硬及坚挺程度来判断。一般说来，较厚、硬及坚挺的叶子较为耐旱。常绿阔叶树及常绿针叶树有较强的耐干旱能力，而落叶树中的白桦及柳树类的树木抗干旱能力较强。

我们通常在选择行道树时会考虑选择一些耐干旱的树种。但是，光叶榉及皋月杜鹃类的树木都喜欢较为湿润的环境，所以不适合栽种在干燥的地方。

在山脚下或是海岸线旁自生能力较强的树木多为耐旱品种，如乔木中的赤松、黑松及地被植物中的铺地柏等就是代表性树种。特殊树种中的苏铁及丝兰类也属于耐干旱树种。

但是这些耐干旱的树木若是离开水也是会枯死的，所以在土壤环境极度干旱的情况下，也要适当给它们补给水分。

灌水：指为了维护植物正常的生长与发育，给土壤补充不足的水分的设备。有时也会用于降温、去污等方面。

丝兰类：指龙舌兰科丝兰属的树木。适合较为干燥的土地环境，从北美到南美分布约 60 余种。叶子多为线状、前端带刺。

较为干燥的庭院的配植

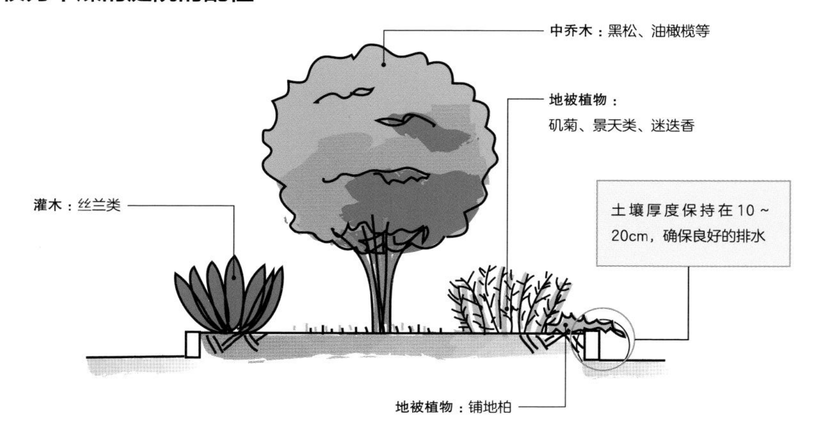

一般的浇灌系统

①向土壤里灌水的类型

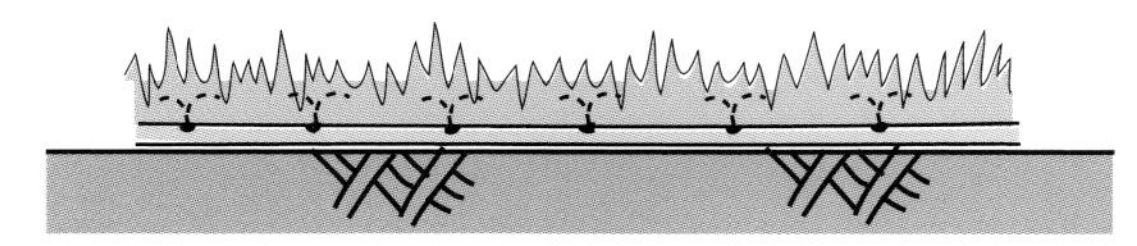

是让水直接渗透到土壤中的做法。如右图（3）所示的是较具代表性的灌水方式。因为不是从叶子上直接浇水，叶子容易干燥，所以适合叶子较厚的富贵草及日本鸢尾等植物。

（1）滴灌式

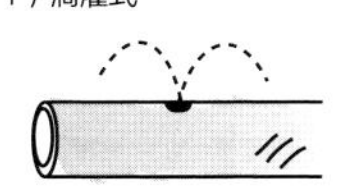

（2）润透式

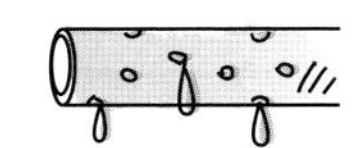

（3）点滴式

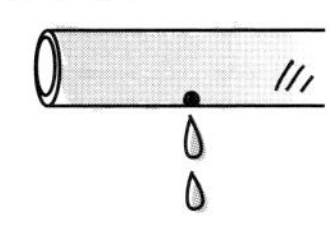

②向叶子中灌水的类型

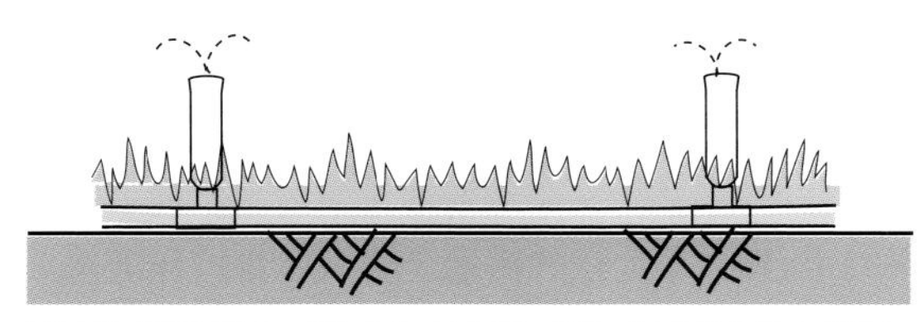

因为是从叶子上面浇水，所以叶子不容易干燥。但是，在风强的地方要界定散水范围，较适合叶子薄的草坪和竹叶草。

耐干旱型代表性树种

乔木、中乔木	灌木、地被植物	特殊树
赤松、油橄榄、黑松、白桦、洋槐（刺槐）、红叶石楠、杜松、柳树类（杨柳科）、辽东楤木	矶菊、厚叶石斑木、景天类、铺地柏、迷迭香	苏铁、丝兰类

035

耐高温的树木

地球温暖化现象日益严重，使得我们在考虑种植时要选择耐高温树种，同时也要做好防寒工作。

城市中的种植要选择耐高温树种

受地球温暖化的影响，城市中的气温有大幅上升的趋势。实际上，近年来东京 23 区内和冲绳的平均气温并没有特别明显的变化，如光蜡树是 10 年前在东京被广泛种植于室内的观叶植物，现在却能种植于户外了，这也说明近年来室外在植物的选择上要越来越重视耐高温植物的选择。

耐高温的树木原本分布于冲绳、南九州、南四国、南纪等较热的地区，它们以自然生长为主。代表性树木有樟树等常绿阔叶树；还有外来树种如来自希腊、意大利、西班牙等南欧产的油橄榄也属于喜热树种。还有如紫薇一样在夏季有较长花期的树木也属于喜热树种。

作为特殊树种，如竹子类的树木也喜热。此外还有棕榈类中的加那利海枣、华盛顿椰子等耐高温树种都可以在东京近郊种植。还有日本庭园中常见的苏铁也是喜热树种。

防寒亦同样重要

尽管夏季城市内部非常炎热，但是到了冬季，气温一下子又会降得很低。而那些夏季喜热、耐高温的树木，往往是不耐寒的。因此，在种植当初，既要考虑这些树木的喜热性，又要考虑冬季的防寒性。

如夏季虽有日光照射，但到了冬季却完全晒不到太阳的场所就不适合种植上述的树木。像铁冬青这样的树木在冬季，只要寒风吹过，树叶就会完全掉光。

而对于苏铁这样的树木，开始就要像业主交代其管理方法，就是冬季要用秸秆带捆绑的方式为其御寒。但是，不是所有树木都有相应的御寒手段，在冬季极寒地带要尽量避免做绿化为好。

观叶植物：主要是热带、亚热带产的以观叶为主的植物。

特殊树：无论是形态还是栽培及管理方面都较为特殊的树木。

耐暑性强的代表性树种

	常绿树	落叶树
乔木 中乔木	罗汉松、乌冈栎、油橄榄、异叶南洋杉、柑橘类、木本曼陀罗、夹竹桃、樟树、铁冬青、黑松、月桂树、珊瑚树、光蜡树、红楠、琵琶、菲岛福木、山杜英、杨梅	罗汉松、鸡冠刺桐、大岛樱、紫薇、九芎、乌桕、木芙蓉、法国梧桐、木槿
灌木 地被植物	厚叶石斑木、海桐、铺地柏、滨柃、十大功劳（黄天竹）、迷迭香	地锦（爬山虎，爬墙虎）
特殊树	加拿利海枣、苏铁（铁树，凤尾蕉）、芭蕉、文殊兰、果冻棕榈、华盛顿椰子、棕榈、韦氏棕榈	—

※ 寒冬时，受寒风侵袭树叶会飘落，为半落叶树木。

城市中也可种植的新品种

光蜡树

是木犀科梣属的半落叶乔木。在冲绳及台湾等亚热带山地自行生长。在气候温暖的地带能保持常绿状态，有着细细的叶子及清爽的氛围，树形也有单株及丛生等各种形态，利用范围较广。

油橄榄

是木樨科木樨榄属的常绿阔叶树。地中海原产，多被栽植在意大利、西班牙等地中海沿岸地带。有喜日照、耐干旱的特点。喜欢弱碱性土壤，所以不要和喜酸性植物混植。

木本曼陀罗

茄科木曼陀罗属的常绿中乔木，从初夏到晚秋会开喇叭状的大花。因为有毒，所以要注意种植场所。

秸秆带：为了防止树皮被日照或严寒伤害（裂开），用棕榈绳把秸秆带捆绑在树干或树枝上，以起到保护和养生的作用。

036

如何抵御病虫害

要点　为了有效防止树木被病虫害损伤，必须要注意树木的生长环境的平衡。

病虫害发生的环境

一般说来，种植的树木具有流通性，轻易不会遭受病虫害。但是，随着近年来气候变迁而引发的罕见虫害及菌害的案例却不断增多。

在对农药使用有着严格法律制约的日本，想要预防病虫害而喷洒农药并不是一件简单的事。所以，防御必须要从根本上抓起，就是在进行植物种植时，尽量营造避免病虫害发生的环境。特别是要考虑适合植物生长的日照、水、土、风、气温等五要素，如果一个条件得不到满足，树木就很容易受病虫害所扰。

另外，有些树木会招来特定的虫子，如茶花类树木会招来茶毛虫；珊瑚树会招来黑肩毛萤叶甲；钝齿冬青、龟甲冬青等黄杨类树木会招来黄杨绢野螟等虫子，而这些虫子大多喜欢高温多湿的环境，虫害也多发生在 5 月末～ 7 月，因此要确保场地通风，并要适时采取相应的防治措施（※）。

防御病虫害的方法

在用地条件不是很好、空间不是很大的地方，要满足上述五大条件非常困难。但是如果注意以下有关树种的选择及培植方面的事项，就会有效地防御病虫害。

首先，要选择一些对病虫害有较强防御能力的树种，如青冈栎、日本莽草等。而对于改良品种及外国树种，由于这类树种较为容易遭受病虫害，因此要严格为它们选择生存环境。

树木尽量避免密植，因为密植的树木会互相争夺营养资源，抵抗力会下降，从而容易遭受病虫害的侵袭。相邻树木最好保持一定的间距，建议乔木在 2m 以上，中乔木在 1m 以上，灌木在 0.5m 以上。

※ 若采用药剂的话，不免对周边的生物都会产生有害的影响，所以尽量先采取捕杀的方法。若一定要用药剂来解决问题的话，也要尽量使用残留较少的农业用药剂。

容易遭受病虫害的环境

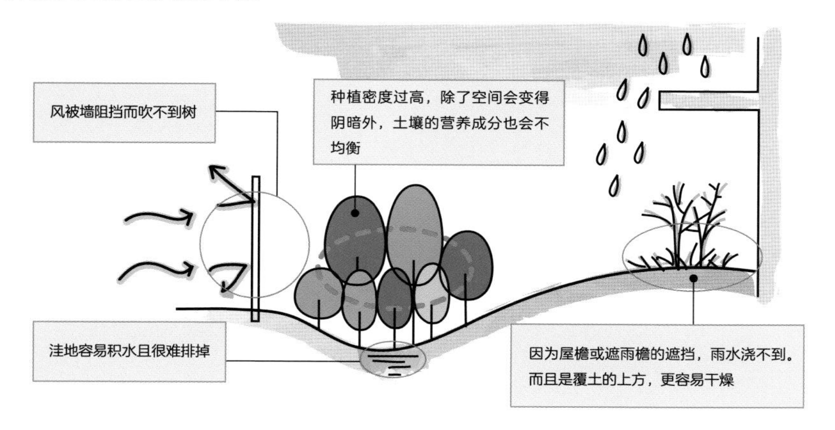

主要的病虫害及被害的树木

	病虫害名	特征	容易受害的树木
病害	白粉病	新芽及花上像有白粉附着似的，严重时会阻碍树木生长	梅、光叶榉树、紫薇、大花四照花、蔷薇类、大叶黄杨、苹果
	黑点病	在湿润的叶子表面扩散，干燥后变成黑点，后会变得更黑	柑橘类、蔷薇类、苹果
	黑煤病	叶子及枝、叶表面被黑煤状东西覆盖，会阻碍叶子的光合作用，从而阻碍树木生长	月桂树、石榴、紫薇、茶花类、大花四照花、杨梅
	白绢病	全体枯萎（在酸性土壤及夏季高温期或排水不良时容易发生）	沈丁花、日本柳杉、洋槐、罗汉松科
虫害	容易遭受凤蝶类幼虫的食害	会吃掉或吃光大量叶子，刺激幼虫会散发出恶臭的气味	柑橘类、胡椒木
	容易遭受蚜虫的吸汁害	蚜虫会吸食树液，阻碍树木生长	小叶鸡爪槭、梅、蔷薇类
	容易遭受介壳虫的吸汁害	树枝及叶子上会附着点状白块，使树木变得柔弱，虫粪还会诱发黑煤病	柑橘类、厚叶石斑木、蓝莓、大叶黄杨
	容易遭受咖啡透翅天蛾的食害	是蛾子的一种，容易把嫩叶中心吃光	栀子、水栀子
	容易遭受苹果透翅蛾的食害	长得像蜜蜂般的蛾子，成虫会在受伤的树干上产卵，树皮内侧的幼虫长大后就会发生食害，导致树木枯死，树干会长出块状胶质物并凝固	梅、樱花类、桃
	容易遭受黑肩毛萤叶甲的食害	甲虫的一种幼虫，成虫也吃叶子。特别是幼虫会把嫩芽吃得全是虫眼	珊瑚树
	容易遭受茶毛虫的食害	一年会发生 2 次，吃叶子。若人的皮肤接触到会起疹子或有过敏反应	茶梅、茶花类
	容易遭受黄杨绢野螟的食害	幼虫会群集在枝的前端，吐丝筑巢并诱发食害	黄杨类

蓝叶云杉和矮性蓝叶云杉“蓝球”（前排） 圆锥白云杉、矮艾伯塔云杉

日本最大的针叶树庭院

这是位于北海道带广市的日本最早的针叶树庭院。

虽然针叶树庭院广泛地分布于各种植物园和绿化中心，但是该植物园却拥有日本最大的种植面积。

在造园公司——真锅庭园苗木公司的经营管理下，该庭院不仅能带给人们美好的视觉享受，还能让大家了解树木的培育及生长特性。庭内除了有日本庭园外，还有欧洲庭园、风景式庭园等由针叶树构成的别有风味的庭院。

除了从北欧、加拿大等北方引进的树种外，还有数百种园艺品种供生产及贩卖。

DATA

地　址：北海道带广市稻田町东 2-6
电　话：0155-48-2120
开园时间：8:00 ~ 17:00
休 园 日：在（4 月下旬 ~ 11 月下旬）期间无休
入 园 费：大人 500 日元，中小学生 200 日元

第3章
不同空间的绿色表现

037

狭小庭院的种植

在狭小的空间里，植物的生长速度缓慢，建议选择容易修剪的树种，也可以考虑生长较快的竹子。

选择乔木中的落叶阔叶树

有些庭院空间虽然狭窄，但是垂直方向的空间却可以有效地用来绿化。如果能把狭小的空间进行有效利用的话，从室内望向室外，绿色还会在视觉上使户外的空间显得宽敞。在寸土寸金的城市住宅区，若能保留一些绿化空间，哪怕不是十分宽敞，也要充分利用。

在考虑狭窄空间能使用的植物种类时，最好选择“生长速度缓慢且容易修剪的树种”。

尽量避免选择高乔木，最好选择中乔木中的落叶阔叶树，而且最好是叶子量少、挺拔干练的树种。如野茉莉、四照花、大花四照花等树木均可考虑，四周的地面最好用地被植物覆盖。

常绿阔叶树的树叶量过多，会给狭窄的空间造成更大的压迫感，所以尽量不要选择这类树。像日本柳杉、日本扁柏杉树等针叶树，虽然树高很高，但是枝叶横向扩展却不大，所以也可选择。但是由于针叶树多为常绿树，无论其颜色、还是其密集的树叶，都会给人造成压迫感且通风也不好，所以在选择针叶树时，也要考虑其弊端。

在特殊树种中，如孟宗竹及桂竹等竹类植物就适合种植在狭窄的空间中。这也是因为竹类植物的生长点（前端）喜阳，而竹干则相反的原因。

适合狭窄空间的园艺品种

适合在狭窄空间种植的落叶阔叶树中，也有能横向生长为树高 0.5 ~ 1.0 倍的树木，所以在管理上一定要注意。

近年来，榉树的园艺品种——“武藏野榉树系列”、桃树的园艺品种——“扁桃”等均是横向生长较为缓慢的品种，可以考虑使用这些树木。这样即使空间有限，也可享受高大树木的视觉效果。

狭小庭院的配植

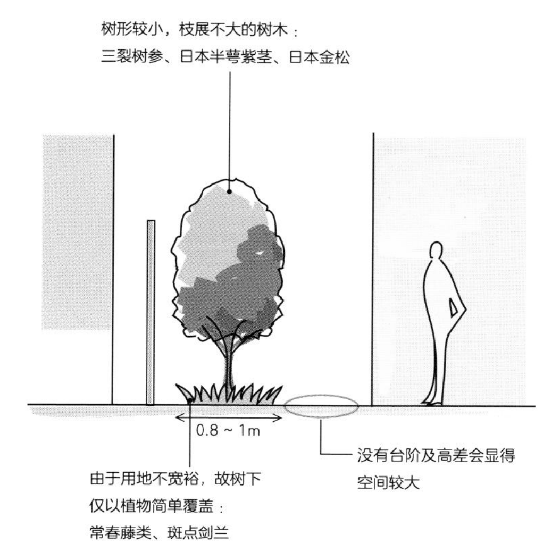

树形较小的树木：

野茉莉、三裂树参、连香树、榉树的园艺品种、武藏野榉树、日本金松、日本柳杉、日本半萼紫茎、日本扁柏、扁桃、桂竹、孟宗竹、四照花、罗汉松

竹子的种植要点：

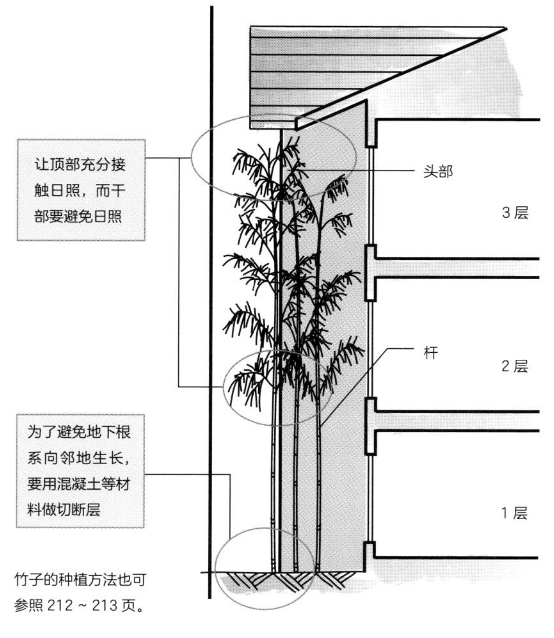

竹子的种植方法也可参照 212 ~ 213 页。

适合狭小庭院的园艺品种

“扁桃”是桃树的一种园艺品种。特点是不会像桃树那样，枝杈向外生长，整体的树形呈狭椭圆形。

038

大门周边及入口处的种植

大门及入口处的种植最好选择花木或四季分明的树种。

大门周边的种植

一般来说，私人住宅的大门周边空间有限，所以那里的绿化最好选择低矮的、枝叶不是很繁茂的树种。

如果大门处配植一些色彩鲜艳、香气宜人的树种的话，大门会给人一种明亮、开放的感觉（请参照 158 ~ 165 页）。若选择灌木中的花木，可选花色鲜艳的杜鹃类、也可选味道清香的沈丁花等品种。

如果有 $1m^2$ 左右的空间，可以种 3m 左右的中乔木，像大花四照花、木槿等树种都有很强的季节感，是很好的选择。

如果门与道路间的空间不够做绿化时，可以在靠近门的庭院中种植 2.5m 以上的光叶常绿树（如厚皮香、松树、光蜡树等），在视觉上尽量营造出树木与门一体化的效果。

入口处的种植

如果入口通道是短而窄的空间，就尽量种些枝展小、树叶疏的树木，这样就能把空间显得宽敞一些。

作为一种造园手法，我们常让视觉目标（如主体建筑物）掩映在眼前其他事物（如绿茵）中，这样会让空间更有层次、更有进深感。因此，我们在打造玄关处的绿化空间时，会故意让玄关隐藏于绿色中。

在树种选择方面，尽量选择树形小而美的落叶树，如大花四照花、四照花、野茉莉、日本紫茎、日本半萼紫茎、小叶团扇枫等都较为理想。在树木的四周，用矮竹或富贵草类的地被植物覆盖，这样既能确保树木与地被植物间的空间，又能减少压迫感及局促感。

改变大门周边形象的种植

①若大门周边能确保 1m² 左右的空间

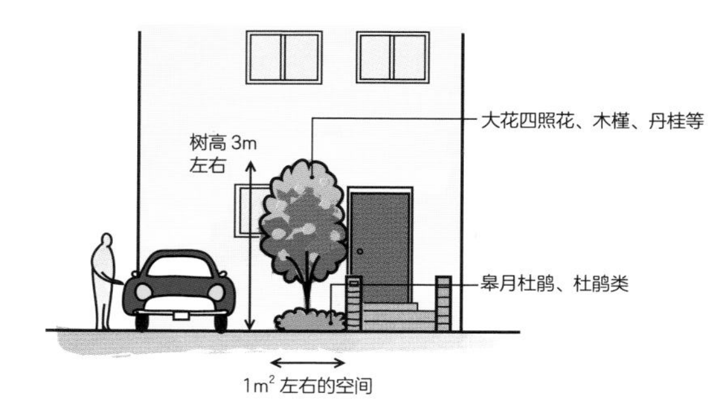

②若在大门及围栏内部种树的情形

锦绣杜鹃等：围墙外的墙脚下若稍微有些绿色也会改变大门周边的形象

入口处让人感觉宽敞的种植

①立面

在玄关处可配置一些枝叶呈横向生长的落叶树，使其错落有致，如日本半萼紫茎、日本紫茎等

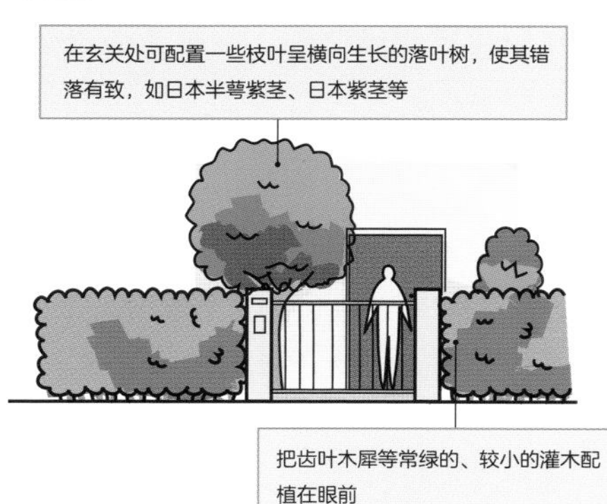

把齿叶木犀等常绿的、较小的灌木配植在眼前

会让大小不同的树木产生对比，从而有远近感。

日本紫茎，山茶科的落叶阔叶树。花期在6～7月，开直径约为 2cm 左右的白花

②平面

大门的中心和玄关的中心要避免重合，一定要错开种植

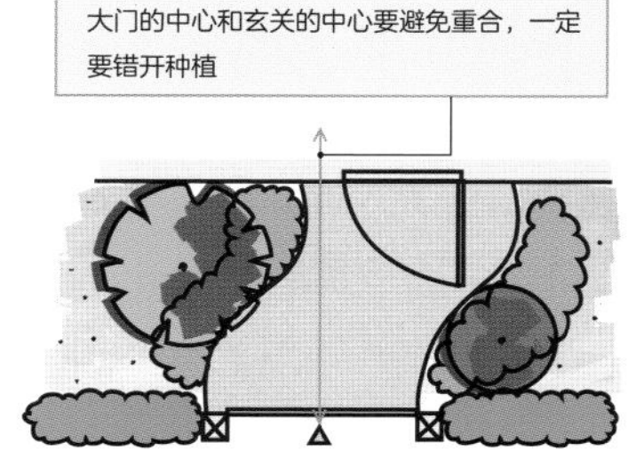

中心错开的话，空间会有进深感。

039

坪庭的种植

坪庭是指规模较小的中庭。中庭绿化的要点是先确定庭院的中心，并重点考虑从窗户向外眺望时所能看见的景色。

适合坪庭的树木

被建筑物包围的坪庭，由于日照条件不好，湿气不易排出。在绿化时，最好选择喜阴及耐湿的树种。另外，由于种植空间有限，建议不要选长得十分高大的树木。

一般说来，大多数的常绿阔叶树在日照条件不好的情况下也能长势良好，如三裂树参类、茶花类、茶梅等。小叶团扇枫、手向山羽毛槭等槭树类的树木也是小巧玲珑，非常适合在坪庭中栽种。八角金盆、十大功劳等叶子形态特别的树种，以及南天竹、斑叶珊瑚等叶子颜色或模样有变化的树种也适合在坪庭中栽种，并能增加庭院的亮点。

相反，像樱花一样生长快且能开出绚烂花朵的树木，或像柑橘类的喜阳果树都不太适合在坪庭中栽种。

坪庭的设计

种植于坪庭内的树木，高度不应超过所面对的房间的顶棚，既要形成完整的景观展现在庭院开口处，还要注意绿化面积不能超过开口处面积的一半。如果从建筑物的四周房间都能看到坪庭，就要考虑将哪个房间观赏到的院内景物作为重点来栽植树木。

种植几棵形态好的大树，即可营造出较为理想的空间。多种会显得杂乱，反而不宜。而且，树木过多的话，还会有挡光、招虫、阻碍通风、不卫生等弊端。

如果坪庭（内院）的绿化工期安排在室内装修结束后再进行的话，搬运树木或种植土等物品时势必要经过室内而造成污染，所以建议根据建筑工期来安排绿化日程。

坪庭的种植案例

①和风（日式）坪庭

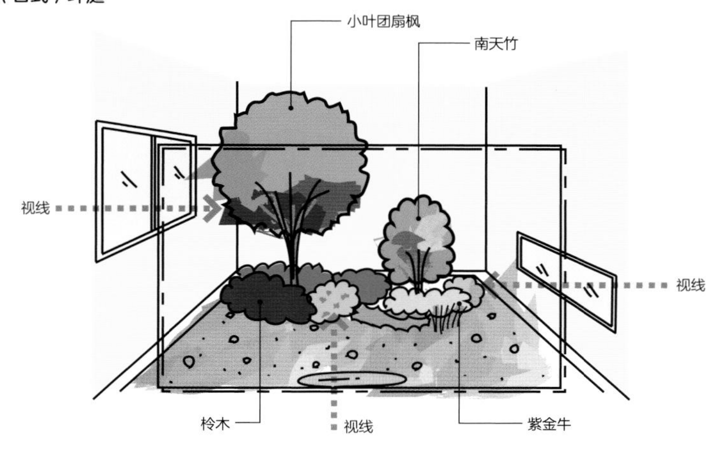

先设定好主要从哪个房间观赏再进行配置。

②洋风（西式）坪庭

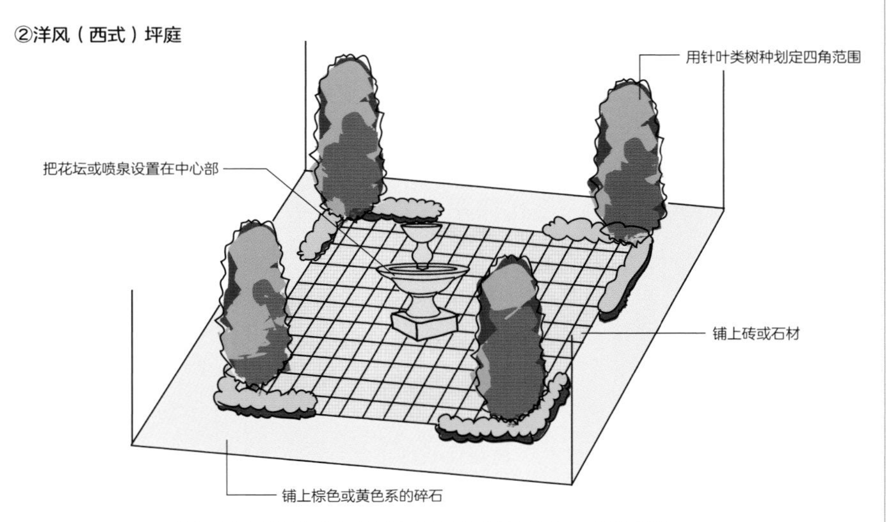

无论从哪个房间看出来都是整形及左右对称的规则式庭院的效果。

适合坪庭的树种

乔木、中乔木	灌木、地被植物
青冈栎、野茉莉、三裂树参、槭树类（小叶团扇枫、手向山羽毛槭、鸡爪槭）、茶梅、具柄冬青、竹类、山茶花类、日本半萼紫茎、南天竹、大花四照花、日本紫茎	东瀛珊瑚、大花六道木、小紫珠、厚叶石斑木、沈丁花、卫矛、十大功劳、柃木、八角金盘

040

中庭的种植

中庭的种植要点是要控制风和日照，尽量选择可观花或观果的树种。

通过树木来调节环境

中庭是人们往来频率较高的场所，在通风和采光方面一定要考虑其对居住环境舒适程度的影响。为此，要尽量选择对调节日照和风有帮助的树种。

如在中庭中种植落叶阔叶树中的中乔木的话，夏天会防止强烈的日光照进屋子，而冬天落叶后又不阻碍阳光照进屋子中。这样来看，树木在夏冬季节对于室内温度的调节起着很大的作用。如果种植单棵树木的话，一定要选择易保持树形的树木，且要注意修剪。具有代表性的树木有较为中庸的日本辛夷、四照花、连香树、槭树科等，但常用于行道树的光叶榉，虽树形美观，但由于过于高大而不适合种在私家庭院中。

另外，考虑到中庭的动线问题，树木常常种在可移动花箱或花钵中。

选择花木或果树

在中庭中种植花木或果木，如种植些常用于切花的、常常开着醒目花朵或能够收获果实的树种，生活中将会增添很多乐趣。

在选择花木时，尽量选择一些耐阴树种。灌木及中乔木要各种几棵，选择的原则不仅是从切花的角度选择，而是要确保从室内向外眺望，能够观赏到花卉。如可种植棣棠、麻叶绣球（春天的花）；八仙花、溲疏（初夏的花）；木槿（夏天的花）；茶梅、茶花（冬天——早春的花）等。

结果的树木有毛樱桃、梅、木瓜、黑莓、加拿大唐棣等。这些树木结果相对容易，但最好不要单棵种植，种植多棵才易结果。中庭空间很小，日照条件不好时，建议种植月桂树、胡椒木等树种为好。

中庭的种植

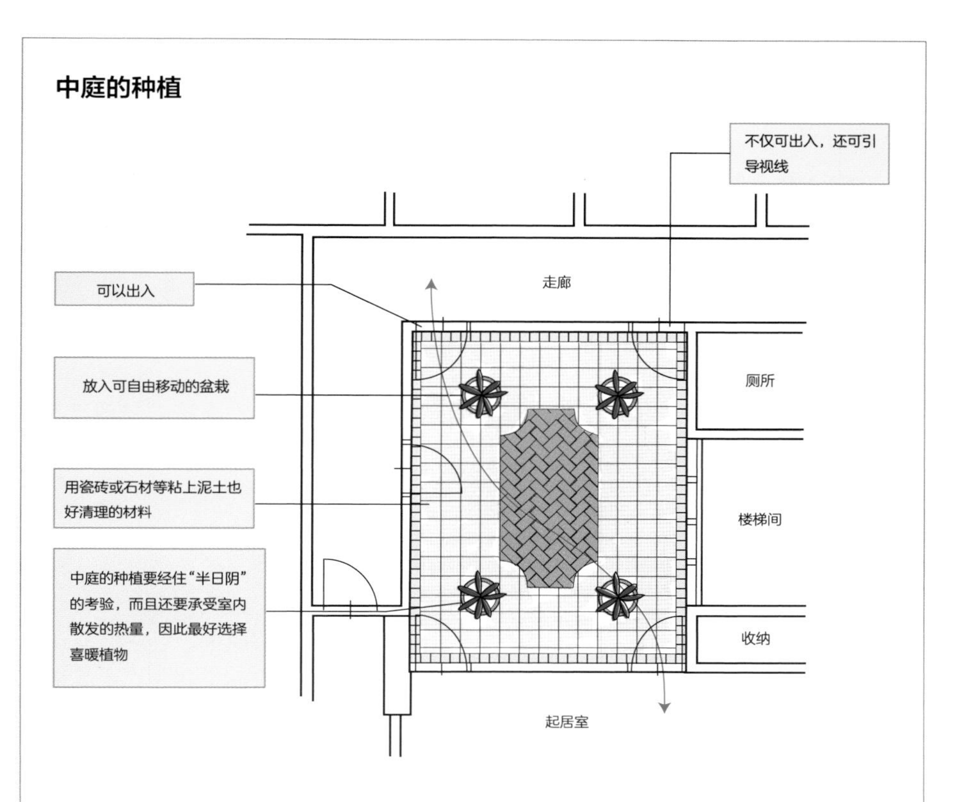

适合中庭种植的盆栽、（钵）体量较小、便于修剪的树种

	常绿树	落叶树
乔木、中乔木	罗汉柏、东北红豆杉、罗汉松、侧柏、日本五针松、异叶南洋杉、日本柳杉、千头赤松、北美香柏、青冈栎、昌化鹅耳枥、油橄榄、金柑、月桂树、日本厚皮香、茶梅、光蜡树、小叶青冈、具柄冬青、日本夏橙、火灰树、窄叶火棘、菲油果、大叶黄杨、八角金盆、山茶	梅、落霜红、野茉莉、荚蒾花、荚迷、小叶团扇枫、青桴、珊瑚树、艳紫野牡丹、日本毛木兰、紫玉兰、羽裂接骨木、西府海棠、大花四照花、山荆子、大叶醉鱼草、富士樱、日本紫珠、四照花、髭脉桤叶树
灌木、地被植物	东瀛珊瑚、马醉木、冬红山茶、钝叶杜鹃、金丝梅、栀子、久留米杜鹃、皋月杜鹃、厚叶石斑木、桂樱、草珊瑚、茶树、南天竺、日本女贞、日本荚蒾、滨柃、十大功劳、日阴杜鹃、柃木、锦绣杜鹃、迷迭香、虾蟆花、百子莲、吉祥草、黑麦冬、日本鸢尾、络石、一叶兰、金边阔叶麦冬、富贵草、常春藤类、朱砂根、圣诞玫瑰、紫金牛、阔叶山麦冬、麦冬	八仙花、大花六道木、齿叶溲疏、山绣球、小紫珠、日本绣线菊、日本吊钟花、海仙花、少花蜡瓣花、柳叶绣线菊、三叶杜鹃、棣棠、珍珠绣线菊、玉簪
特殊树	棕榈、矮棕竹、苏铁、韦氏棕榈、龟甲竹、四方竹、凤尾竹、紫竹、铺地竹、维氏熊竹、小叶维氏熊竹	—

041

园路的种植——和风庭院

要点　在打造和风园路时，要以灌木及地被植物为主体，选择能与庭院整体氛围相吻合的树种。

园路种植的基本原则

在做园路绿化的时候，不仅要考虑其作为通道的功能，更要考虑园路对相连空间的影响。一般来说，园路多为狭窄的空间，从安全角度出发来考虑的话，要控制高乔木及中乔木的数量及体量，尽量以灌木或地被植物来打造主题空间。

在选择灌木或地被植物时，尽量选择耐阴植物，而且要避免选择那些易伤人或易招虫子的植物品种。在脚下铺混凝土或石头。

在树种选择方面，要充分考虑与相邻空间的延续性，尽量选择风格相似的树种。

与日本庭园相连的园路

与日本庭园相连接的园路，通常用石头或砂砾铺装，再配植一些如常绿针叶树中的赤松、罗汉松；落叶阔叶树中的小叶鸡爪槭等，会让人充分体会到充满和风的日式庭院风情。

除了一些重要的空间外，要尽量减少树木的数量，可配植一些如地被植物中的竹叶草或阔叶山麦冬类的草本植物作装点。

当园路较宽较长时，不要在园路两旁列植相同的树木。最好是一边种植一些如野茉莉、厚皮香等有些体量的树木，而另一边种植一些树高较低、体量不是很大的西洋杜鹃、柃木、棣棠等树木，这样的组合配植物，会让空间显得张弛有序。

另外，为了控制体量，在园路边种植板状绿篱墙的效果也非常理想（请参照 100 ~ 101 页）。在做绿篱的时候，如果是单一品种的树木将非常简单，而若是园路较长的话，就要考虑树木品种的变化了。

和风园路的配植案例

①平面

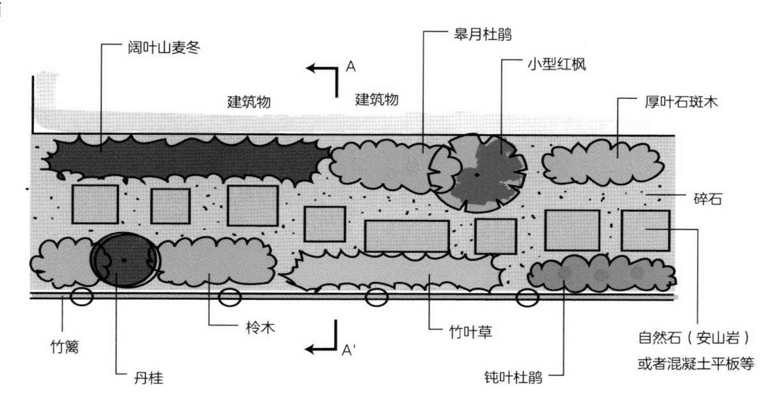

②立面

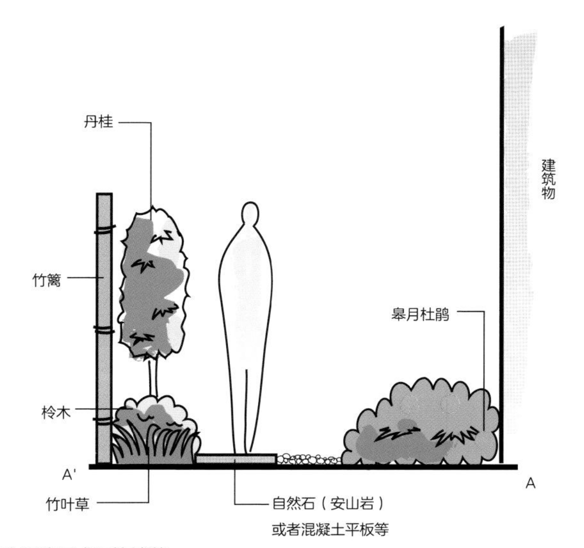

通道部分用碎石或石块铺装。
配植红枫类植物，控制树木的数量，让人体会和风氛围。
通过树木高差营造进深感。

适合和风园路的树种

高乔木、中乔木	灌木、地被植物
赤松、青冈栎、罗汉松、乌冈栎、野茉莉、龙柏、槭树科（小叶鸡爪槭）、红叶石楠、荚迷、丹桂、小叶青冈、具柄冬青、山茶花、日本金缕梅、厚皮香	齿叶溲疏、竹叶草、厚叶石斑木、杜鹃类（钝叶杜鹃、皋月杜鹃、日本吊钟花）、柃木、姬卯木（细梗溲疏）、阔叶山麦冬、棣棠

042

园路的种植——欧式及杂木庭院

要点 **西洋风格的庭院多配植几何形的树木，而杂木风格的庭院则多配植自然生长的树木。**

与洋风庭院相连的园路

洋风庭院多为几何式构成，因此小路周边的树木最好统一高度。如种植一些如北美香柏的中乔木，间隔为 1m 以上，要点是一定要等间隔种植。另外，灌木和地被植物也按照相同模样或样式进行有韵律地种植，效果会更为明显。

园路的种植方法也有多用树木及草花的情况，该情形被称为“边界花园”。该种植方法是沿着建筑物或墙壁，把多种树木及草花按照 $1m^2$ 前后的范围进行配植。这时，需要先计算好花量、花色、花形及叶色等数据，再进行设计。与以花草为主体的庭院不同的是，该风格的庭院营造要点是以中乔木及灌木形成整体庭院的骨架，再用草本植物为其填肉。

以草坪为主体构成的洋风庭院，也要以草坪为主体的园路来衔接。但是，草坪的种植条件较为苛刻，需要满足半日以上的日照条件（请参照 214 ~ 215 页），而且还会受雨后、夜露等影响而弄湿裤脚及鞋子，所以建议在草坪铺装中镶嵌砖或石等进行调节。

与杂木庭院相连的园路

连接杂木庭院，要选择富有野趣的树木。杂木庭院中具有代表性的树木有枹栎、麻栎、昌化鹅耳枥等落叶阔叶树，但由于这些树木生长很快，不适合在园路周边种植。取而代之，适合在园路周边种植的植物是中乔木中的西南卫矛、垂丝卫矛、髭脉桤叶树等，可以选择几棵这样的树木来营造园路周边的绿量及氛围。种植时要避免像洋风庭院那样规则地种植，要多选几棵进行自然式种植。

树木周边的空白处用竹叶草等低矮的植物或地被植物来填充，从而营造出杂木林的氛围。

洋风园路的配植案例

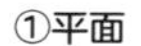

①平面

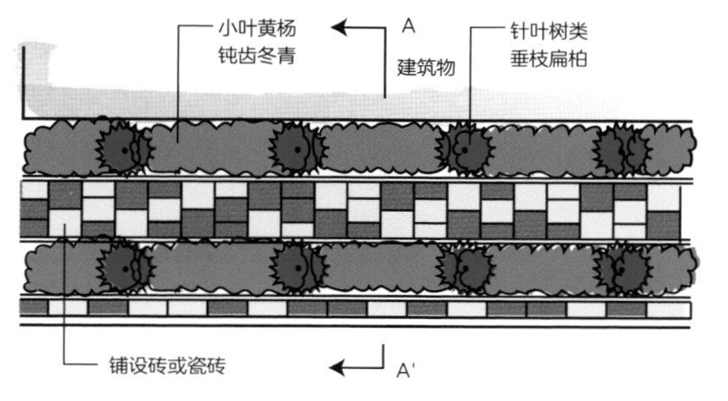

②立面

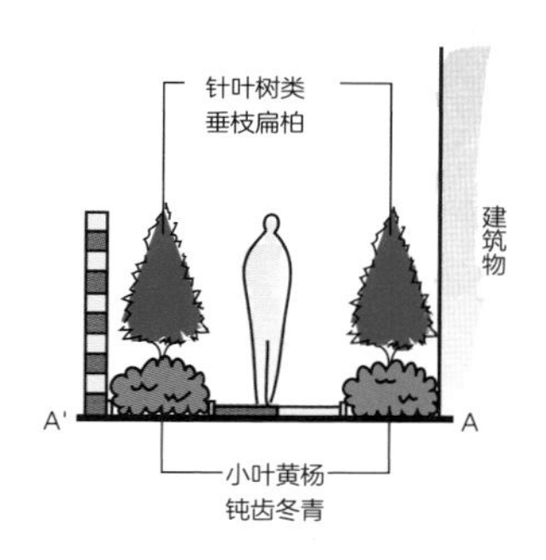

洋风的园路呈左右对称，按几何学原理构成。

与杂木之庭相衔接的园路配植案例

①平面

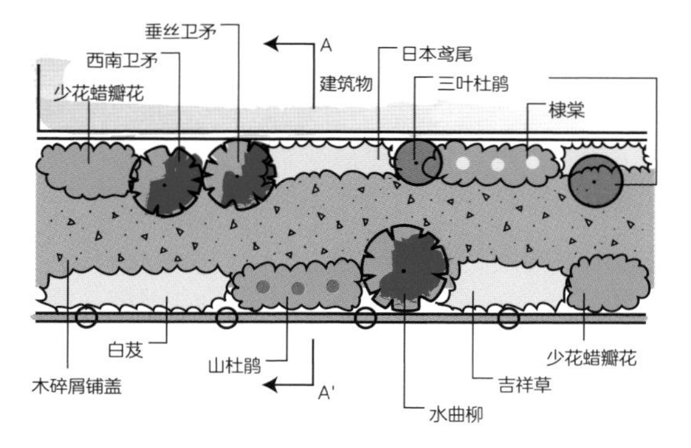

②立面

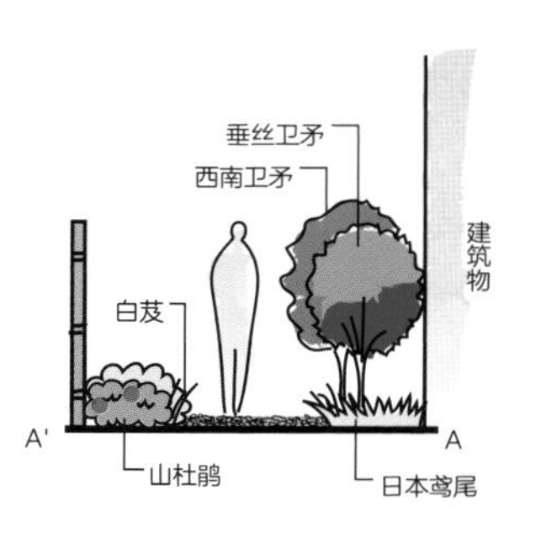

杂木风庭院的园路上选择富有野趣的树木（请参照 174 ~ 175 页）配植。

适合与欧式、杂木庭院相连接的园路的树木

庭院类别	高乔木、中乔木	灌木、地被植物
洋风	针叶树总称（欧洲紫杉、北美香柏、垂枝扁柏）	钝齿冬青、小叶黄杨、欧洲冬青
杂木	野茉莉、水曲柳、旌节花、大叶钓樟、三桠乌药、垂丝卫矛、西南卫矛、日本紫珠、四照花、髭脉桤叶树	吉祥草、竹叶草、日本鸢尾、白芨、杜鹃类（三叶杜鹃、山杜鹃）、少花蜡瓣花

043

车库及停车场的种植

要点 车库种植主要根据使用频率来选择低木（灌木），而停车场则考虑藤蔓植物较多。

车库的种植

车库附近是经常遭受轮胎碾压和人们频繁地进行乘降的场所，如果能确保20cm左右的空间，我们就有可能进行停车场绿化。

在选择树种时，主要是在不影响停车的前提下，按照车子的使用状况来选择一些如灌木、草本及地被植物等。

那些白天车子被开走、只有夜间停车的场所，日照是有保障的，因此我们可以选择一些如草坪或三叶草类的、较为低矮的草本植物；那些车子偶尔才被开走的场所，由于接受日照的时间少，所以要尽量选择一些耐阴的、较为低矮的草本植物，如麦冬、小叶维氏熊竹等；而对于那些常年有车子停的场所，由于水（雨）及日照都不充足，尽量不种植植物。

停车场的种植

通常，我们在做停车场种植的时候，主要考虑利用支柱和藤蔓植物来打造绿茵空间（请参照106 ~ 107页）。若在日照条件好的地方想要营造明快的氛围，建议使用地锦或紫藤等落叶树，也可以使用葡萄或木通等植物，这样还可以享受结果实带来的乐趣。

常绿树中，南卡罗纳茉莉（黄花茉莉）或突拔忍冬会给人以轻盈的感觉，而猕猴桃虽然是很结实的树种，但是由于叶子又大又密，所以会给人较为沉重的印象。

在日照条件极佳的场所，支柱会被晒成高温，所以或用棕绳作辅助材料，或把支柱涂为白色为好。在日照条件不好的场所，可以考虑种植如牛藤果或菱叶常春藤等常绿植物。

车库的种植

该区域有物品来回搬运，不适合作为绿化用地

麦冬、阔叶山麦冬、沿阶草

麦冬

该区域频繁进出车辆，不适合作为绿化用地

不适合作为绿化用地

在没有踩踏的地方，若不确保 20cm 以上幅宽的绿化范围，会很容易变得干燥

该区域频繁进出车辆，大范围被踩踏，所以不适合作为绿化用地使用

停车场的种植

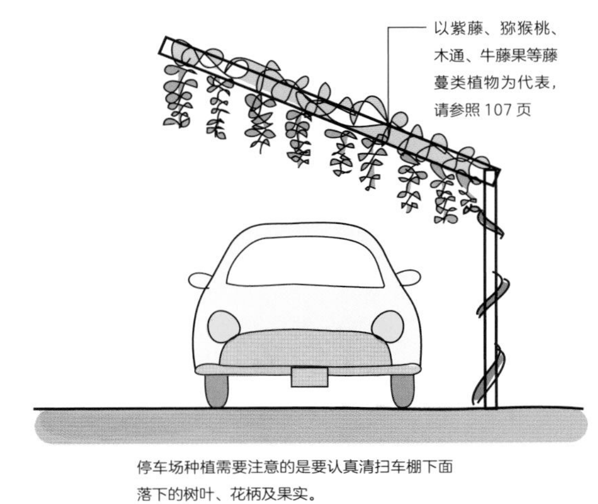

停车场种植需要注意的是要认真清扫车棚下面落下的树叶、花柄及果实。

用藤蔓类植物做的停车场种植

044

从浴室可观赏到的阳台种植

“浴室庭园”的绿化，适合选择那些符合视线要求、树形较小并喜湿的树种，也可考虑种植观叶植物。

选择喜湿树种

若浴室有对外开放的空间，建议建造一个可以欣赏到种植的小庭园。当身体浸泡在浴缸中或坐在浴室的椅子上时，视线所及之处若有一处小小的绿色风景该是多惬意的事情啊！

若想绿色尽收眼底，建议选择树高不超过 2m 的树木，并营造绿量饱满的氛围。有意识地进行植物的高低搭配以扩大空间的视觉范围，可搭配 1m 左右的地被植物进行绿化。

由于浴室附近湿气较重，所以建议选择耐湿、喜湿植物，如槭树类、竹类或阔叶山麦冬等的地被类植物。

如果日照条件欠佳，可考虑常绿阔叶树。但是若枝叶过于繁茂的话又会妨碍通风、使得湿气滞留，所以要控制植物的数量，尽量选择枝叶较少或便于修剪的树种以利于通风。

近年来，城市中心区的气温不断上升，越来越多的喜欢高温多湿环境的观叶植物被种植在户外。当这些植物被种植在浴室庭园中时，就会营造出充满热带风情的空间氛围。实际上，在东京 23 区，一直被当作室内观叶植物的橡皮树和榕树类等植物都开始被种植在室外了。

可进出的阳台

如果浴室与户外的庭园相通，会把庭园的泥土带进浴室而污染地面。想要避免这样的情形，不妨考虑用盆栽、植物箱（钵）来代替在地面上直接种植植物的方式（请参照 91 页）。

浴室庭园：浴室专用的、围合的庭园，主要用于入浴时观赏或出浴时休闲使用。

阳台种植

①不可进出的“浴室庭园”

断面 A–A’

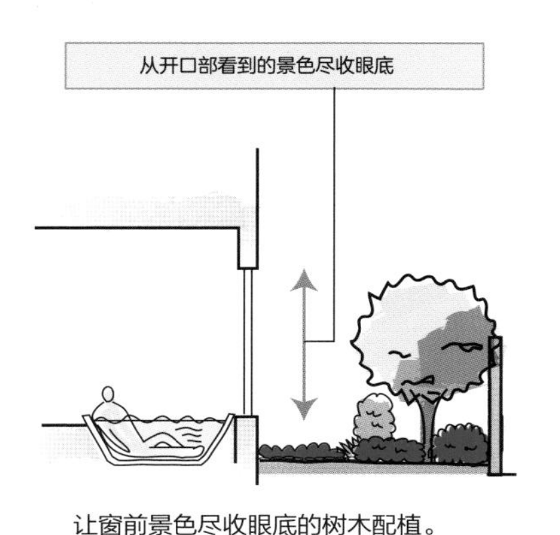

让窗前景色尽收眼底的树木配植。

平面

种植较小的灌木：
柃木、皋月杜鹃等

彩色的常绿小乔木：
南天竹等

地被植物：阔叶山麦冬等

A
A’

碎石等

小棵的红枫类

②可进出的“浴室庭园”

断面 A–A’

为了让空间显得宽敞，配植树木时要保证从浴缸可以看见天空。

平面

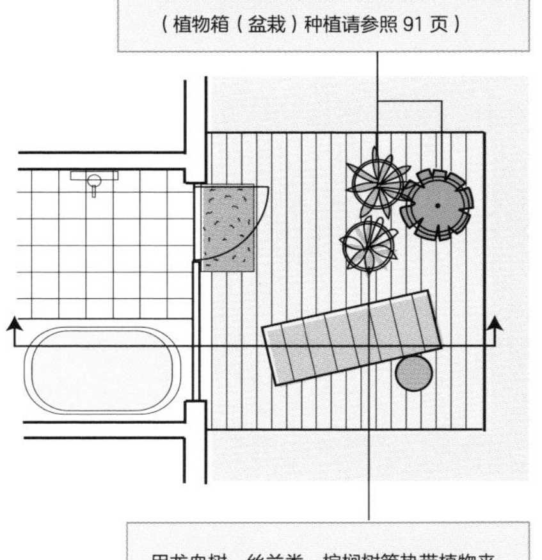

045

绿篱的种植

根据绿篱的用途，选择合适的树种、树高及种植手法，还要确认根系的伸展程度。

用树木做成的屏障

在用树木做绿篱屏障时，要确保相邻的枝条先端约重叠 5cm，而且每棵树木间要按照 30 ~ 100cm 左右的间隔进行密植。如果规划用地有多余的空间，还可以把地被植物、灌木、中乔木及乔木进行混合种植，构筑成一道绿色的屏障。但是，如果庭院内没有太多空间的话，也可以选择单一的树种进行列植。

在选择树种时，如果给绿篱赋予一个主题将是十分有趣的事。例如使用茶梅或山茶花的话，就叫作“乐花绿篱”；使用卫矛或红叶石楠的话，就叫作“赏叶绿篱”。此外，如果使用龙柏类的常绿针叶树作为绿篱的话，遮挡视线的效果会更好。如果选用日本小檗或齿叶木犀等带刺的树种，还会有效防止外人的入侵，从而起到防范的作用。

绿篱给人的印象

绿篱可以是 50cm 左右的、由灌木列植而成的低矮型，也可以是 5m 左右的高大型。如果想让绿篱有区域间隔的话，就要把树木的高度控制在约 1.2m 以下；如果想让绿篱起到遮挡人的视线的作用，就要把树木高度控制在 1.5 ~ 2m 左右；如果想让绿篱不会被人轻易翻越，就应把树木高度设定为 2m 以上；如果想让绿篱的防风效果好，就应把树木高度设定为 3m 以上。

如果眺望一棵树的树姿，可以按照 1m 的间隔内种植 2 ~ 3 棵左右的树木，经过修剪和整形的树木，会让同样的树种也会有不同的风貌。日本的都道县府的绿化中心都有现成的绿篱样板，不妨去参观学习一下。

有的自治体还会根据绿色景观的需求，对营造绿篱的行为进行奖励，甚至还会发放绿篱营造补助金，所以最好在施工前去政府相关部门咨询清楚为好。

绿篱种植的间隔

①树高在 1.2 ~ 2m 之间

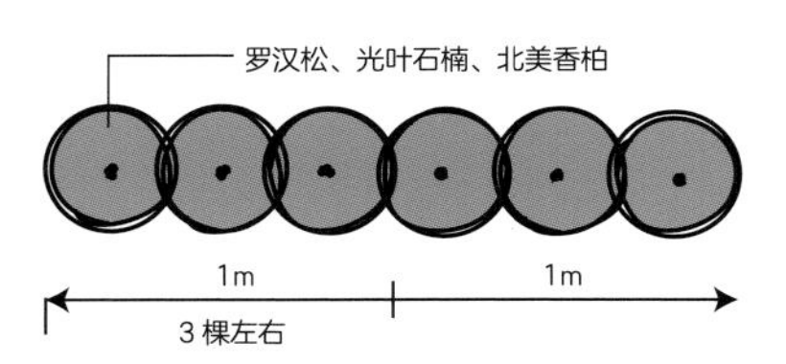

②树高在 2m 以上

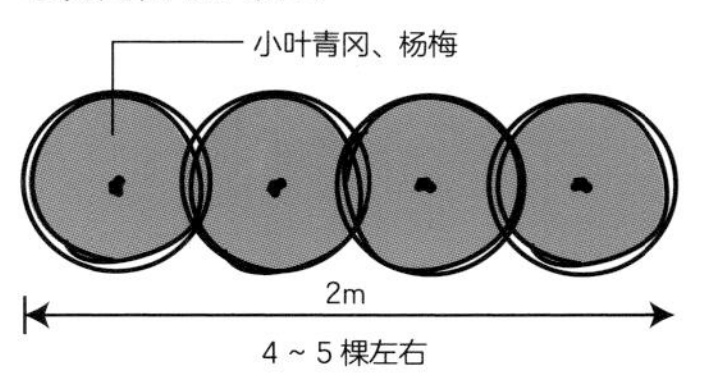

③根系的扩张程度决定种植手法

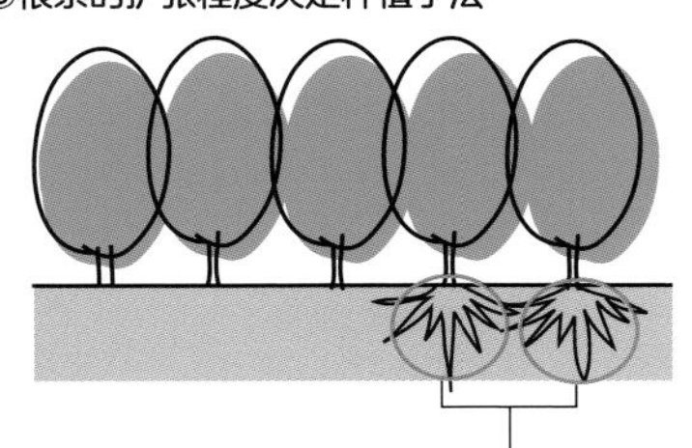

常有依据根系扩张程度来决定树木间隔的做法。一般说来，根系扩张的程度与冠幅基本相同。但是，不同树种情况又不尽相同，有的树木根系要比冠幅拓展的范围大，这种情况下，树木间就不宜过密，一定要留好适当的距离。

绿篱的树木高度

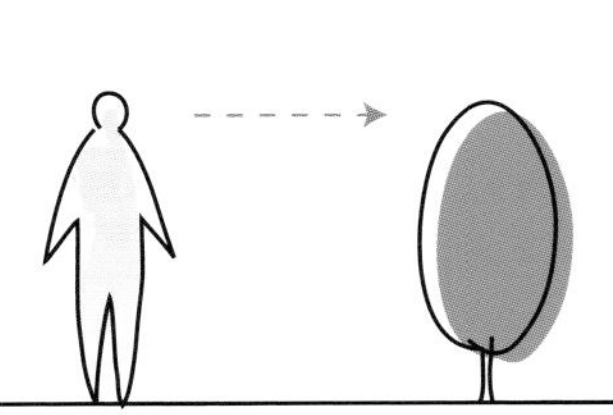

视线高度。柔和的界线。能看到室内。防范性较差。

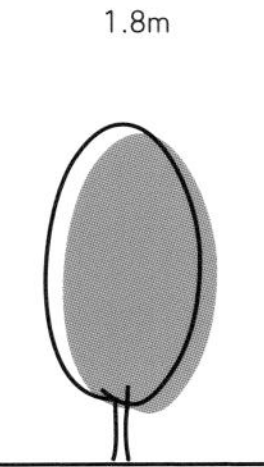

可遮挡视线的高度。明确的界线。可确保一定的隐私。防范性较强。

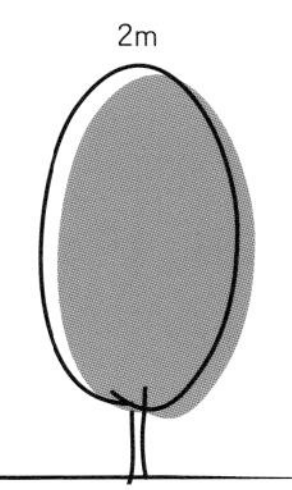

可遮挡头部。明确的界线。可很好地保护隐私。防范性较强。

绿篱的配植

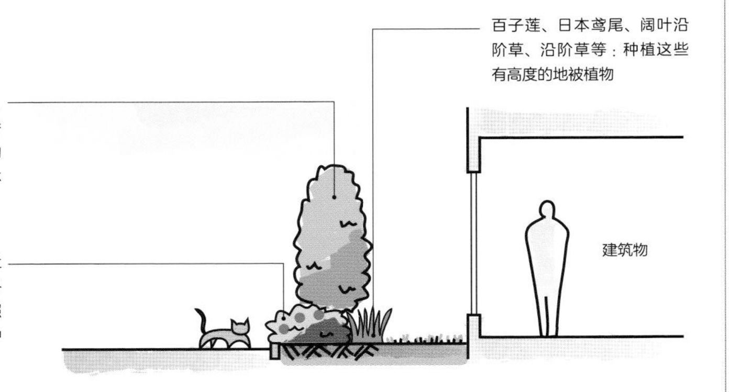

046

开放式外墙的种植

“开放式外墙”需要靠树木的姿态及砌筑坡面的等处理方式来打造较为柔和的空间感觉。

关于宽阔空间的认知

在庭院与道路相连接的地方，如果用树木等绿化手段代替铁制栏杆或混凝土围墙的话，会让空间变得更为柔和。

所谓“开放式外墙”是指通过种植绿篱或庭园树木等绿化手段，为街道增加一道绿色的风景，同时还可令庭院充满魅力。

如果庭院的空间能够确保种植绿篱的宽度，就可以打造“开放式外墙”。如果担心面向道路的房间会被看到，建议在门口处种植 1.5 ~ 2m 左右的常绿树。

在有墙壁或人的视线接触不到的地方，可以通过灌木和落叶树的组合配植来增加外墙的亮点。但是，在距离这些树木约 30cm 左右的地方，由于没有较为浓密的枝叶覆盖，可能会有些小动物趁机入侵，所以要通过灌木或地被植物把这些空白区域填补一下。

为了确保拥有较为宽阔的空间，建议砌筑一些土坡面，除了可以防御动物的入侵和水的浸入外，还可以营造柔和的绿色边界线。

活用土的坡面

处理用地与道路间的高低差，不是用混凝土或砖，而是通过砌筑土坡面和覆盖绿化的手法，效果会更好。如果倾斜程度达到 45° 左右，即可考虑种植草坪或地被植物等。另外，在几块自然石之间可以填些土，再种植一些小灌木或地被植物的话，空间就会变得更加柔和。

如果坡度及石垒墙是面朝南或西，会因接受长时间的日照而容易干燥，尤其是夏天会更为严重，所以建议选用一些耐干旱的植物，如百里香和松叶菊等，并要频繁地浇水。在 1m 左右的范围内，尽量选择品种单一的灌木和地被植物进行种植。

砌筑土坡：人工砌筑的、有连续性的土坡。

坡面：把土地挖出（切土），让地势变低，再用土把土地垫高（盛土），这样人工营造出的斜面，我们称之为坡面。

开放式外墙的绿化树木高度

①普通的开放式外墙

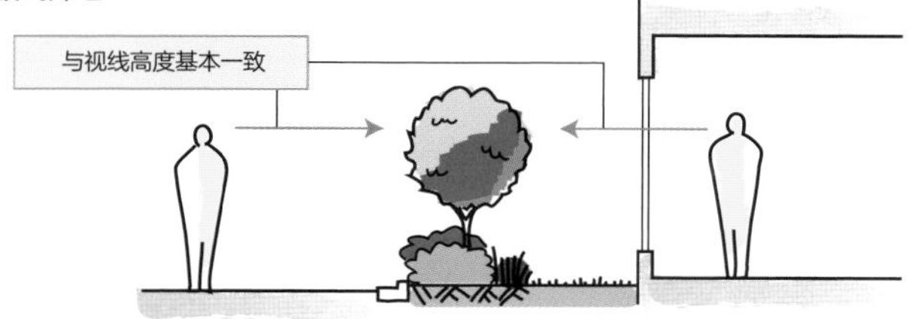

若以 1.8m 高左右树木为中心做绿化的话，视线被较舒缓地遮挡。但人们的视线会集中在绿量多的地方，所以，室内外的视线也有可能重合。

②利用覆土营建的开放式外墙

覆土高度若在 0.5 ~ 1m 左右做绿化的话，室内外所看到树木的高度不同，视线就不易重合。

开放式庭院的配植案例

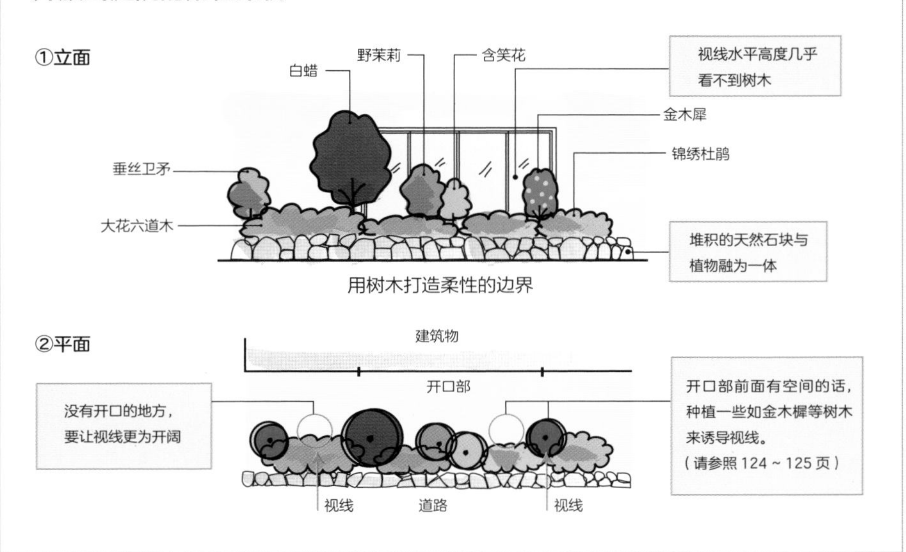

047

平台及阳台的种植

平台、阳台的种植多采用种植箱或种植盆，而种植箱或种植盆的种类要按照整体装修风格来选择。

注意土壤的干燥程度

在不能直接种植物的平台及阳台上，可以使用种植箱或种植盆，或者直接做一个花坛。

因为使用种植箱或种植盆的话，种植的空间有限，树木无法扎根很深，所以要尽量使用一些小棵的树木或草本植物。由于这些器皿的盛土量有限，土壤很容易干燥，所以需要频繁地浇水。如果种植油橄榄、柑橘类、迷迭香等耐干旱的植物，浇水的频率会大大降低。需要注意的是，在气温高、日照强的夏季，给植物浇水时，不仅要浇根部，还要适时为植物整体浇水，以免叶子被灼伤。

另外，住宅的高层风势较强，要尽量避免种植那些叶子薄的树木，也要避免大风吹落花箱、花盆等器皿。

种植箱（盆）：在造园用语中，特指栽培植物的容器。箱状的称之为“种植箱”，钵状的称之为“种植盆”。材质有塑料的、木质的、金属的、陶土的（把培养土固定成角状的）等多种多样。

选择种植箱及设置方法

种植箱或种植盆的种类很多，在选用时可根据种植的种类和设置场所，挑选与之相配的材质、造型及设计，最好与能看到平台或阳台的室内装修风格相协调。

如装修风格是日式和风的话，可以挑选木制的、陶瓷的、瓷器类的器皿，会很协调；若装修风格是欧式洋风的话，可以挑选素烧的、欧式风格的器皿，会很协调；若装修风格是民族风的话，可以选择竹子、木质或素烧的器皿，也会很协调。除了材质及造型外，色彩也非常重要。最好与整体室内装修的色彩体系相协调，哪怕是自己涂上适合的颜色也会让整体景观大有不同。

另外，这些种植器皿不要整齐地摆放在那里，最好与棚架、装饰灯等其他小品高低搭配、错落有致地构成立体而又丰富的空间。需注意的是不要让这些小品直接与树木接触，因为要确保植物有良好的通风及日照环境。

阳台的种植

①阳台种植的要点

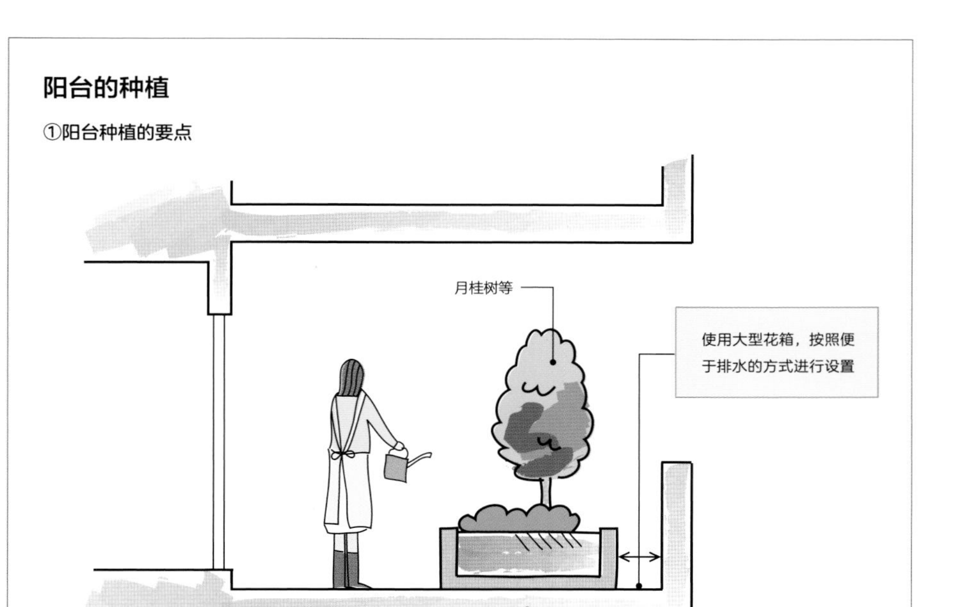

②使用花钵进行种植

阳台及平台的绿化基本上由花钵和花箱来构成，适合的树种请参照91页。

048

棚架的种植

棚架也是欣赏藤类攀缘植物的花及果实的一种方式。很多业主希望能够将桌椅摆放在棚架下方作为休憩空间，享受其带来的荫凉。

棚架的高矮及板条的间隔

说起棚架，大家可能会联想到“藤架”。因为棚架就是利用像紫藤这样的攀援植物的生长性来营造的一种天然的绿色屋檐。人们可以在这样天然的绿色屋檐下欣赏藤类攀缘植物的花及果实，也有很多业主希望能够将桌椅摆放在棚架下方作为休憩空间，或者将其代替车库使用。

攀缘植物有着攀在高大的树干上、向上、向阳生长的特性，但这些攀缘植物也并非只要任其自然生长就会成为主人想象中的样子，所以棚架的高矮在人踮起脚能够到（便于管理）的高度为宜。如果棚架板条的间隔在 5cm 左右，植物的蔓可自行缠绕，无需人的帮助。然而，板条间隔一旦超过 10cm，就非用人手牵引不可。

选择生长迅速的攀缘植物

至于树种的选定，则取决于棚架的利用方式。譬如，夏季遮阳用，选择落叶树比较适合。如紫藤和木通类落叶树，如果它们的叶子晒不到阳光，长势就不会好。

当树枝在棚架上开始扩展的时候，缠绕在柱子上的树枝就不太会有叶子了。但是野木瓜和葵叶常春藤等常绿树还会有绿叶舒展。

一般的攀缘植物都比单棵树木的生长速度要快，如爬山虎类植物只要适应了环境，一个夏天就能长 5m 左右，所以不得不考虑其扩展的范围。种植密度，按照棚架面积计算的话，以 1 株 /5m^2 便足以。只是种植初期因密度低，显得疏落一些。还有一种方法，就是后期的管理比较麻烦，按 1 株 /1m^2 的密度栽植，过几年后在进行间伐。

绿意盎然的棚架自然是休憩、娱乐的好场所，但是棚架下也经常会有树液、蜜汁、花蕾、残叶以及麇集在植物上的虫鸟粪便等，很难想象有多脏。因此，在决定棚架下的利用方式时，亦不能不考虑到这一点，建议采用便于清扫的方案。

棚架的种植

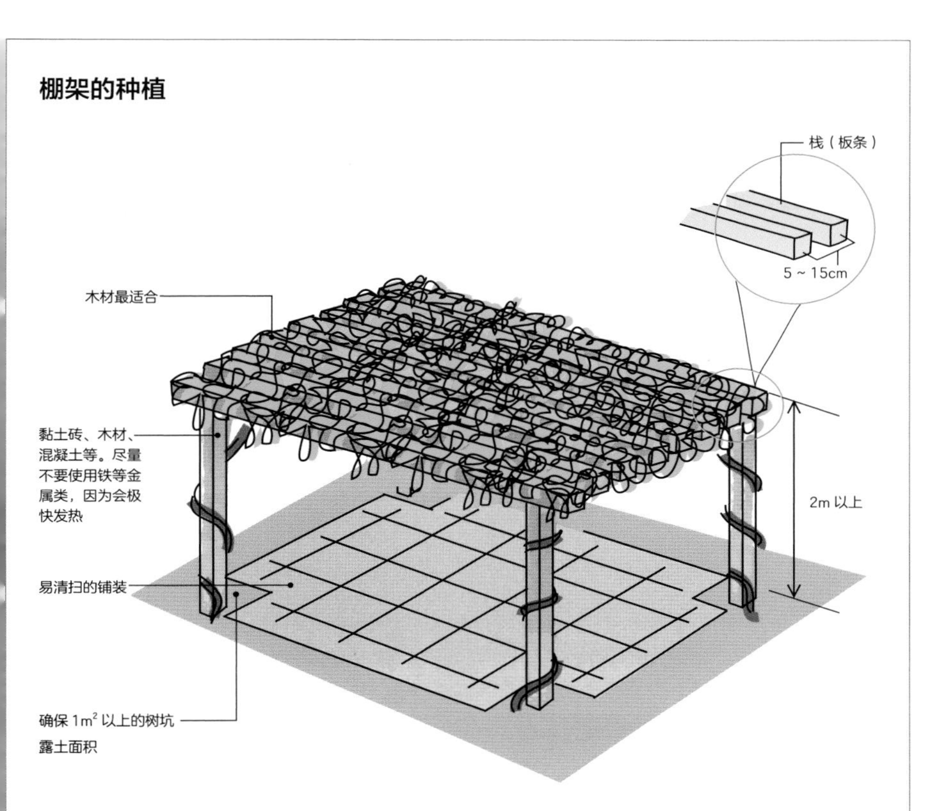

适合棚架绿化的树种

	常绿树	落叶树
以花为乐	金钩吻（南卡罗纳茉莉）、黄花茉莉、突拔忍冬、多花素馨、蓝茉莉 在炎热地带适合以下植物： 黄蝉属、软枝黄蝉（有明葛）、三角梅、山牵牛、五爪金龙	毒豆、铁线莲、日本云实、蔓蔷薇、攀爬蔷薇、西番莲、木藤蓼、凌霄、紫藤、茑萝
以果为乐	猕猴桃、日本南五味子、野木瓜	木通、南蛇藤、倒地铃、黑莓、葡萄、丝瓜、 木通（木通科）
以绿茵为乐	菱叶常春藤、熊掌木	—

049

屋顶绿化

在做屋顶绿化时，建议选择耐干燥性强的常绿阔叶树，如一些温暖地带的果树。

确认建筑物的构造

建筑物上面做屋顶绿化的话，由于隔离和水分蒸发，会起到断热及冷却建筑物的作用。若建筑物的冷热通过这种自然方式调节的话，就会减少对能源的消耗，并对城市热岛效应起到缓解作用。屋顶绿化同样适用于小型建筑。

决定做屋顶绿化前，我们首先需要对建筑物的构造及性能进行确认。尤其是屋顶要覆土，需要对建筑物的载重程度进行严格地确认与考察。如果覆土为厚度是 10cm 的普通土壤的话，$1m^2$ 约重 160kg。草花及地被植物至少需要 20cm 的覆土，灌木至少需要 30cm 的覆土，而 3m 以上的乔木则需要 60cm 以上的覆土。如果种植乔木的话，$1m^2$ 的土壤重量会超过 800kg，所以必须要确认建筑物的构造及承重力。最近，用于屋顶绿化的人工轻量土壤被开发出来，其重量仅为普通土壤的 1/2 ~ 2/3。

适合屋顶绿化的植物

由于屋顶风大，容易干燥，所以要尽量选择那些耐干燥性强的植物，这样也便于管理。

屋顶绿化常使用景天类植物，因为它们不仅耐干旱，对土壤厚度也没什么要求。但是，由于这类植物几乎没有蒸散作用，所以断热效果不是很好。另外，由于需要频繁地为其清理杂草和施肥，管理起来较为费劲，所以现在的屋顶绿化中，这类植物不是被应用的主流。

由于屋顶日照强、风力大，适合种植常绿阔叶树，如适合干燥环境的、温暖地带生长起来的柑橘类果树。虽然屋顶的强风会避免果树生虫，但成熟的果实如果坠落下来也很危险，所以要把这类果树尽量种在安全的地方，避免其枝叶伸到建筑外围，此外，为了避免招来食果小鸟，还要用专业防护网或钓鱼绳对其进行保护。与常绿阔叶树相比，槭树类等叶子薄且容易飘落的落叶树抗风能力较弱，不适合用于屋顶绿化。

荷载：是指建筑物的基础对人、家具及其他具有重量的东西的承载能力。

构造耐力：相对于垂直及水平方向的力来说，建筑物对垂直方向的力能够起到较强的支撑作用，而对水平方向的力会有一些抵抗。

种植池绿化所需土壤的深度及代表树种

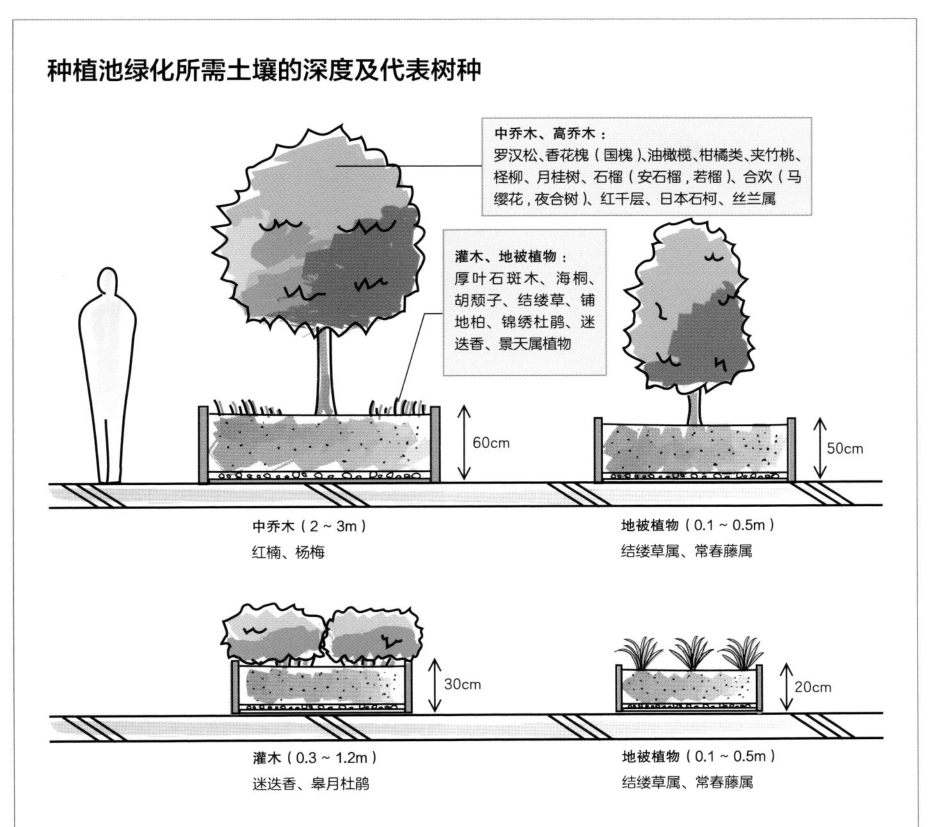

适合屋顶绿化的代表性树种及设置种植箱的要点

排水层的范围为 100 ~ 200m，由小粒珍珠岩、轻量石材、泡沫塑料等材料构成。

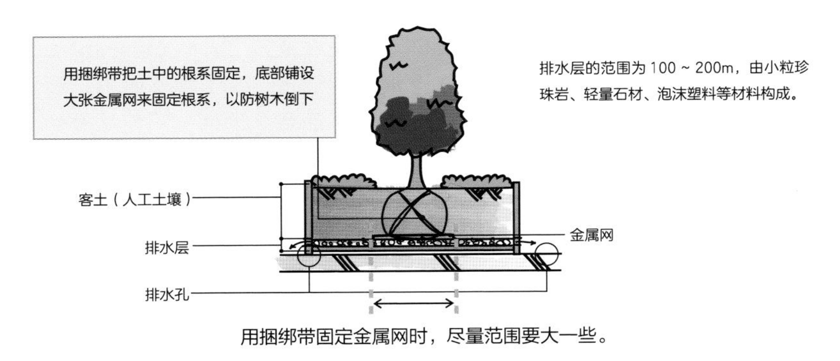

用捆绑带固定金属网时，尽量范围要大一些。

人工土壤：是采用新的、科学的材料加工而成的土壤。

050

屋檐绿化

要注意保持土壤的水分和拥有完善的浇灌设备；要选择易于管理的树种。

有坡度的屋顶的种植

一般说来，只要能覆土或能铺上替代土壤的材料，都可进行屋顶绿化。

在做基本没有坡度的屋顶绿化时，只要使用保水性良好的土壤和适宜的浇灌设备即可。

由于日本的降水较多，为了保证屋顶的排水，大部分住宅的屋顶都有坡度。而且，在没有降雨的日子里，屋顶极易干燥。所以，在给又有坡度又极易干燥的屋顶做绿化时，要考虑安装防止水分蒸发的设施及让水能流到各处的浇灌系统。最近，也有在近 60° 的大坡度的屋顶上种植草坪、进行大面积绿化的成功案例。其成功的主要原因在于安装了能让水在坡顶及坡底都能均衡流动的系统。

选择易于管理的树种

在做屋顶绿化时，常用铺设草坪的方式来固定土壤。而且只要克服了土和水的问题，喜阳和耐干的树木均可选作屋顶绿化的树种。由于屋顶不方便日常作频繁的管理，所以要尽量选择一些易于管理的树木。

另外，由于屋顶上的风和鸟粪等会把一些别的地方的种子带来，因此会造成杂草丛生、日常不易管理的局面，一定要有这方面的思想准备。

在春夏时节，植物的叶子还是绿色时尚好管理；到了秋冬时节，若还是杂草丛生的状态的话，不仅枯萎的叶子景象不佳，更容易引发大火，十分危险。因此在夏秋之交时，一定要把多余的杂草除掉。

屋檐坡度及绿化的状况

① 2 寸坡度程度（约 10°）

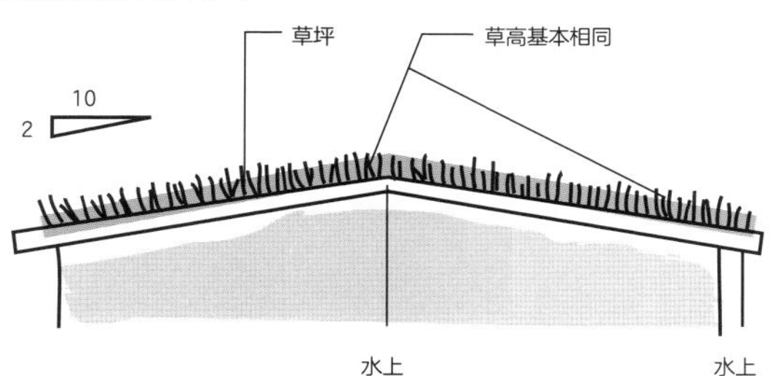

坡度较缓，屋顶的水上及水下几乎没有干湿差别，会形成均质的草坪高度及密度

② 4 寸坡度程度（约 20°）

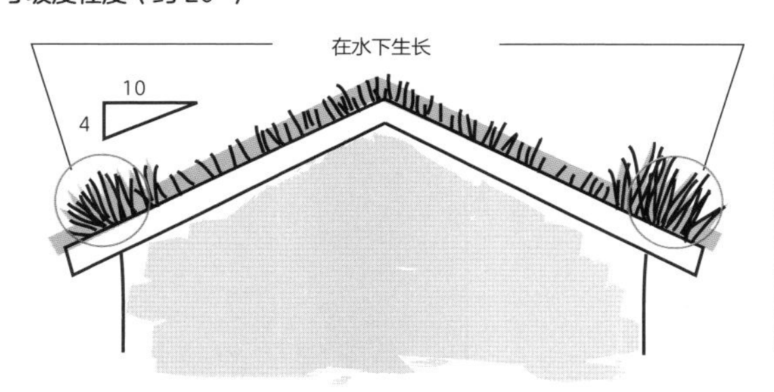

坡度变陡后，屋顶的水上及水下会形成干湿差别，草坪的生长速度也会不均衡。若超过这个坡度，就很难调整水分而阻碍草坪生长，对于施工及管理来说也很危险

③ 8 寸坡度程度（约 38°）

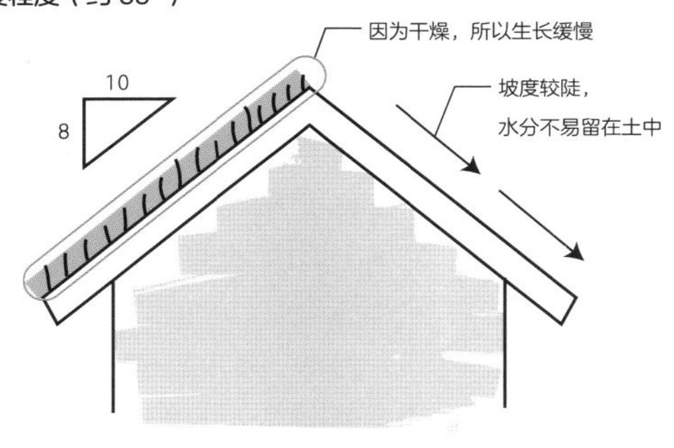

坡度过陡，很难调整水分而阻碍草坪生长，对于施工及管理来说也很危险

屋顶的结构

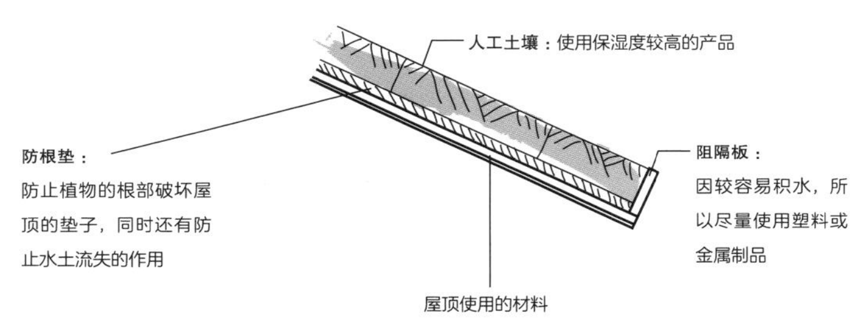

051

壁面绿化

壁面绿化，大体可分为三种类型：在地面栽种植物，让植物自地面向上生长的绿化；自屋顶下垂的绿化；用土壤替代物覆盖墙面的绿化。

壁面绿化的类型：

壁面绿化，大体可分为三种类型：①在地面栽种植物，让植物自地面向上生长的绿化；②自屋顶下垂的绿化；③用土壤替代物覆盖墙面的绿化。

在墙壁上直接种植植物的方法和自上而下的绿化方法，土量都有限且容易变干，所以必须定期补水，并要在一开始就把浇灌设备安装好。

为了让浇灌设备中的水到达各个需要浇灌的地方，一定要事先做好安装规划。格外需要注意的是高层建筑，因为高层建筑的各个地方的日照条件不同，所以对灌溉时间及频率的要求也不同。而建筑的边角处又是风的通道，即使日照不好也容易风干，所以必须定期浇水，确保水分充足。

一般来说，自下往上进行壁面绿化的话，多使用攀缘植物，要多把握这些植物的生长性，用格栅或网子等辅助材料。

适合壁面绿化的植物

适合做壁面绿化素材的藤蔓类植物中，有的是自然生长速度较快的品种，有的是生长较慢的品种，还有的是对壁面吸附和攀缘能力特别强的品种。如蔓草（白背爬藤榕）、爬山虎和常春藤等植物，只要墙壁是凹凸不平的状态，它们都能靠自己的力量向上生长。

另外，像紫藤、木通、忍冬（金银花）和金钩吻（卡罗莱纳茉莉）等系缠绕着向上攀爬的植物，有必要在墙面张拉绳带或设置格栅。只要是能被植物缠绕上的绳带或格栅，使用什么材料都没关系。只是植物伸展的枝条前端都很柔弱，不要选择那种一经日晒很快变热的材料。

壁面绿化的三种类型

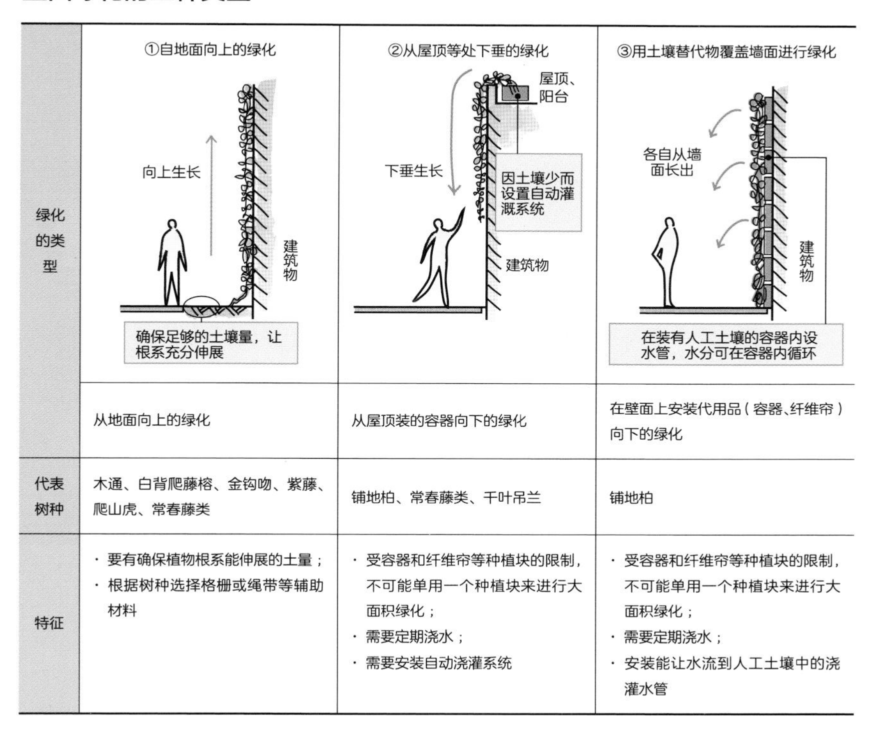

	①自地面向上的绿化	②从屋顶等处下垂的绿化	③用土壤替代物覆盖墙面进行绿化
绿化的类型	从地面向上的绿化	从屋顶装的容器向下的绿化	在壁面上安装代用品（容器、纤维帘）向下的绿化
代表树种	木通、白背爬藤榕、金钩吻、紫藤、爬山虎、常春藤类	铺地柏、常春藤类、千叶吊兰	铺地柏
特征	· 要有确保植物根系能伸展的土量； · 根据树种选择格栅或绳带等辅助材料	· 受容器和纤维帘等种植块的限制，不可能单用一个种植块来进行大面积绿化； · 需要定期浇水； · 需要安装自动浇灌系统	· 受容器和纤维帘等种植块的限制，不可能单用一个种植块来进行大面积绿化； · 需要定期浇水； · 安装能让水流到人工土壤中的浇灌水管

壁面绿化的实例

凯·布朗利河岸博物馆（巴黎）的壁面绿化（侧面种植）。在建筑物的壁面上装上绿植垫，种上佛甲草类及苔藓类植物

利用绳带进行的壁面绿化（鹿儿岛 maruya gardens，设施管理者：株式会社丸屋本社）

专题3——山梨县绿化中心

木槿的园艺品种“HINOMARU”。在绿化中心，可以了解树木的种植及培育方法

慢慢地学习树木的种植方法

绿化中心是全国各地的自治体运营的设施。作为样板庭园，这里种植着很多适用于住宅的种植。除了植物名称外，植物的栽培方法也记载的非常详尽。

在山梨县绿化中心，有适合做藤棚的藤蔓类植物的展示、适合种植在树根部的地被植物的使用方法、修剪后的绿篱、不同植物的用途等，通过浅显易懂的方式让人们了解植物及其培育方法。另外，这里还设有专业书籍及杂志的阅读角和种植知识咨询角，让人们可以广泛而详尽地了解种植的相关知识。这里还有壮观的香草园供您欣赏与学习，如果您想营建一个香草园的话，这里绝对是您最好的参考样本。

DATA

地　　址：山梨县甲斐市筱原 7-1
电　　话：055-276-2020
开园时间：9：00～17：00
（7～9月 9：00～18：00
12～2月 9：00～16：30）
休 园 日：每周周一（若周一为节假日的话，就顺延为第二日）（4月29日～5月5日及7月21日～8月31日无休息日）

第 4 章
充分发挥绿化的功能

052

调节微气候

选择树木时，不仅要考虑当地的气候条件，更要参考用地周边的微气候。

不同的立地条件有不同的气候

微气候是指在特定的区域范围内，温度、湿度、日照及风等气象条件。

如东京都 23 区就有较为宽范围的气候数据，并有公开的标准值。但是在 23 区中，会有一部分地域与其他地区有微妙的差别，这就是微气候。

微气候是受立地环境、地形及周围的建筑物等因素的影响而出现的。如日照条件良好的、沥青铺装的停车场，在夏日晴天吸收完日光后而变得高温，并带动周边气温上升。相反，在河川或池塘边，即使受阳光照射，水温也不会像沥青地面那样上升过高，所以相对凉快。

在到处都耸立着一排排高楼大厦的大城市，即使天气预报中没有风，有时也会从大楼的间隙中刮起强风（楼间风或称大厦风）。

把握微气候

想要机械地控制气温及风等外部环境非常困难，但可通过绿色种植对局部环境进行调节和改善。如在沥青铺装上间隔性地铺些草坪，或在周边栽种些大树蔽日，那样就会有效地缓解夏日的炎热，从而调节了局部环境的气候。

古时，在没有电和瓦斯的年代，日本人就是通过植物来调节外部气候和日照的。因为有效地调节了气候，人们才可舒适地度过一年四季。现在较为流行的屋顶绿化及壁面绿化也会因地制宜地调节微气候，所以建议大家不仅要研究当地的气象数据，更要考察用地周边的微气候。了解哪些树种适应当地的微气候，并能很好地在当地生长，就会对树种选择、树木培育起到重要的指导作用。

营造微气候的条件

微气候是指不限区域的气象条件。可根据地形、立地环境及周边建筑等条件来营造

①地形的影响

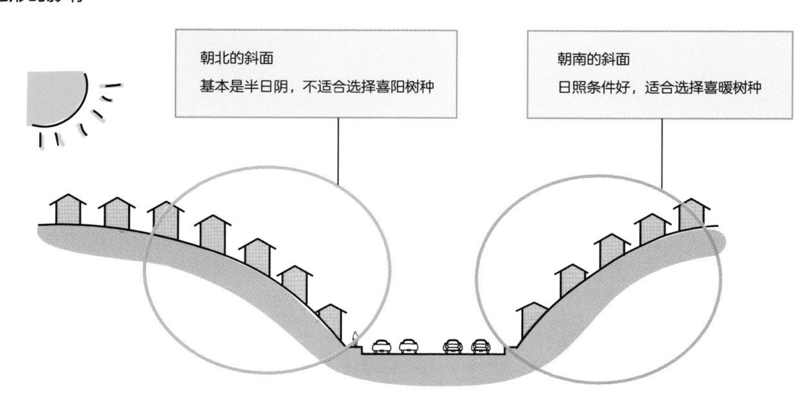

②周围建筑的影响

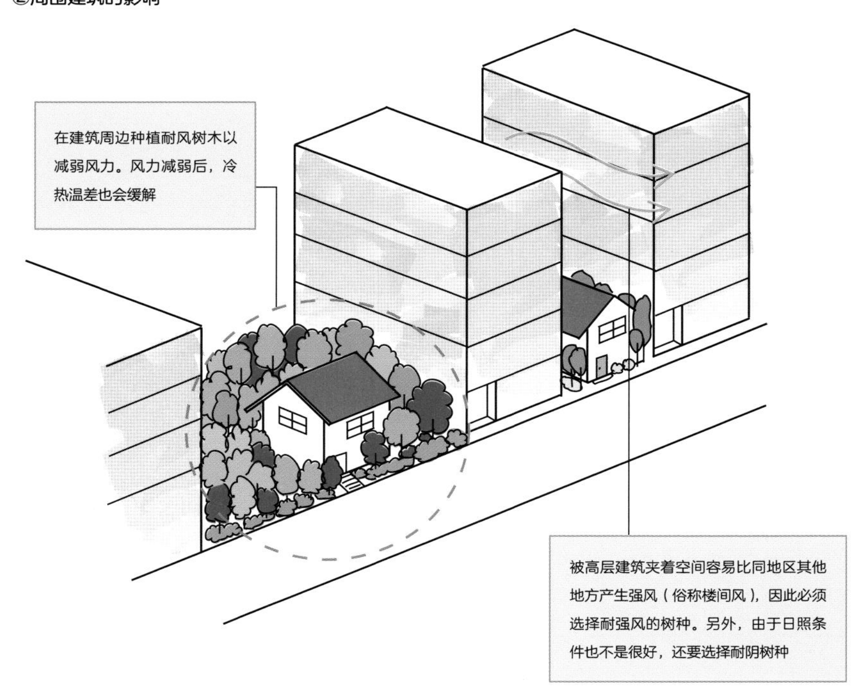

053

调节日照

遮荫树要选择夏日遮荫、冬季不阻挡阳光的落叶树。

通过绿化来抵御强光

良好的日照条件是确保优质住宅环境的要素之一，但是日照过强的话，会导致夏季房间的温度过高而带来不适。虽然打开空调可以解决一切，却又与节能、环保的理念相违背。因此，我们要寻求一种既节约能源、又绿色环保的好方法。

在强烈的日光面前，我们可以充分利用植物来调节日照，使室内免受烈日的照射。我们在日光强烈的地方种上遮荫树，这样室内温度就能得到有效的控制及调节。

夏日令人烦恼的强烈日照，到了冬天却是不可或缺的宝贝。所以，我们在选择树种时，原则上要选择落叶树。因为落叶树在冬季落叶后，还可让温暖的阳光照进室内。

树木与建筑物间的距离

要想使植物起到有效保护建筑物的作用，就要考虑植物与建筑物的距离。为此，我们既要把握好建筑物开口的方位，也要确认好不同时间、不同季节阳光照射进来的状态。

另外，我们还要注意植物的生长性。有些植物的生长速度非常快，种植时虽然与建筑物保持了一定的距离，但如榉树这样生长速度较快的树木很快就会接近建筑物。

当然树种不同，生长的状态也不尽相同。一般说来，树枝生长，土中的根系也会随之扩张，所以我们可以把树冠直径的 50% ~ 100% 的范围作为根系扩张的参考范围。树木的高度和树冠冠幅的关系为 1 : 0.5 ~ 1.0，所以我们如果要种植一棵 6m 高的树的话，至少要距离建筑物 3m 远。

通过落叶树来调节日照

①夏季的日照

落叶树：昌化鹅耳枥、枹栎

常绿树：冬青、厚皮香

常绿树：杜鹃类

h

$\frac{1}{2}h$

树荫可避免阳光直射至室内

②冬季的日照

冬季树叶落尽，阳光可充分照射到室内，非常温暖

h

$\frac{1}{2}h$

树木与建筑的距离

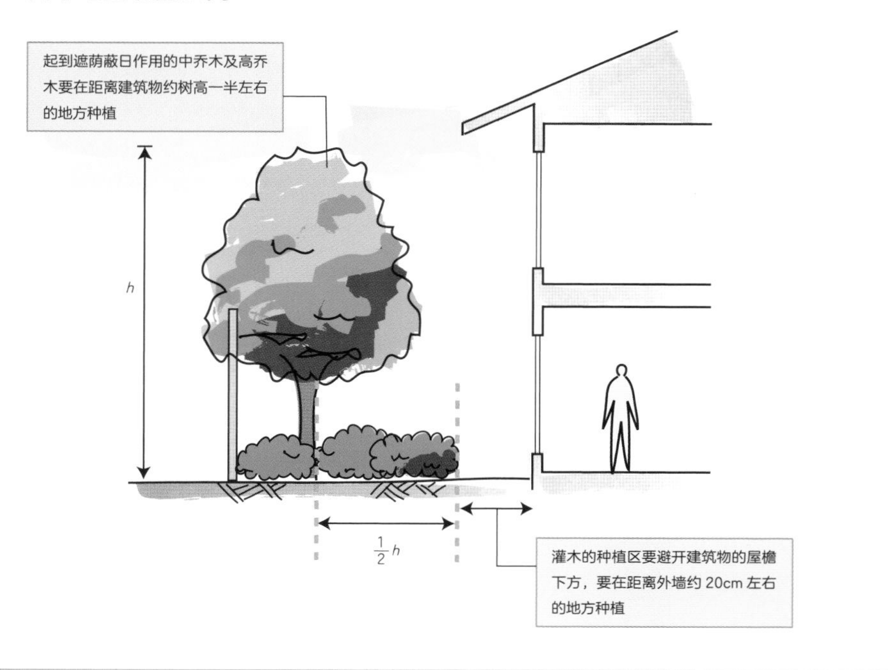

054

调节温度

充分考虑日照及风的条件，有效配植树木，使其起到调节庭院及室内温度的作用。

影响温度的种植

在森林或树林等树木繁茂的地方，由于树木形成的绿茵及树叶对热气的蒸发，使气温不会升高过快。相反，在缺水和草木不生的沙漠或滩涂，日间温度会骤热，而夜晚气温又会骤冷；在夏日的沙滩上，人们不敢光脚走路；而在草坪或草地上，人们则可以舒服地光脚走路。

如上所述，树木对抑制高温、缓和温度变化起着重要作用。但是，如果树木种植过密，就会阻碍通风，导致滞留的空气升温而发生蒸笼效应。因此，重要的是要综合考虑通风等因素，设定好种植的密度。我认为植物的种植不要妨碍看到后面的景色，也不要在北面日照差的地方种更多遮荫的大树，以避免北面因为植物而变得更加阴寒。建议在冬季北风肆虐的地方，种植一些耐风及耐寒的树木，如小叶青冈和日本柳杉等，它们可以起到遮风避寒、让室内保持温暖的作用。

调整体感温度的作用

人们通过对五感的刺激来调节体感温度或五感温度。例如，如果我们在庭院玄关处悬挂风铃，风铃的音色不仅让我们感受到风吹的动感，更让我们感受到风吹动树叶带来的清凉感。树木中也有像具柄冬青及鹅耳枥等树木的树叶会发出风铃般动听的声音。

在视觉方面，色彩浓厚的树木会让我们觉得夏季的燥热。常绿树的树叶色彩浓厚的较多，冬天则让人感到温暖。像苏铁（铁树，凤尾蕉）和加拿利海枣等充满热带风情的树种很容易让人联想到盛夏。反之，若想选择让人感到清凉的树种的话，则建议选择浅色叶子的树种，如落叶阔叶树的槭树类、枹栎等。

叶子的蒸散作用：植物从根部吸收的水分，通过茎让枝、叶吸收，而大部分的水分又会通过叶子背面的气孔变成水蒸气而蒸发掉。植物就是通过这种蒸散作用的气化热而调节体内的温度。

种植对温度的控制（以南向庭院为例）

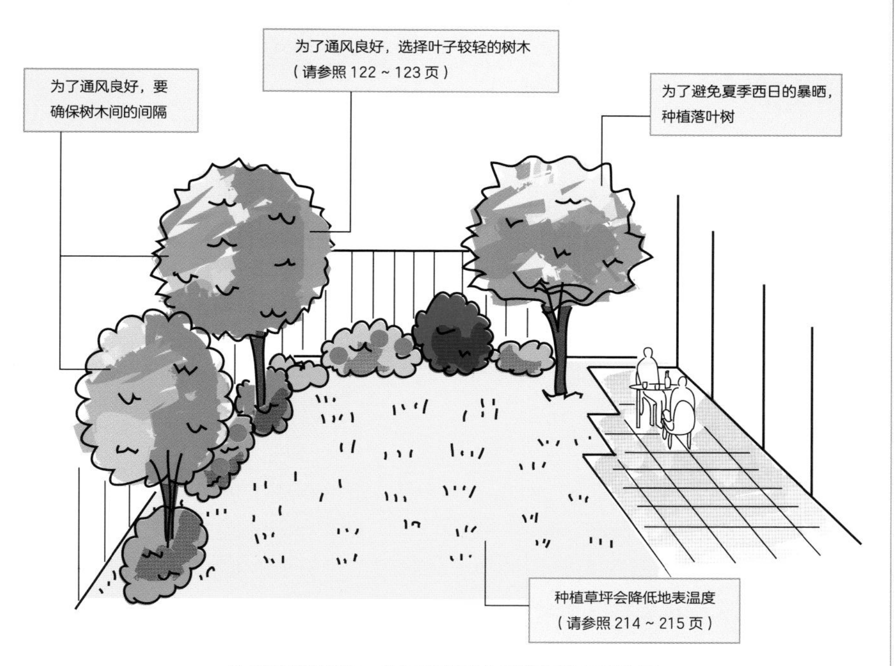

种植能控制温度，主要是因其对日照和风的调节作用。

考虑了季节性的风而进行的种植

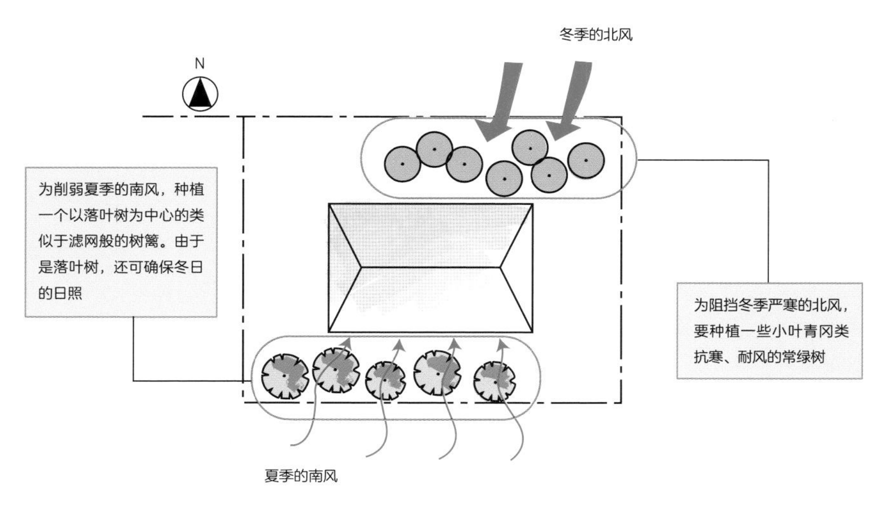

055

调节风

为了防风，常会密植常绿树；为了减弱风势，常把常绿树与落叶树混合搭配进行种植。

带来季节风的绿化

风对调节室内外的温度起着不可或缺的作用。穿过树林而吹入室内的风，会带来新鲜的空气和适当的湿度，让人感到舒爽。

想让植物带来季节之风，我们可以参考气象数据来进行植物配植。一般来说，不同地域的气象数据会在气象厅的网页上公开，希望大家参考。

对于春天到夏天的风，我们最好不要把植物像墙壁一样集中种植，而是分散配植为好。而且为了保持良好的通风状态，最好选择叶子不是很浓密的树种。

建议选择落叶阔叶树中的槭树、野茉莉、日本紫茎、西南卫矛等，但是这些树种不适合种在强风通过的地方。强风吹过的地方，最好在前排种植些常绿树以减缓风势。

常绿阔叶树中的椎栗、山茶，针叶树中的日本柳杉、松树等树种的叶子都很浓密，不利于通风。但是，如果庭院中只有落叶树的话，到了落叶期就会显得很单调，所以最好再搭配一些如小叶青冈、具柄冬青等叶子不是很浓密的常绿阔叶树。

阻挡强风

为阻挡冬天的北风、海风、山风、地形或季节性强风以及高楼间的大厦风，树木会发挥很大的作用。

首先要选择耐强风的树种。在关东南部适合选择黑松、罗汉松；在关东北部及寒冷地区适合选择日本柳杉、小叶青冈等。在东京新宿副都心的高层大厦周围，樟树、椎栗、红楠、杨梅等被选作防风树。

常绿阔叶树及针叶树中耐强风的树种很多，要根据风的温度来选择树种，所以一定要关注当地的微气候（请参照 20 ~ 21 页）。

绿化对风的控制

①有效减弱风势的配植

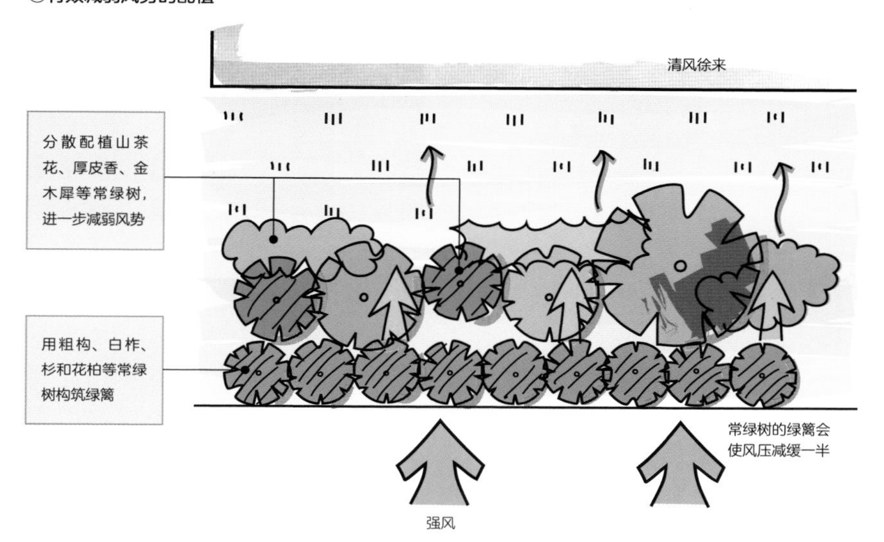

常绿树的绿篱会减弱风压。
常绿树与落叶树搭配种植，不仅可以减弱风势，还可营造庭院景色。

②抵御强风的配植

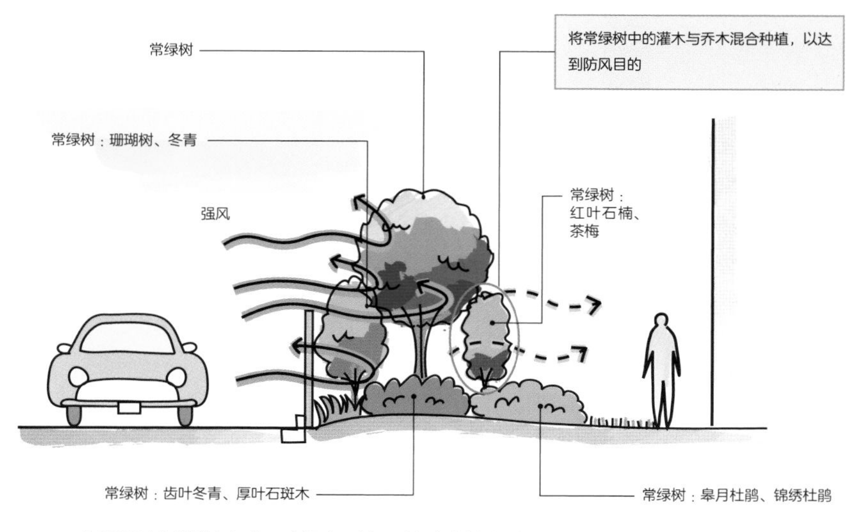

将常绿树中的灌木与中乔木混合配植，让相邻树木的枝干密集交织，以达到防风目的。

056

调节视线

营建绿化墙，诱导视线并缓解景色单调的印象。

用绿色的墙壁遮挡视线

为了保护自己家的隐私，城市中的很多住宅常用一面混凝土墙把自家的空间围合起来。这样，既可以阻隔周边的视线，也可以让自己家和公用道路及邻地有个明显的界限。但是，如果用树木等植物构筑起绿篱或绿墙，可以起到同样的、甚至更好的效果。

一般的住宅，一层的地基要高于地面 40cm 左右。所以，从道路一侧看，绿墙的高度要达到 1.5 ~ 2.5m 左右才能起到遮挡视线的作用。

用树木来构筑绿墙的话，一定要注意保持树与树之间的距离。

如果选用常绿阔叶树或针叶树来构筑 2m 高左右的中乔木树墙时，每棵树木间至少保持 50cm 左右的距离。在构筑高度为 50cm 左右的灌木树墙时，树干与树干间的距离要保持在 30cm 左右。

用花及绿色引导视线

如果建筑物的壁面仅用绿色覆盖的话会给人单调的感觉。在非开口部、不影响庭院私密性的前提下，可以配植一些树叶较为稠密的落叶树（如卫矛）来构筑绿墙。通过这些树木枝叶的穿透感会给景致带来一些变化，从而缓解了景观的单调。

如果不能构筑绿墙，至少前面也应有些绿植，这样既可以引导视线，也可以保护一定的隐私。

如果在前面种植如绣球花或栀子等开花植物的话，会更加有景观效果。但是，花卉会夺人眼球，会让人忽略后面的景物。所以，把开花植物配植在不显眼的地方也是一种方案。在无法种植花木的地方，配植一些如三色堇或一串红的草本植物也可增加景观效果。

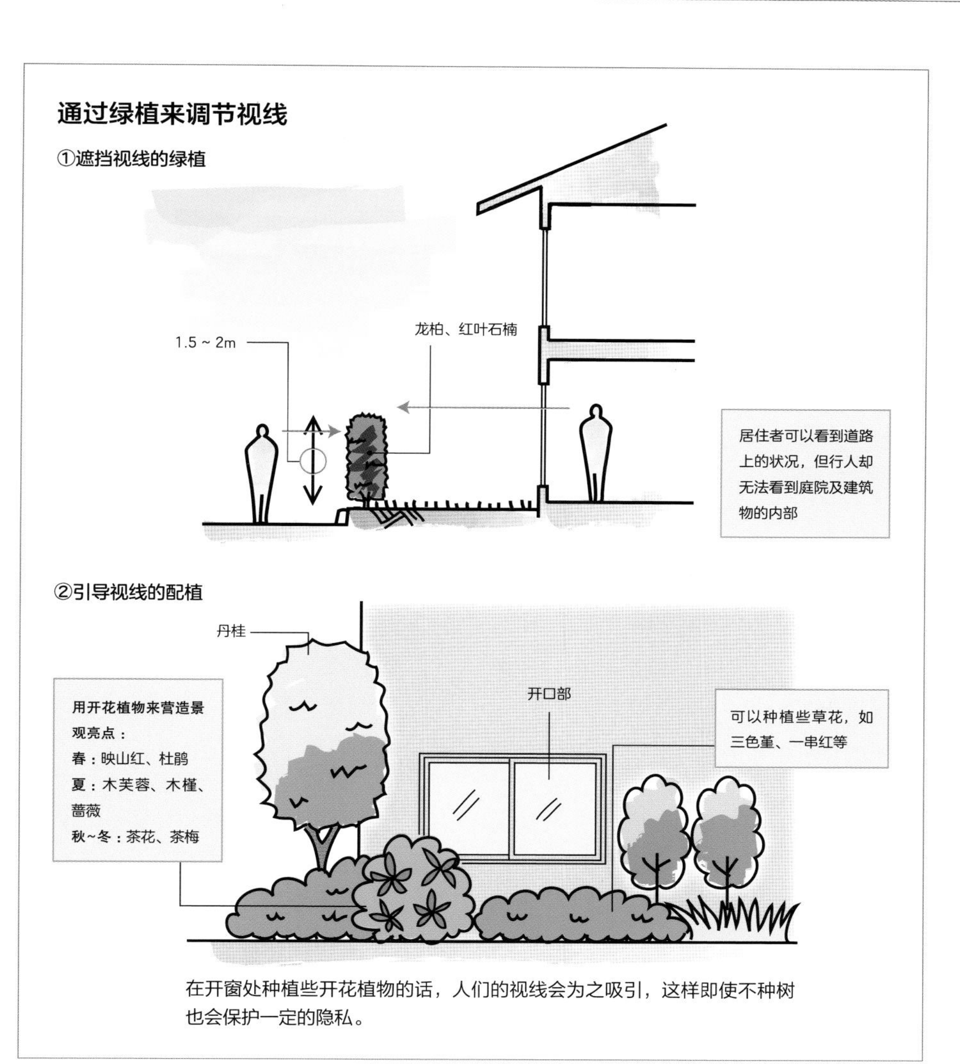

在开窗处种植些开花植物的话，人们的视线会为之吸引，这样即使不种树也会保护一定的隐私。

俯瞰型种植

城市中留给绿化的面积很小，“俯瞰型”种植是一种值得推荐的方式。

一般说来，植物是从庭院或窗户处观赏，按照横向方式种植。但是，如果是三楼以上或集合住宅的居民，就会从窗户或过道处俯瞰庭院。所以，在配植花木的时候，要选择向上开花的树木。代表性树种有广玉兰、日本厚朴；还有星形向上开花的四照花和大花四照花。

如果选择红枫等树种的话，在红叶时节俯瞰庭院，会欣赏到如同溪谷般的景致。

四照花。山茱萸科山茱萸属的落叶阔叶树，5、6月份开向上的白花

057

防范功能

在日本，支柱的类型很多，“四目支柱”是一种既有防范功能、又有装饰功能的支柱。如果想加强防范功能的话，就要选择带刺的树木。

用作栅栏的支柱的特点

如果道路与邻地的临界处所种植的绿篱高度超过 1m 的话，就需要支柱。但是，若每一棵树木都用一个支柱的话，就会占用很多空间。因此，我们用材料把树木进行横向连接，也就是把列植的树木按照几棵树共用一个支柱的方式做成栅栏，并称之为“布挂型支柱”（门式栅栏）。

“四目支柱”（网格栅）的应用

通过改变支柱的建造方法和适当的树种选择，能大大地提高绿篱的防范功能。

由于“布挂型支柱”（门式栅栏）的支柱间有间隙，在使用枝条较为柔软的树木时，小动物们很容易入侵，所以我们会在支柱间加上一些间隔，也就是使用支柱的另外一种类型，日本叫作“四目支柱”（网格栅）。

“四目支柱”（网格栅）是编制 20 ~ 30cm的网孔，把树木连接起来。美观的网格状栅栏极具装饰性，所以常常被使用。但如果使用竹栅栏的话，由于竹子日久会变形变质，因此数年后要重新建设。

若要防止人与动物跨越，选作绿篱的树木高度要高于 1.5m。而且，由于绿篱的上部日照条件好，枝叶会较为繁茂，而底部由于受不到良好的日照，叶子会比较稀疏，所以建议种植一些灌木或地被植物来弥补这方面的不足。

为了防止外部入侵，可以选择一些具有防范功能的树木。如枝条带刺的日本小檗、蔷薇、胡椒木；叶子本身就很尖的齿叶木犀、枸骨冬青等。这些树木与其他的常绿树混合种植，会打大提高防范功能。

栅栏的支柱有防范功能

①布挂型（门式栅栏）

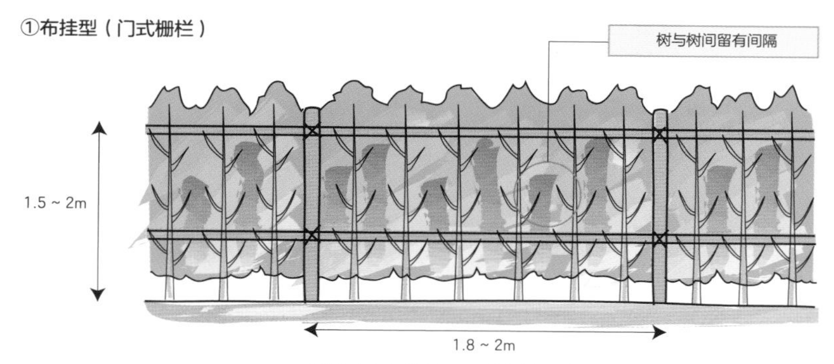

用手左右摇动树木，其间隙可让大人穿过。

②四目支柱（网格栅）

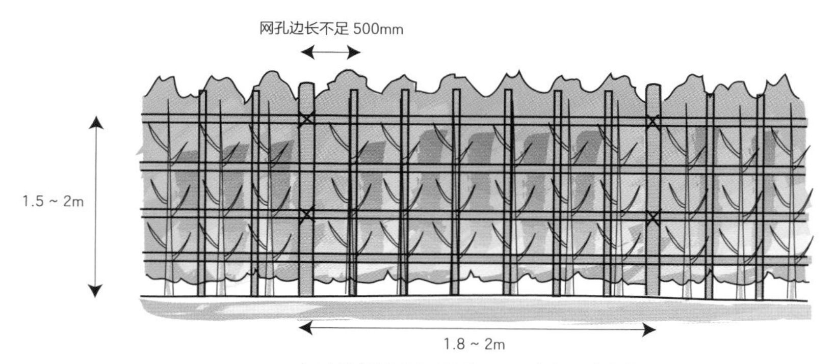

如支柱编孔小于 500mm，成人无法穿越。

有防范功能的树种

齿叶木犀。木犀科木犀属的常绿树，叶上有刺

紫叶小檗。小檗科小檗属的落叶树，枝条有刺

枸骨冬青。冬青科冬青属的常绿树，叶上有刺

058

防火功能

要点 密植一些耐火性强的常绿树会起到防火墙的作用。但是对于火灾来说，植物性防火墙仅限于辅助性防火功能。

要确保树木的高度

常听说在地震与火灾时，绿化会减缓火势蔓延的速度。这是因为水分含量较大的树木非常耐燃，常起到防火壁的作用。当然，我们要在遵守法律在建筑物防火方面的相关规定的基础上，再利用植物的防火功能加以辅助，如在家与家之间相邻的地方种上耐火性强的树木等等。

防火性绿墙的高度越高防火性越强。如 2 层的建筑，至少需要 6m 左右的绿化高度，绿化厚度至少也要保证在 2m 以上。

要选择耐火的树种

干燥的冬季最容易发生火灾，故冬季落叶的落叶树不适合用作防火墙，那些水分含量较大的常绿树更为适宜。如大叶的山茶花、椎栗，叶子肥厚的珊瑚树，以及叶子浓密的常绿针叶树中的竹柏、龙柏等。

不过，也有很多像银杏那样的落叶树，虽然不适合做防火墙，但却具有很强的耐火性。在日本关东地区的公园、寺院及神社中，遗存的大树几乎都是银杏。虽经历震灾和战时的空袭，至今仍茁壮地成长着。这是一种即使局部被烧毁，也会顽强地再生、生命力极强的树木。还有像在广岛遭到原子弹破坏后，最早冒出新芽的北美鹅掌楸，也是耐火性很强的落叶树。

通常，防火墙的底部也由常绿树构成。不然，若冬季树木的上部枯萎，只剩下根部的宿根草、结缕草、沟叶结缕草等极易引发火灾的植物，对防火会起到反作用。所以，建议在人来人往的地方，要尽早地处理枯草，以免引起火灾。

防火树的配植

这里所说的防火树，仅仅是指具有辅助功能的树木。尽管使用一些具有防火功能的树木，也必须要依据建筑基本法等来确保建筑物的防火、耐火等安全性。

①立面

②平面

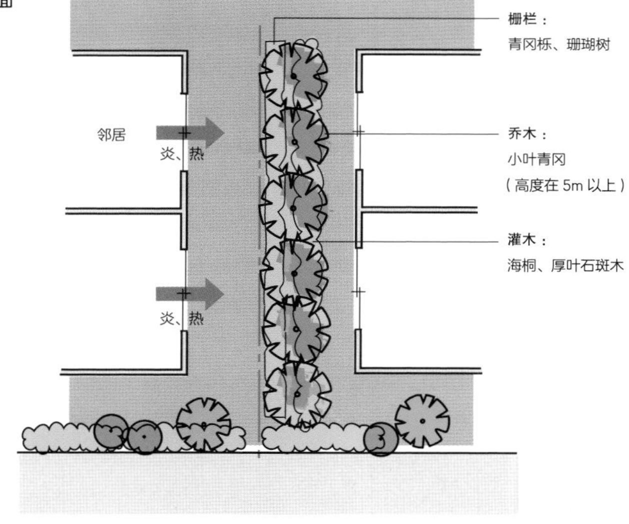

耐火性较强的树种

高乔木、中乔木	灌木
青冈栎、罗汉松、龙柏、夹竹桃、月桂树、日本金松、日本厚皮香、茶梅、珊瑚树、小叶青冈、椎栗、红楠、竹柏、日本石柯、冬青、厚皮香、山茶、交让木	青木、厚叶石斑木、海桐、八角金盘

059

防烟功能

具有抵御废气功能的绿化，一定要选用耐污染性强、叶子肥厚又坚硬的常绿阔叶树，这样便于营造绿层来抵御废气。

耐污染性强的常绿阔叶树

有生命的树木同人类一样，不喜欢有污染的环境。在交通流量大的道路和工厂附近，汽车尾气及工厂排出的废气足以造成不同程度的空气污染。这时候，我们就要考虑选择一些耐污染性强的植物来改善环境、净化空气（请参照 74 ~ 75 页）。

抵御废气的绿层

在易受机动车尾气影响的场所，如车道的中央隔离带上，常种茶梅等耐污染较强的树木（虽然最近很少见到）。

像这样在车辆往来频繁的大道上绿化时，树种选择首先要考虑的就是防尘及抵御废气等问题。还有在高速公路等绿化施工有难度的地方，也要充分考虑树种选择问题，尽量减少不必要的管理环节。

在绿化施工时，最好将灌木到乔木组合起来，营造出绿层，并实施全覆盖式绿化。

具有防烟功能的绿化

①标准的绿化

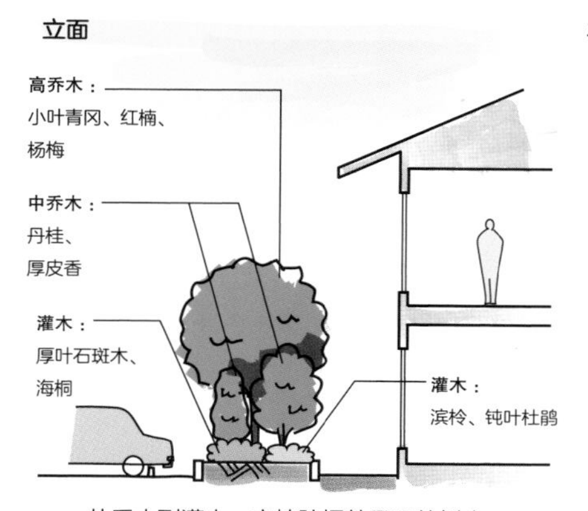

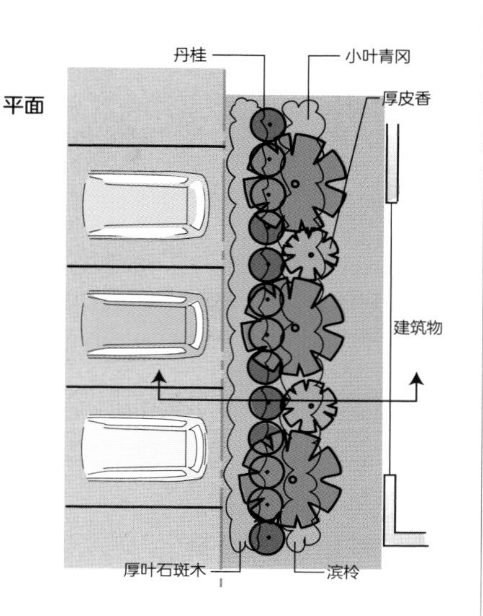

从乔木到灌木，密植防烟效果强的树木。

②用地中有一定空间的配植方法

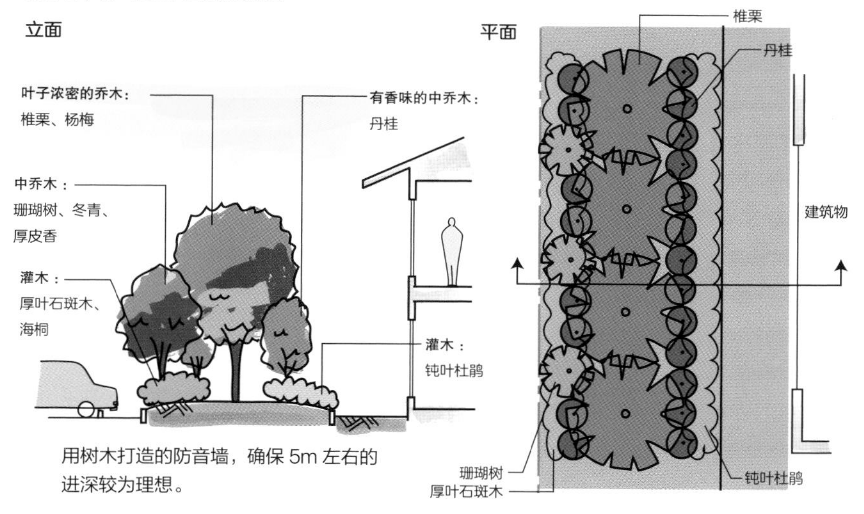

用树木打造的防音墙，确保 5m 左右的进深较为理想。

具有防烟功能的树木

乔木、中乔木	灌木、地被植物
银杏、国槐、龙柏、夹竹桃、丹桂、茶梅、珊瑚树、小叶青冈、椎栗、红楠、木槿、冬青、厚皮香、北美枫香、八角金盘、山茶、杨梅	青木、马醉木、大花六道木、钝叶杜鹃、厚叶石斑木、海桐、地锦、滨柃、柃木

060

防声功能

把各种常绿树进行混合配植，从心理及物理等多角度来缓和噪声。

具有防声功能的绿化

因为声音具有发散性，所以仅作局部绿化的话，不足以防止噪声。如果只做单排绿化，防声的效果微乎其微。而个人住宅想做多层绿化，或者绿化厚度至少达到 10m 左右的程度又几乎是不可能的。

尽管如此，我仍想强调的是，只要做上绿化，就会在隔声方面有一些喜人的效果。只要我们在噪声来源方向种上绿墙，就会从视觉及听觉两方面减弱噪声的影响。

因为声音会扩散到一定高度，所以我们的隔声绿墙也要确保有一定的高度。想要自下而上地防止噪声穿透的话，我们的绿墙就要考虑配植一些地被、灌木及乔木等植物的组合。

为了让声音在绿植空间的反射等作用下减弱，要尽量选用枝叶繁茂的常绿树进行配植。如日本石柯、珊瑚树等树木的叶子又大又厚，防声效果极佳；而如龙柏、侧柏类的常绿针叶树，虽然叶子小，但是却很密集，也可起到很好的防声效果。

呼唤鸟儿来防虫的树木

近年来，有些人们开始讨厌虫子的叫声。尤其是到了盛夏，以“知了”（蝉）为代表的虫子会聚集在有绿色的地方“欢唱”。在夏末秋初，还会有蟋蟀出来乱叫。

虽然想要避免听到这些虫子唱歌的最好方法是没有绿化，但是那样的话，生活中会缺少很多趣味。所以，我建议大家多种花木或果树，把一些吃虫的小鸟召唤来，让它们来对付那些乱叫的虫子（请参照 196 ~ 197 页）。

具有防声功能的绿化

①标准配植

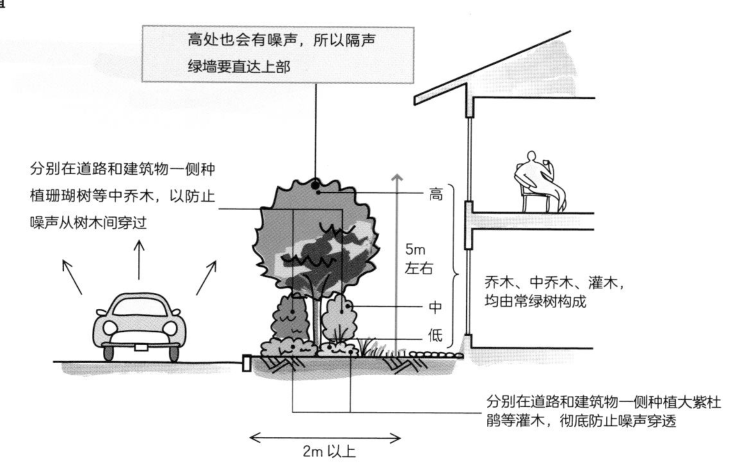

②车辆频繁往来处的配植

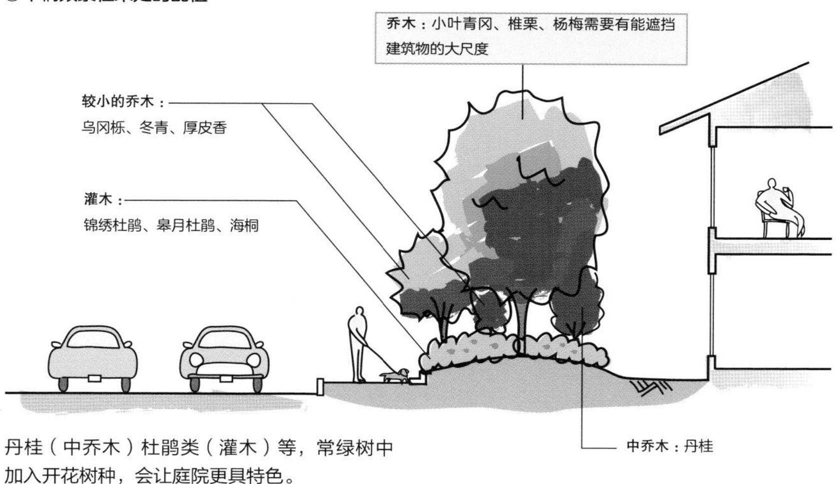

丹桂（中乔木）杜鹃类（灌木）等，常绿树中加入开花树种，会让庭院更具特色。

有防声功能的树木

乔木、中乔木	灌木、地被植物
青冈栎、乌冈栎、龙柏、三裂树参、丹桂、茶梅、珊瑚树、小叶青冈、椎栗、广玉兰、红楠、日本石柯、冬青、厚皮香、八角金盘、山茶、杨梅	青木、冬红山茶、桂樱、海桐、杜鹃类（锦绣杜鹃（大紫）、锦绣杜鹃、皋月杜鹃）、滨柃、常春藤类

061

防止水土流失功能

防止水土流失，除了效果良好的草坪和竹子外，还可考虑多种树种混植。

树木防止水土流失功能

高低错落的树木及密集繁茂的草本植物构成了强大的森林网络，这个网络可以有效防止暴雨造成的水土流失。反之，如果人类肆意砍伐森林、破坏生态平衡的话，就算是一场小雨都可能会造成山体滑坡及水土流失。

树木的根系具有强大的防洪力量，所以选择根系强大的、大量的树木种植的话，会从根本上解决水土流失的问题。

草坪和竹子最为有效

对于防止水土流失最为有效的植物还有草坪。草坪的播种方式有“张芝（铺草坪）”和“播芝（播草种）”两种。“张芝（铺草坪）”是指把现成的“草垫”铺设在场地上形成草坪，铺上后就可防止水土流失；而“播芝（播草种）”是指把草种播撒在场地上，待草长到一定高度形成草坪，所以达到防止水土流失的功效还需要一段时间。

孟宗竹和桂竹等根系横向扩张的竹子类也有防止水土流失的功效。但无论是上述的草坪还是竹子类植物，想要达到防止水土流失的功效还要等到它们的根系完全适应新环境才行。在施工初期，要注意不要让流失的土阻塞了排水层。

除了竹子和草坪，最好把多种树木进行混合种植。特别是日本柳杉和日本扁柏类的针叶树，根系不是横向扩张而是向下生长，所以在其周边种些下草为好，不然暴雨时表土会被冲走。

防止水土流失的效果还取决于土质的好坏。如关东地区周边的垆坶质土壤的黏度较高，稍微加固就可以防止水土流失；而砂质土的土质黏度较差，仅靠种植来防止水土流失的效果也不会太理想。

树木保持水土的功能及效果

①草坪保持水土的功能

通过覆盖草坪来保持水土的案例。

②竹子保持水土的功能

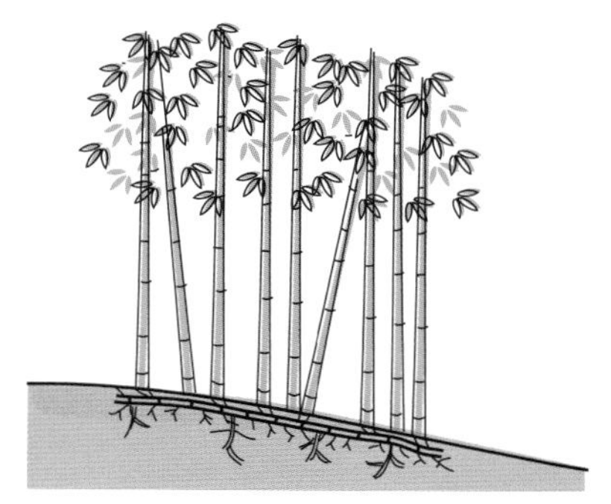

竹子的根系在地表处，有较高保持水土的功能。

③草坪及竹子以外的植物保持水土的功能

用草坪或竹子以外的树种来保持水土的话，尽量选择高、中、低的常绿树、落叶树进行混合搭配种植，这样根系较为复杂并能收到良好的效果。

④单一树种对保持水土的问题

如果树种过少的话，根系就会偏离，特别是日本柳杉、日本扁柏类的针叶树，有树根向下延伸的特性，所以如果不加入灌木或其他草类的话，在下大雨时极易发生水土流失的现象。

062

利用栅栏建造绿篱

让攀缘植物缠绕在网格上，形成较薄的绿篱边界，并在绿篱前后种植树木。

攀缘植物打造的边界

用树木打造的绿篱墙（请参照100 ~ 101页）有着混凝土砖墙和普通围栏所无法取代的魅力。

在城市用地不宽裕、绿地范围难以扩展的情况下，可用网格栅栏代替绿篱，即采用一种让攀缘植物缠绕在网格上较薄的绿篱。

攀缘植物分为藤蔓植物型和吸根附着墙面型两种。建造网格栅栏式绿篱，适合用南卡罗莱纳茉莉、忍冬、常春藤等缠绕型攀缘植物。

攀缘植物的前端具有这样的特点：为了得到阳光会不断向前伸展；反之，阳光照射不到的下部，枝条生长十分缓慢。因此，位于栅栏下部的攀缘植物，如果不用人手牵引，便有可能因无遮挡出现漏洞。

网格栅栏的网眼越小，攀缘植物越容易缠绕。如将网眼制成边长50mm以上的方孔，不用人手牵引，藤蔓往往不能顺利攀爬。此外，由于向阳一侧叶子繁茂，生长到一定程度后，便需要进行梳理、牵引和修剪等。

令人赏心悦目的绿化

与墙体结合来做绿化时，树木与墙体的位置关系会对视觉产生较大影响。如果树木种植在墙内有建筑物的一侧，虽然从室内看去风景很好，但是从外面道路望去，只能看到毫无生机的、封闭的墙体。若空间允许，建议墙体两侧都要进行绿化，这样无论从室内，还是从道路方向看过去，都将是一道靓丽的风景线。

但是，如果绿化密度过高的话，会导致通风不良等现象发生，所以建议墙体不要全部封闭起来，要确保有开口，或者一部分做成格子状，以确保良好的通风。

具有屏障功能的绿化

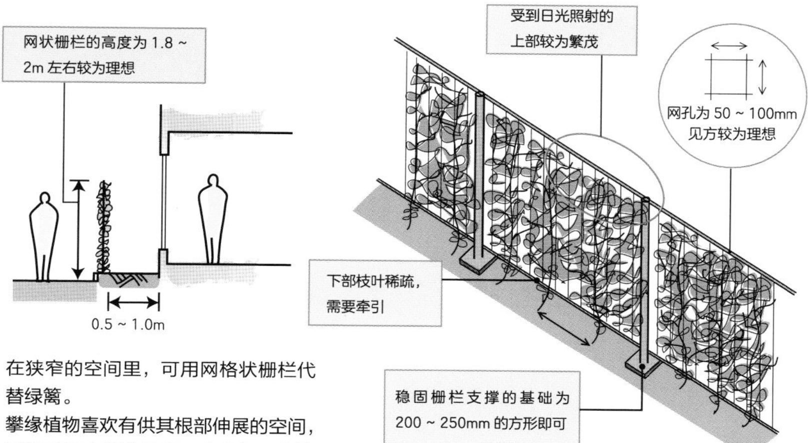

在狭窄的空间里，可用网格状栅栏代替绿篱。

攀缘植物喜欢有供其根部伸展的空间，所以即使土壤带狭窄，也应尽可能地扩大其所占体积。如果空间允许，还可选择绿篱（请参考 100 ~ 101 页）或开放式外构（请参考 102 ~ 103 页）。

攀缘植物需要有供其根部伸展的空间才可长势良好。即使土壤带狭窄，也应尽可能地扩大其所占体积。

界线的视觉效果因绿化位置的不同而改变

①靠近建筑物一侧的绿化

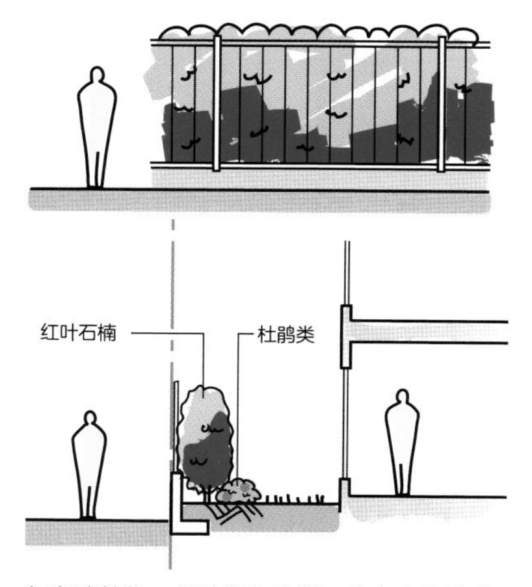

仅在建筑物一侧做绿化的话，从室内向外眺望可以欣赏到美好的围墙景色；但是从道路一侧看到的墙体却是封闭的感觉。

②栅栏两侧的绿化

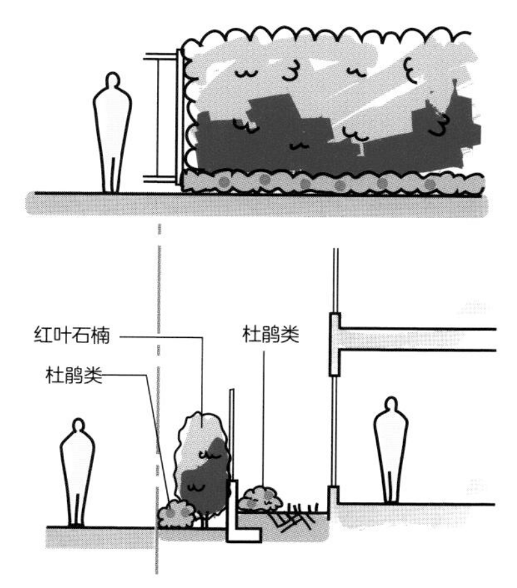

虽然占用了一定的空间，但无论是从室内还是从道路一侧看，都可以看到美好的界线景观。

063

拓宽庭院视觉效果

要点 通过改变植物的高低、间隔来营造有立体感和进深感的空间。

落叶树营造的空间效果

为了让庭院的空间显得宽敞、开阔，必须在空间的营造上使用可收可放的技术手段。在植物配植方面，也要通过“留白”等处理方式让庭院的景观有所不同。如选择落叶树的话，其枝、叶、花等都会有一定的间隙，会使狭小的空间显得宽敞起来。

保证丰富的树种也非常重要，如营造迷你花园（请参照 204 ~ 205 页）时，选择比正常尺寸稍小的树木的话，庭院也会显得宽敞一些。反之，如在狭小的庭院中种植那种枝叶繁茂的大树，哪怕只种一棵，也会把庭院的空间显得很小。

营造进深感强的绿化

植物的配植，能直接影响到庭院在视觉上给人带来的感受。如果把相同大小的树木等间隔排列的话，会把空间分割开来且显得狭小。反之，如果把列植树木的高低、间隔按不规则顺序种植的话，空间就会有立体感和进深感。

配植时需要注意的是，从任何角度看，都不要有 3 棵以上的树木排成一条直线的现象发生。最好把几何形的针叶树、圆形的小叶鸡爪槭和椭圆形的水曲柳按照背景与景观树的关系进行组合和搭配，营造出空间的进深和立体感。另外，还可以把植物按照地被植物到乔木的高度进行高低错落的组合和搭配，也一样能营造出空间的进深变化。

植物配植的基本原则是“矮的在前，高的在后”，所以把握每种植物的生长速度也至关重要。住宅种植的景观基本在 3 年左右定型，所以要给植物的生长预留必要的空间。如乔木需要保留 2m 以上、中乔木需要保留 1m 以上、灌木需要保留 0.5m 以上、地被植物需要保留 15cm 以上的距离进行种植。

让庭院的空间更为宽阔的绿化

①树木的大小及配植的原则

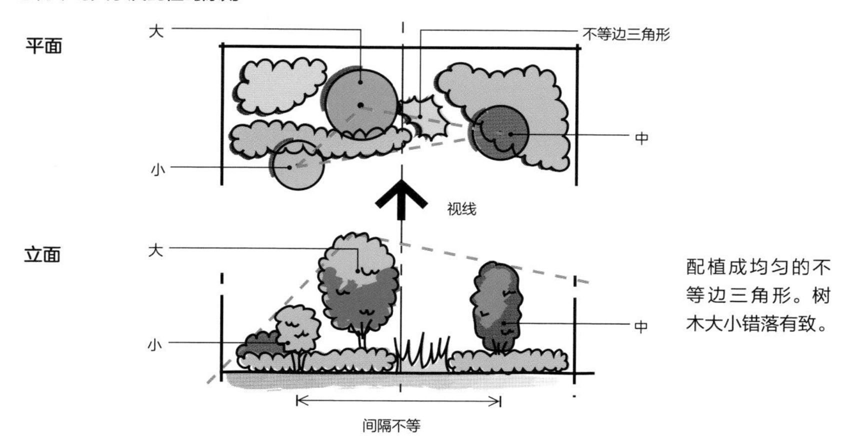

配植成均匀的不等边三角形。树木大小错落有致。

②通过调节高度让空间有开阔感

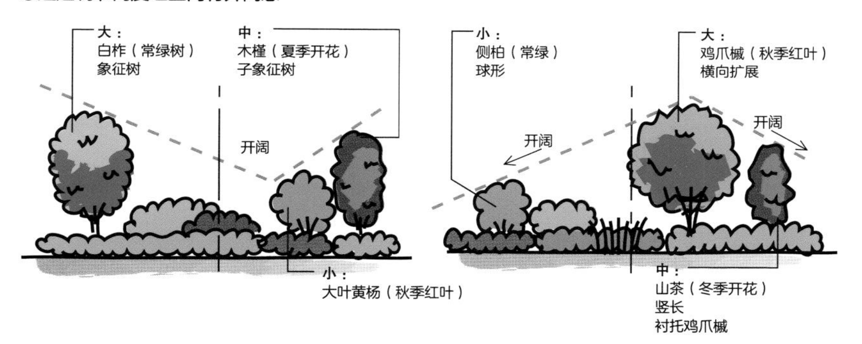

大树错开中心位置。如果让树形配合高度的变化，则更富韵律感。

③凸显进深感的配植方法

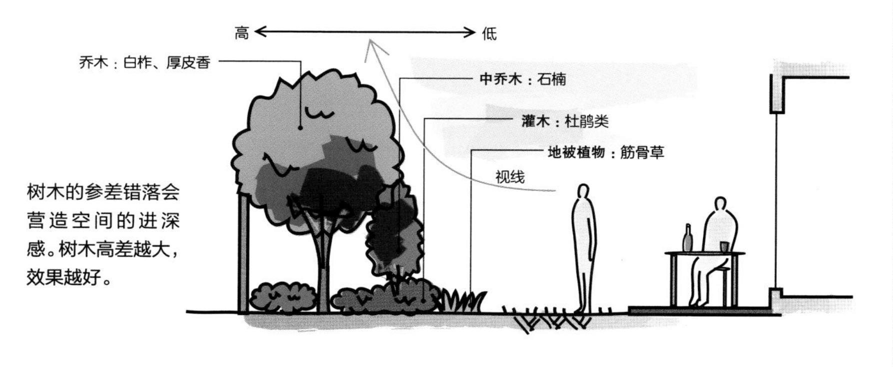

树木的参差错落会营造空间的进深感。树木高差越大，效果越好。

064

调节建筑物体量

考虑到集合住宅的近景、远景，我们一般以 6m 左右的树木为基准来考虑住宅的绿化。

建筑物与绿化的平衡

我们在考虑中高层集合住宅的绿化时，不仅要考虑建筑物的近景，更要考虑建筑与远景的平衡后再来选择树种。

在考虑近景的关系时，主要是要控制好建筑物的体量。如果建筑物的周边不做任何绿化的话，会给人一种压抑及压迫感。而经过精心设计及绿化后，建筑物会被绿色遮挡，让行人因看不到建筑而感觉心情放松。

如在 10 层左右的建筑前种 5m 左右的树木的话，人与建筑间被绿色填充，就会在很大程度上缓解建筑对人的压迫感。

而在处理远景的平衡关系时，建筑物的体量与树木的平衡就尤为重要。当建筑物的高度超过 60m，也就是在所谓的超高层建筑前，一定要种植一些与这种体量相符的大树。如市面上较为常见的 15m 高左右的榉树或樟树就可以有效地平衡与高层建筑间的视觉关系。

虽然不能把树木的高度统一，但是可以在建筑的角落种植高树、在中心部分种植较低的树木，这样种植既能保证视觉上的变化，又可与建筑保持良好的平衡。

住宅的体量

住宅的高度在 2 层左右时，基本不用考虑其压迫感，种植 6m 左右的树木就基本能保持视觉上的平衡。

想要让建筑物的体量显得小一些时，可以种植比 6m 高的树木；反之，若种植低于 6m 的树木时，建筑物相对会显得高大一些。

建筑物与植物的平衡

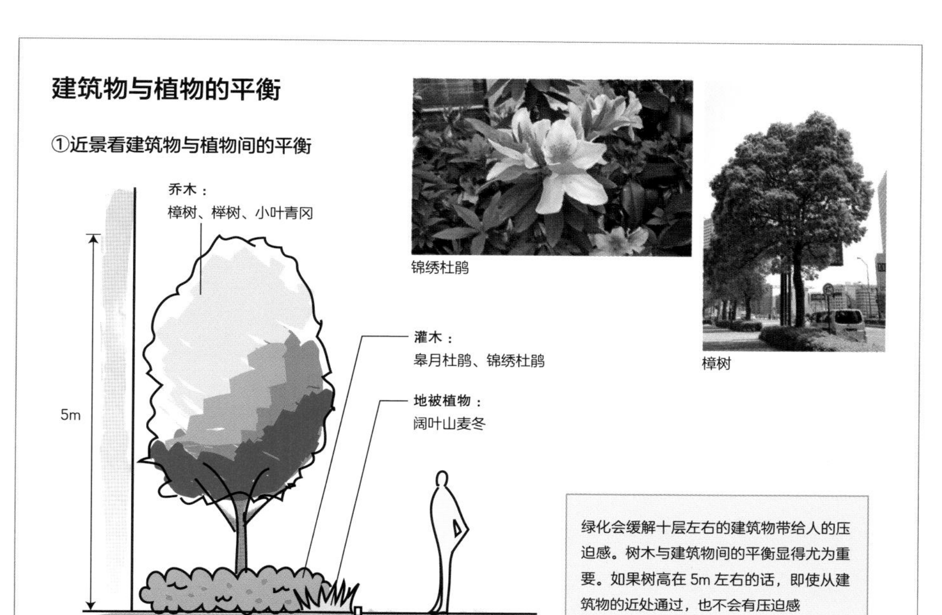

绿化会缓解十层左右的建筑物带给人的压迫感。树木与建筑物间的平衡显得尤为重要。如果树高在 5m 左右的话，即使从建筑物的近处通过，也不会有压迫感

②远景看建筑物与间的平衡

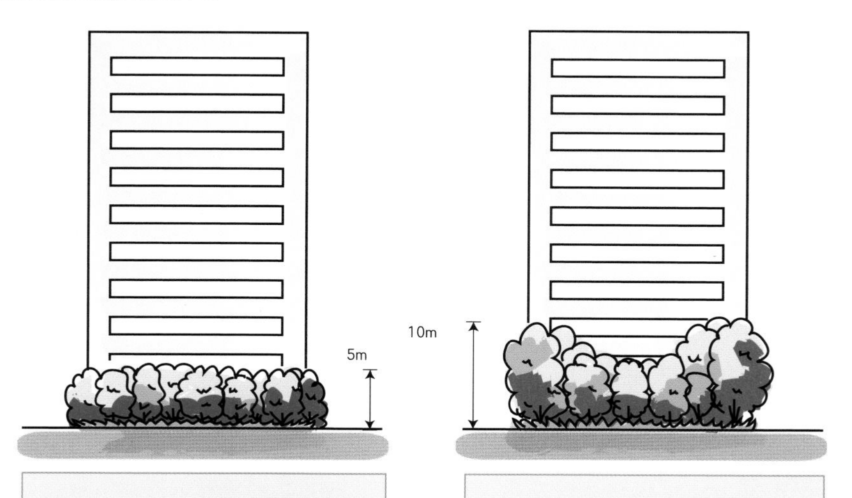

虽然建筑物在近处没有违和感，但是考虑远景的话，如果 10 层左右的建筑物前后仅种约 5m 高的树木也不能获得很好的视觉平衡

种约 10m 高的树木方能获得较好的视觉平衡。但需要注意的是，所有的树木不要一边高，因为会造成树木带来的视觉压迫感。建议把树木种成凹凸起伏状，以形成柔和的、宽阔的视觉效果

065

调节建筑物整体感觉

阔叶树会挡住建筑物的棱角而使之柔和；针叶会衬托建筑物而使其硬朗。

凸显建筑物的绿化

如果把植物的叶、干、花及模样、明暗等进行有效组合配植的话，会让建筑物的整体感觉发生变化。我们在选择树种及树形时，要尽量配合建筑物的外立面材料和设计风格。

例如在混凝土浇灌的硬质建筑物前，仅种植一棵树木就会改变建筑物的整体感觉。如果想弱化建筑物的生硬感，最好选择叶子为圆形的阔叶树。一般说来，常绿阔叶树的叶子颜色较为浓厚，全部是这类树木的话反而显得沉闷，所以要搭配一些如马尾山茱萸、四照花等叶色较浅的落叶阔叶树为好。

树形不同也足以改变建筑物的整体感觉。自然树形或修剪为圆形和纵向圆形的树木都可让建筑物显得柔和一些，种在角落的树木效果会更为明显，因为它们会遮挡住建筑的棱角。

相反，如果想要强调建筑物的硬质感，可以种植一些如松树或杉树等的针叶树。

如果把那些直线型的树木按照相同大小及间距种植的话，会形成一种机械的、人工的氛围，更加凸显建筑物硬朗的形象。

选择与外立面相反的色彩

在选择种植在建筑物附近的树木颜色时，我们一定要注意其色彩的谐调与搭配。

当建筑的外立面色彩较深时，我们要尽量选择如野茉莉、红山紫茎等叶色明亮的树种，这样二者的色彩才不会冲突。

当建筑立面为白色或混凝土浇灌等亮色时，我们最好选择如山茶花、樟树等叶色较为深厚的树种，这样可以凸显绿化的效果。

缓和建筑物局部印象的配植

①配植的场所

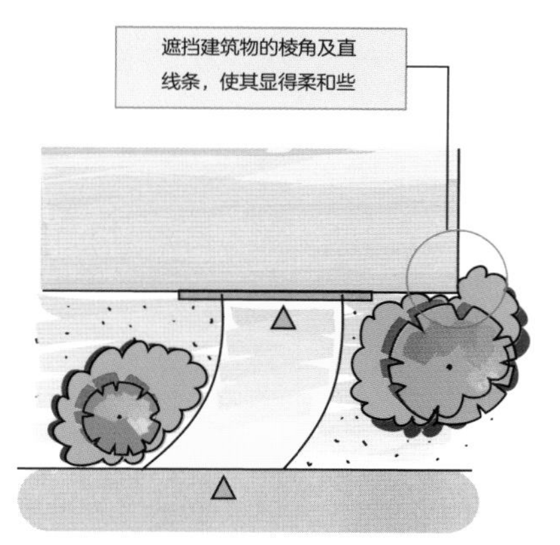

②绿化的位置及角度

在类似由混凝土浇筑而成、表面显得厚重而死板的建筑物附近，可以让绿色植物来遮挡这些建筑物的棱角、直线及生硬的几何线条，使建筑及其周边的氛围变得柔和一些。

调节建筑物整体感觉的配植

①柔化建筑物整体的印象

以阔叶树为中心进行配植的话，会遮挡住建筑物的边缘，使建筑物显得柔和。树木高度及位置可以随意一些。

②强调建筑物整体的印象

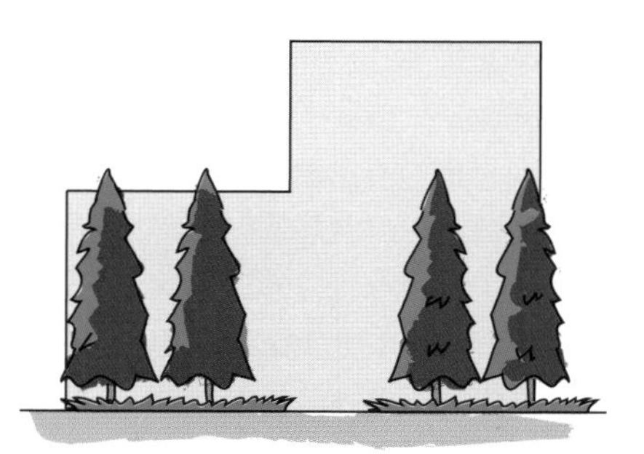

以针叶树为中心的配植方法会强调直线感，给人给生硬的感觉。如果调整树高和间距，会形成一定的韵律。

066

兼用日西风格的庭院

以杂木林风格和草坪来处理庭院的绿化，比较符合日西合璧庭院的整体氛围，还要活用叶子明亮及开花的树种。

主体为杂木及草坪

在日本，有很多日西合璧的建筑及庭院。如原建筑是砖瓦结构的日式住宅和庭院，但是年轻的夫妇会把增建或新建的部分改造为欧式的住宅或庭院。

原有庭院中符合日式风格和特点的松树、槭树及杜鹃类的树木会与新落成的欧式建筑的外观格格不入。反之，从日式风格的建筑放眼望去，随意开放的蔷薇、薰衣草等花卉也与深沉的日式建筑不太适合。

所以，我们有必要慎重地考虑一种对于日西两种不同风格的建筑均为适宜的配植方法。在日西合璧的庭院中，最为有效的就是以杂木和草坪为主的配植方法。我们可以选择日本山中常见的枹栎、麻栎、洋槐等叶子较为明亮的树种来构成庭院绿化的主体，它们会与和风建筑极为搭配；在此基调上，再配以草坪来缓解常绿树的厚重感，同时也符合西式建筑的特点。

适合日西合璧庭院的花木

在选择花木时，四照花、圆锥绣球、大花六道木比较适合。大花四照花虽然原产于美国，但由于是日本本土植物——四照花的近似种，所以感觉很相似。圆锥绣球和栎叶绣球很相像。另外，可以选择日本本土的树种，连接日西两种风格的庭院也非常适合。

选择花木时，要避免选择一些开着鲜艳大红花的树种，尽量选择一些开着小花、较为清爽的树种。杂木地下可以种植一些如竹叶草或圣诞玫瑰的植物。此外，还可选择一些自然石组，并在石组间搭配地被植物或低矮的花木，这样的花园被称为“花园”，也非常有趣。

日西风格的庭院共用的配植

①无边界的做法

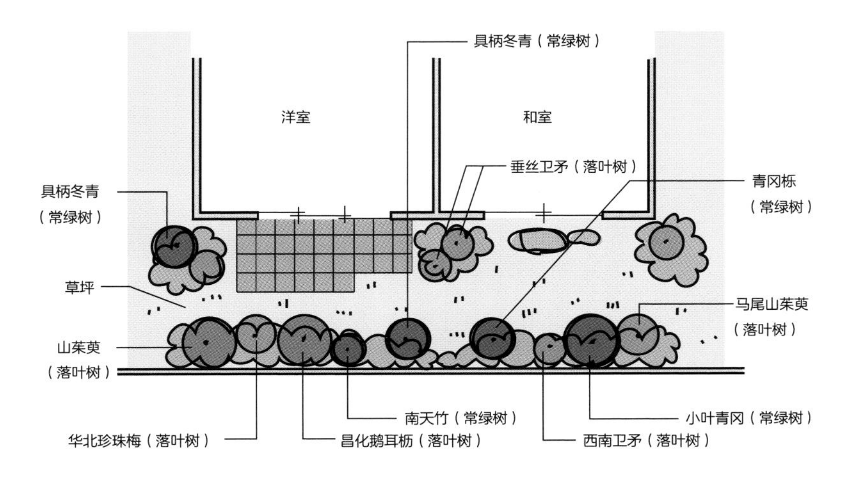

绿化做成杂木林的风格，即可营造出日西合璧的庭院氛围（请参照 174 ~ 175 页）。靠近日式庭院的一侧可多种些常绿树。

②有边界的做法

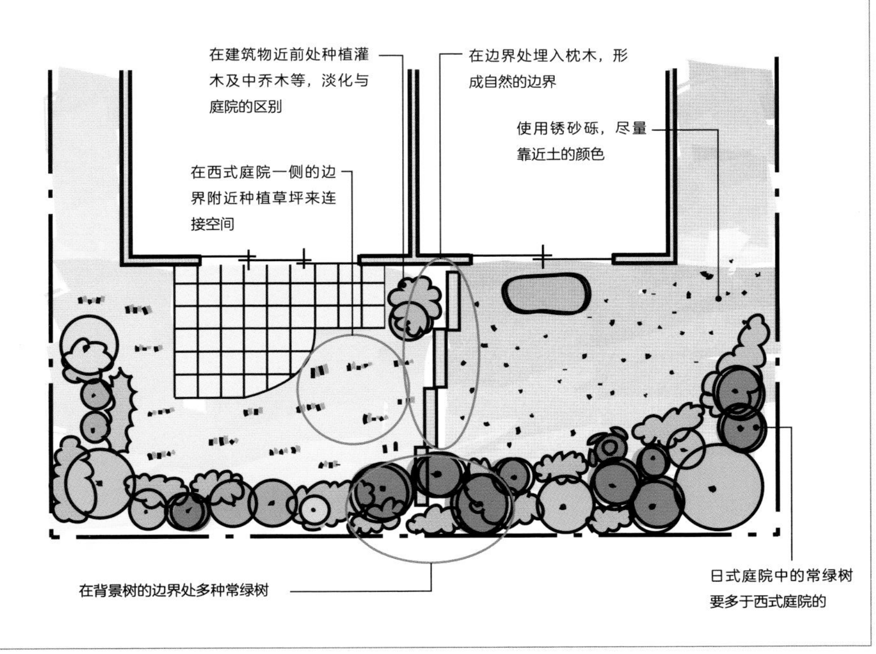

专题4——富士竹类植物园

金丝竹

黑竹

汇集了世界上较为珍稀的竹子及矮竹的专业植物园

富士竹类植物园是位于静冈县长泉町的私家植物园，由日本竹子、矮竹会会长——室井绰担任园长。

在这里，人们可观赏到来自日本国内及世界上约400种以上（实际栽培500种以上）的竹子及矮竹的栽培展示，可谓日本第一！

园内的各类信息随时更新，还会随时向您详细地播报竹子的开花情况。

这里除了竹子和矮竹外，还栽培着缤纷的四季草花，您尽可在这美丽的庭园中散步、休闲。另外，这里还设有研究资料馆，有对世界范围的竹子的细致手工介绍、竹子及矮竹的标本展示、与竹子相关的各种展示等。同时，这里还售卖竹苗及相关加工产品。

DATA

地　址：静冈县骏东郡长泉町南一色885
电　话：055-987-5498
开园时间：10:00～15:00
休 园 日：每周二和每月1日
入 园 费：大人500日元（有团体打折价）、高中生以下免费

第 5 章
不同主题的种植

067

突显叶子质感的庭院

充分体现落叶树树叶明亮、轻快，常绿树树叶安静、沉稳的感觉。

落叶树的配植

树木可分为落叶树及常绿树等两种类型（请参照 40 页）。落叶树的树叶较薄的居多，而常绿树的树叶则厚的居多。一般来说，寒冷地域生长的树木叶子较薄，而夏日阳光强烈、强风多的地域生长的树木叶子较厚的居多。正因为树木的叶子薄厚各有不同，其在庭院中所体现出来的亮度及厚重感也各有不同。

槭树及竹子类的叶子很薄，容易透光，因此种植这类植物会营造出庭院整体的轻快、明亮的氛围。日照从东向南照射的朝日，从南向西照射的落日的强度不同，印象也会有所变化。若想让柔和的光线穿过、营造稳重的庭院氛围，树木就应配置在朝日照射的地方，效果要远远超过落日能照射到的范围。

为了让叶子感受到充足的光线，每株植物间要保持 50cm 以上的距离。另外，种植的要点是要避免观赏植物方向和光照部分相交线上叶子不要重合。

常绿树的配植

常绿树的叶子多具备厚质、色深及不易透光等特质，适合营造沉稳而安静的空间氛围。如果按照叶子大小进行搭配的话，还可产生不同的韵律及节奏感。但是，由于叶子颜色较深，若过度使用，夏天会给人闷热及透不过气的感觉。

常绿树中，也有如山茶花、厚皮香等革质的反光叶面树（照叶树）。种植此类树木，可利用其反光特征，营造明亮的氛围。除了太阳光从背后照射的北侧外，东侧及西侧庭院都可种植。

但是，椎栗、青冈栎等虽属于照叶树范畴，但是由于叶色暗沉，所以一般不会营造明快的氛围。

凸显叶子质感的配植

①配植的基本手法

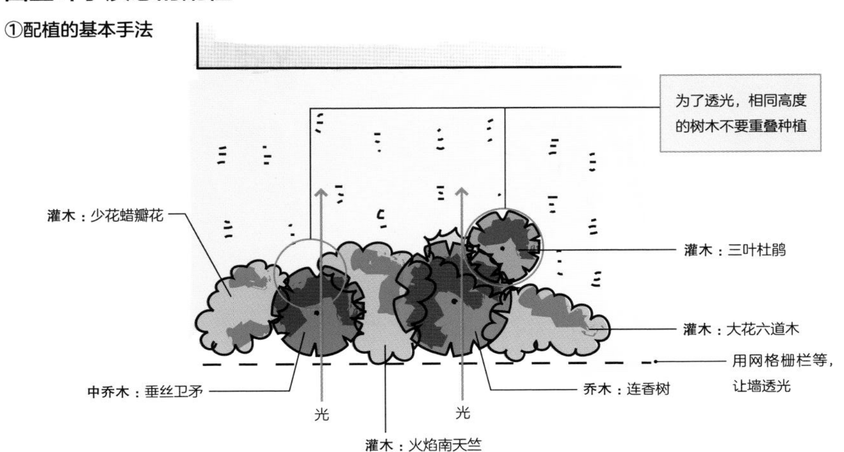

②东、西、南面的庭

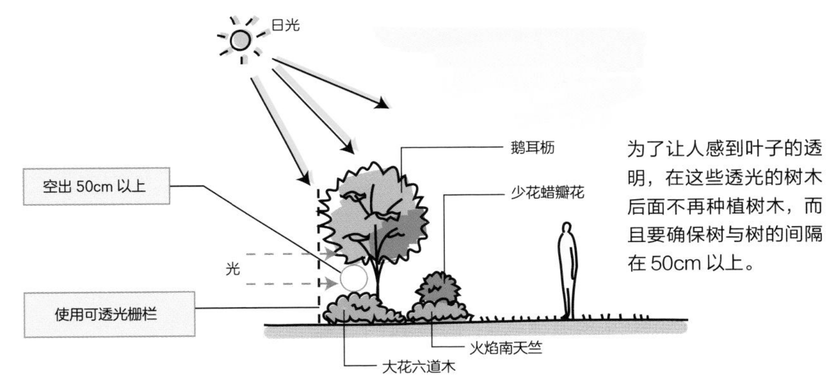

为了让人感到叶子的透明，在这些透光的树木后面不再种植树木，而且要确保树与树的间隔在 50cm 以上。

③北面的庭

北面的庭院中要多种植些可以反射光的照叶树，如果不能确保有充足的日照，就要使用照明设备。

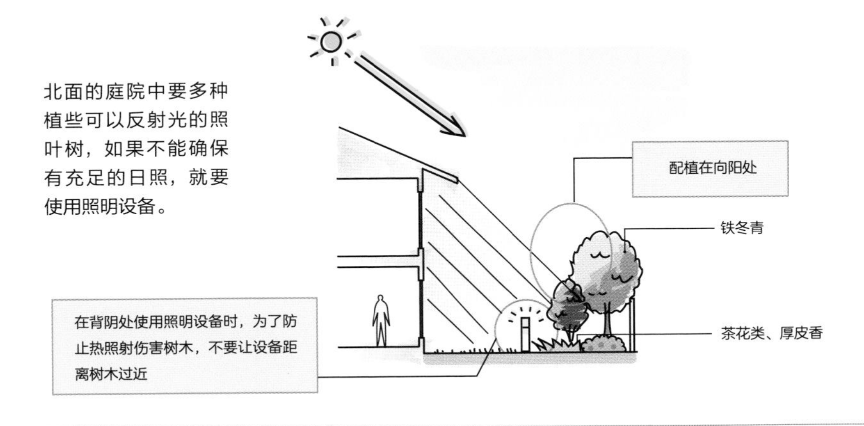

第5章 不同主题的种植

068

可欣赏红叶的庭院

此类庭院以欣赏红叶为特点，所以适合在有温度及湿度差的场所进行种植

红叶及落叶的组合

落叶树在一年四季的春夏秋冬都会给人带来不同的视觉感受。

夏天到来，叶绿素较为活跃，它积极地进行光合作用，而在气温下降时就会变为红叶落下。叶子活动能力降低时，叶子根部（叶柄）处就会开裂，裂痕越发严重，就会变为落叶。红叶是因为裂开处的碳水化合物在分裂处变色产生的，而随着裂痕加深，水路被切断，因此叶子干枯下落。

为了延长红叶的观赏期，最好抑制叶子变干的速度，并且要选择湿度较大的地方进行种植较为重要。另外，昼夜温差越大，红叶也会变得越美，这些都是种植红叶类树木的要点。城市中的红叶很难变美，这是因为城市的客观环境很难满足上述这些条件。而且，夜晚的取暖及照明设备等也会让树木变得非常干燥，很难变成美丽的红叶。

按照叶子颜色的浓淡进行培植

和春天的赏花期相比，秋天的红叶观赏期更长。实际的日本庭园中，对于秋天景致的考虑及设计要比对春天开花植物的设计重视。叶子颜色的类型大体分为卫矛、日本吊钟花等变红树木的和银杏、连香树等变黄的树木两大类。

但是，也会有赤茶色、赤铜色、薄黄绿等微妙的颜色差异。正因为叶子的浓淡差异，才会让景色具有立体感，这种立体空间被称作“绫锦”空间。另外，为了让红叶的观赏效果更好，可在其背后培植常绿树。

虽然红叶的代表树种是槭树类，但是其变色树种的品种多种多样，最好和贩卖业者确认为好。

可以欣赏到红叶的配植

若以常绿树为背景的话，会形成鲜明的色彩对比，景观效果也会更好。

可变为红、黄叶的树种

红色	黄色	赤茶色	赤铜色
槭树类、花楸、乌桕、卫矛、野漆树、大花四照花、毛柄三叶槭、日本红枫	五角枫、银杏、连香树、日本金缕梅、灯台树	九芎、日本落叶松、水杉	五角枫、银杏、连香树、日本金缕梅、灯台树

无法期待见到美丽红叶的环境

想要欣赏到树木的叶子变成美丽的红叶，需要 1 昼夜的温差变化及必要的土壤水分。
除了图上所示的环境外，那些没有昼夜之分、被暖气和照明覆盖的场所也无法等到美丽的红叶。

069

可观赏叶子模样的庭院

彩色或带斑的叶子可以衬托花的美丽，赋予绿化空间以丰富的色彩。

彩色和带斑的叶子

叶子的种类不同，颜色也多种多样。最近，人们常把带颜色的叶子称为“彩色叶子”，并开始频繁地把它们应用在庭院点缀当中。彩色叶子按照色彩系统，大致可分为蓝色系、银色系、黄色系和红色系等 4 种（表）。严格地讲，即使红色系也可再分成铜色和紫色等。

彩色叶子种除了单色的叶子外，还有浓淡及模样之分。白色叶柄贯穿在叶子中也算作带斑植物，如古典园艺植物中较为有名的万年青和一叶兰，都因其叶子上带斑纹而显得格外珍贵。

利用个性化的叶子

在单调的绿色空间中，如果加入彩色或带斑的叶子，即使没有开花植物，也会让整个空间变得富有变化和有趣。

攀缘植物中常使用常春藤类中各种带斑叶子，适用于日式和西式两种庭院中。但是在实际应用中，还要配合建筑及立面的颜色，选择独具特色的叶子。

作为胡颓子的同属——金边胡颓子，是叶缘明亮的黄色叶子，适合打造明亮的空间。在日照条件不好的场所，选择耐阴的、斑点样式较多的青木为好。

白色斑点占据叶子一半位置的三白草、绣球花等也是不错的选择。山杜英、络石等植物还会不时冒出红色叶子来，也会给人以彩色叶子的感觉。此外，叶子中会有白粉相间斑点出现的花叶络石也会带给人如花般绚烂的感觉。

但是，由于叶子颜色或模样（如斑点等）出现变化，有时会让人误解为植物生病了，所以最好事先与业主交代清楚。

古典园艺植物：日本自古以来对可供观赏的园艺植物的总称。可分为草花、花木、兰类（兰科植物）、棕榈类、蕨类等多种。

带斑的叶子

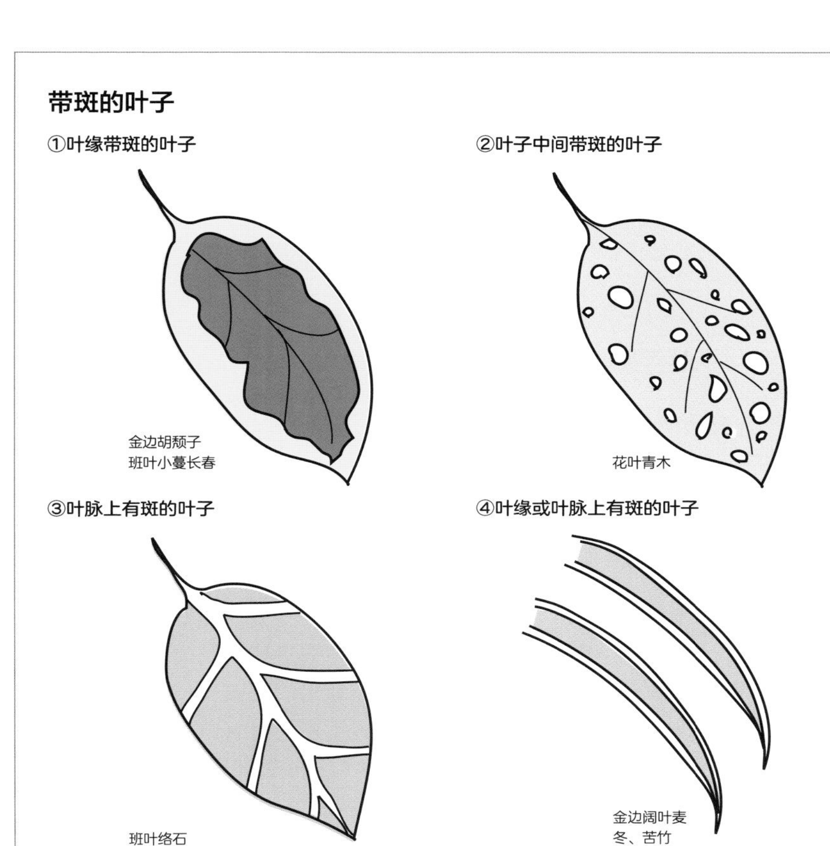

斑叶植物的配植案例

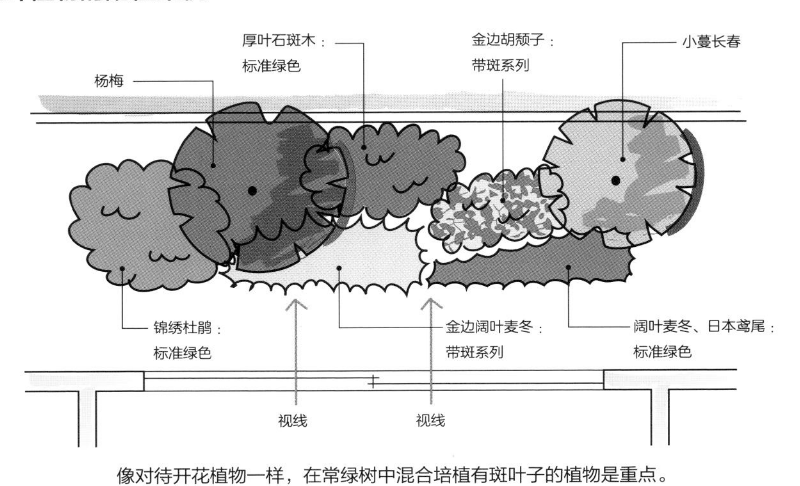

像对待开花植物一样，在常绿树中混合培植有斑叶子的植物是重点。

070

可观赏叶形特征的庭院

要点　叶子的形状带给人的心理感受：心形和圆形 = 温柔；倒卵形 = 富有个性的；披针形 = 尖锐；裂形 = 纤细

从叶形展开设计

在前面有关“叶子的形态”（请参照 44 页）中，我们谈到有关叶子的形态是各式各样，而这里，我们则探讨该如何利用叶子的形状进行配植。

①心形

心形的叶子给人以温柔和柔和的印象，但是如果种植太多的话又显得有些重复，所以要搭配如阔叶麦冬一样的线形叶子的植物会好一些。

②圆形

圆形叶子会令整个空间的氛围变得柔和，在下草中再搭配些与之相对的植物效果会更好。如果背景使用浓绿的常绿树，叶子的形状将会更加凸显出来。

③椭圆形、倒卵形

椭圆形的叶子和任何形状的叶子都很搭配，叶子根部是膨胀的卵形亦是如此。

和同样大小的叶子相比，如果叶尖是膨胀的倒卵形叶子的话，会比别的叶子显得更大一些。所以在种植这类叶形特殊的树木时，要控制树木的数量。

④披针形

披针形的树叶又细又长，稍大的叶子给人以几何学的印象，稍小的叶子给人以尖锐的印象。另外，落叶树中拥有这样形状叶子的树木给人以轻巧的印象，特别是更为细致的狭披针形叶子。如果是小叶子的话，会让人误以为是针叶树，适合种植在针叶风格的庭院中。

⑤裂形、掌状

裂形和掌状的叶子，由于叶子的边缘有明显的裂痕，所以让人印象深刻。特别是三裂状的叶子给人感觉像是三角形，所以特别容易营造出不一样的氛围。如三裂树参等大叶树，可以营造出以观叶为主的、热带风情的庭院；而如白粉藤叶槭一样的小叶树，则可营造出纤细的、精致的庭院。

有特点的叶形及其种植

	代表性树种		使用方法
	乔木、中乔木	灌木、地被植物	
心形	野桐、山桐子、连香树、阔叶椴、心叶椴	日本细辛、秋海棠、檵木	多为有故事的树木，适合作为象征树来使用
圆形	山麻杆、玉铃花、紫荆	蜡瓣花、少花蜡瓣花、大吴风草、虎耳草	叶子呈直线型，作为打底植物来使用会是空间视觉效果更为平衡
椭圆形	油橄榄、菲油果、大叶冬青	海桐、锦绣杜鹃	与任何形状的树叶都相符，因为多用于热带国家的行道树，所以大量种植的话会带给人热带的感受
倒卵形	青冈栎、台湾含笑、日本辛夷、日本厚朴、蒙古栎	日本吊钟花	形状特征显著，不适合大量种植
披针形	垂柳、小叶青冈、广玉兰、杨梅	锦绣杜鹃、赤竹属、沈丁花、金丝桃	大叶的树种给人留下几何学的印象，小叶子的树种给人留下敏锐的印象，更适合针叶树庭院
裂形（3裂）	三裂树参、毛泡桐、三角枫、白粉滕叶槭、北美鹅掌楸	葡萄、三桠乌药	大叶子会让人感受热带风情；小叶子的树种给人纤细的印象；三角形叶子会引发人们联想，更适合几何学的配植方式
掌状	槭类、野山楂、日本七叶树、八角金盘	栎叶绣球、小米空木、鹅莓	大叶子会让人感受到热带风情，小叶子会给人纤细、轻巧的感觉

利用叶子形状进行的配植（心形的叶子）

071

可闻叶香的庭院

要点　不要选择香气过于浓郁的树种，尽量选择那些轻触身体就能飘香的树种。

以叶子的芳香为乐的庭院

为了增加庭院的乐趣，我们常把带有芳香气味的植物种在园中，并称这样的庭院为“芳香庭园”。自古代起，人们就常把从花和树叶中提取出来的芳香成分变为植物香油或香精用于医疗或其他方面，这样就使得庭园不仅有观赏的价值，更有释放人的身心和疗愈的功能。

带有芳香气味的花卉会向外界自然地散发香气，而带有芳香气味的叶子则需要与之轻轻接触后才能感受到它的香气。因此，在规划与设计此类庭院时，可以考虑把这些植物种植在园路旁，以便人们走路时与之接触；也可以种植在通风好的地方，让风为人们传送它们的芳香气息。而且，这些植物的枝叶碰撞时的节奏会让人感到无比清凉。

需要注意的是，不要把有香味的植物聚集在一起种植。因为要凸显芳香植物的个性味道，所以要避免在味道强烈的芳香植物周围再配植带有味道的植物。

叶子带香气的树木

叶子带有芳香气味的代表性树种是樟树。樟树是樟脑的原料，揉搓其叶子会散发出独特的香气。除了樟树外，樟树科还有大叶钓樟、月桂树等具有独特气味的树木。其他如尤加利类植物、日本夏橙、柚子、金柑等柑橘类植物的叶子也具有特殊的、充满个性的香味，请依个人爱好进行选择。

对于叶子的香气极为浓郁的迷迭香来说，与其让它充分释放香气，不如采取更为含蓄的方式来感受它阵阵袭来的味道；而对于宗教上常使用的香木——日本莽草来说，其整株植物都带有毒性，所以一定要慎重选择。

另外，还有一些植物在枯萎时释放香气，如连香树在枯萎时会释放甜甜的香气，而樱花在飘落、枯萎后踩上去，也会释放出独特的芳香。

能够乐享叶子芳香气味的植物配植

①平面

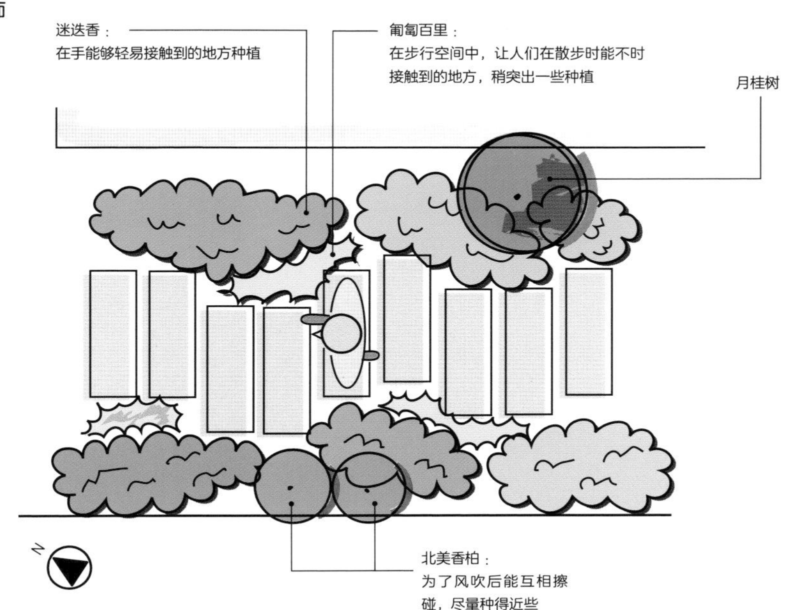

②断面

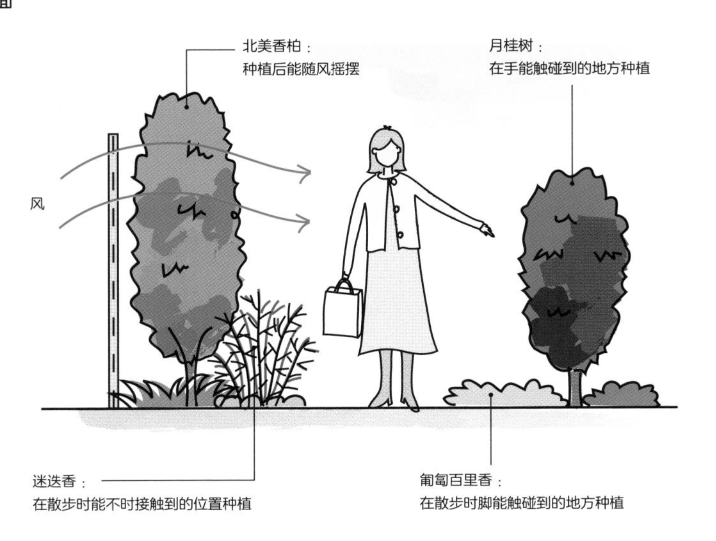

风儿拂过时，叶子能不时与身体接触并传递芳香。除了上述芳香植物外，还有叶子带有香味的树木有：中乔木中的连香树、樟树、胡椒木；低乔木和灌木中的薰衣草、贞洁树等。

072

可赏花的庭院

有效利用那些花朵大、颜色有强烈对比、花期长的花卉。

花卉抢眼的条件

以花卉为亮点的庭园，要在庭园中种植花朵大、颜色有强烈对比、花期长的花卉。

开大花的树种有茶花类、蔷薇类、紫玉兰的同科属类、木芙蓉类等。这其中的任意一种都能衍生出多种园艺品种，而且还能开出“八重”花瓣的花来。“八重”是指花瓣从数片到 200 片不等，给人感觉非常豪华。对于樱花的花瓣，日本人喜欢单片花瓣的，而外国人则好像更喜欢多重花瓣的品种。

颜色有强烈对比的花会吸引人眼球。如浓绿的叶片中盛开的红艳艳的山茶花就十分引人注目，要考虑叶子颜色与花色的搭配。如白花配浓郁的绿色会很鲜明，若配亮绿可能就显得低调一些。黄色系的花中，接近黄色和橘黄的花会显眼些，而黄绿色则没那么明显。

进行植物配植时，不仅要考虑周围树木叶子的颜色，更要考虑建筑物的外立面及与周围色彩搭配的协调。

考虑花期及开花方式

无论多么低调的花，只要花期长一样能吸引人的目光。选择花期长的树种，让花成为庭院中的主角也是一种配植方式。如种下灌木中半落叶的大花六道木，其花期从 6 ~ 11 月，盛开的鲜花会给人留下非常深刻的印象。

其中，那些花期中不长叶子的树木尤为显眼，如染井吉野樱、大花四照花、三叶杜鹃等均为此类树种的代表性树种。而珍珠绣线菊、连翘等小花齐放的树种，又会让人从视觉上把一丛小花看成是一朵花。

突显开花植物特色的配植的基本方法

①背景为树木

②背景为墙

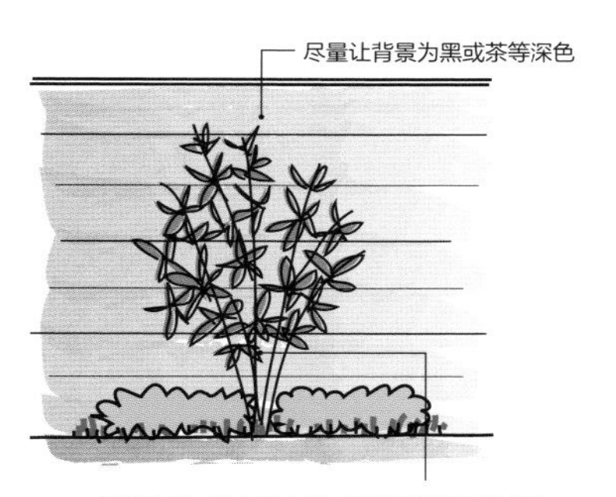

③配植例

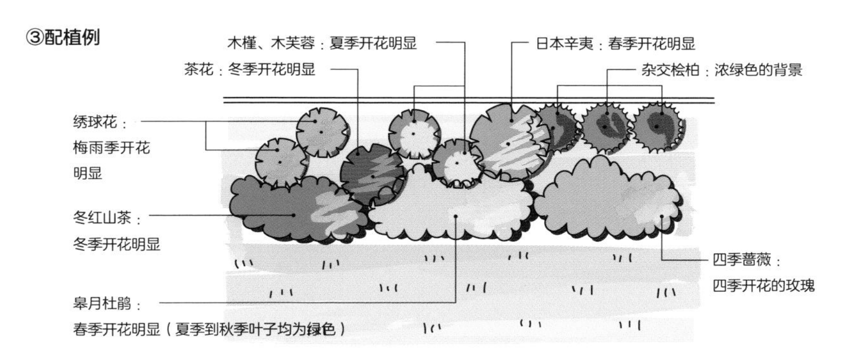

开出美丽花朵的条件

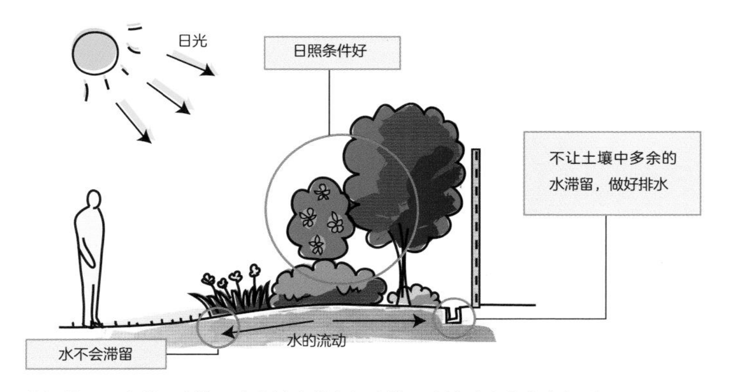

良好的日照条件、土壤适度的排水性与保水性，土壤才会富含有机质，树木才会开出漂亮的花。

073

可闻花香的庭院

不同的季节，我们可以感受到不同的花香。为了能享受到恰到好处的花香，我们要控制好开花植物的数量。

具有代表性的花香树种

为人们带来花香的树木有很多，其中常用于住宅种植的树木有：早春的沈丁花、初夏的栀子、秋天的丹桂等。随着这些不同的花香，我们可以感受到季节的转换和迁移。

但是，正如前面（请参照 156 ~ 157 页）我们在介绍使用有香气叶子的庭院时所说，过多地种植芳香植物反而会让人感到不适。所以一定要控制好种植数量，确保有最适宜的、最令人愉悦的香气为好。与丹桂相比，银桂和金桂的气味更为柔和；柊树与银桂的香气接近，亦开白花；齿叶木犀常被应用在绿篱上，也开相近的花。

加入别的品种

除了上述开花植物外，以花香著称的还有蔷薇。不同的品种，花香的种类和强弱程度也各不相同，我们可以根据个人的喜好来选择品种。如蔷薇科中的玫瑰，由于接近原种，所以管理起来会比较轻松；而藤蔓性的木香花则几乎没有香气，所以在选择时一定要注意。

多花素馨和茉莉花也是藤蔓类植物中有着独特花香的树种。以前它们仅被种植在温室或室内，现在随着地球温暖化等问题的出现，它们也被种到了户外。一般来说，只要是“茉莉”，给人感觉都是带香气的，但是有一种开黄花的“茉莉”（中文名字叫作“金钩吻”），这种花就不带香气。

日本辛夷和紫玉兰等木兰属的树木都有花香。为了更好地享受花香，建议种在便于人们靠近的地方。

紫丁香是一种不耐暑、但有花香的树木，适合种在凉爽的地区。大叶醉鱼草和大花六道木能释放出甜如蜜的香气，会吸引很多鸟和昆虫来访。

以嗅花香为乐的庭院配植

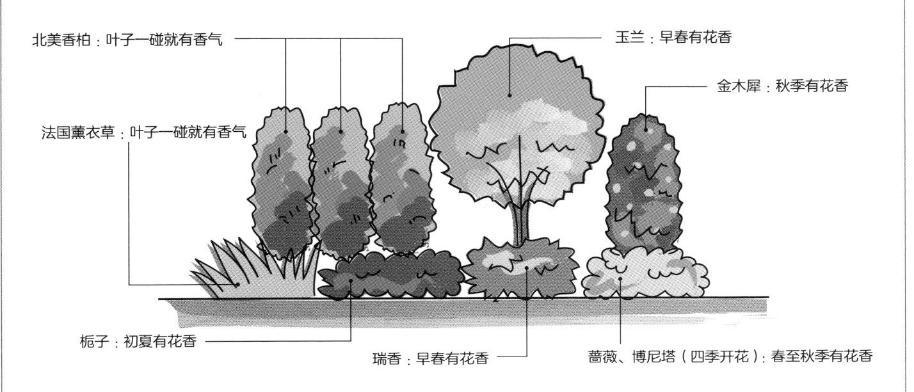

以花香为趣的庭院，一定要把花种植在离人较近、手容易触摸到的位置。

按照花香强弱排列的代表性树种

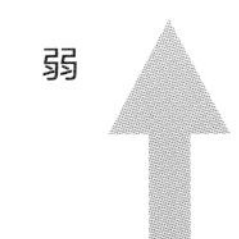

近闻有花香

含笑花、日本辛夷、紫玉兰等木兰属类、薰衣草类等

紫玉兰（木兰科）

经过有花香

大花六道木、柑橘类、广玉兰、蔷薇类、柊树、日本厚朴、大叶醉鱼草、紫丁香、蜡梅

大花六道木（忍冬科）

距离较远处即可闻到花香

金桂、栀子、桂花（金桂）、桂花（银桂）、沈丁花、多花素馨

栀子（茜草科）

074

可赏花色的庭院

要点 考虑与建筑物之间的协调关系，尽量选择同色系的树种，让庭院有整体感。

考虑与建筑物间的协调关系

在日本庭园等传统的和风庭院中，植物是以绿叶和红叶为主基调进行配植的。为了营造出让人沉静与安心的氛围，很少种植鲜艳的花木。但是近年来，随着洋风住宅的增多，越来越多色彩丰富的花木被应用在庭院当中。

当诸多的花木被种植在庭院中时，一定要注意色彩体系及搭配原则。首先要考虑的是植物与建筑物及其外立面的协调，因为不同的花色不仅会改变整体建筑物及空间的氛围，还会让人们感受到四季的变化。

其次要注意的是，颜色太过多样会使整个空间变得零散，一定要通过色彩的统一来统合整个空间。在考虑大的色系的前提下，选择同一色系中与绿叶协调的树种为好，同时还要考虑各种树开花的花期。

以同色系的树种来构成

在选择树种时，最好先确定整体的色彩基调。就是先挑选出自己喜欢的花色，如以白、红、黄等为主，并搭配同色系的树种。如果觉得有些单调时，还可以通过与之相反的花来调节整体平衡，这样会使整个空间富于变化。

在英国，我们会经常见到以白色为主基调的庭院。这类庭院中具有代表性的树种有落叶树中的白玉兰、樱花树、大花四照花；常绿树中的荷花玉兰、珍珠绣线菊等。若以红或粉色花为主基调来打造的庭院会显得更为鲜艳，如春天的杜鹃类，冬天的山茶花、四季开花的蔷薇等都可以选择。若以黄色或橘色为主基调的话，可以选择灌木中的棣棠、连翘、蜡梅及被称为“含羞草”的银荆和藤蔓类中的毒豆。此外，还建议选择一些便于管理的球根植物。

以花的颜色为特征的代表性树种

花的颜色	中乔木	灌木、地被植物
红	鸡冠刺桐、梅、西洋杜鹃、冬令茶梅、刺桐（暖地）、扶桑花（暖地）、三角梅（暖地）、红千层、凤凰木（暖地）、山茶	冬红山茶、日本木瓜、香叶天竺葵、南欧丹参（鼠尾草）、杜鹃类、蔷薇类、红秋葵
紫、青	紫玉兰、艳紫野牡丹、西洋杜鹃（贵妇人等）、贞洁树、紫荆、大叶醉鱼草、臭牡丹、木槿、紫丁香	百子莲、虾蟆花、绣球花、筋骨草、山绣球、玉簪、杜鹃类、蔷薇类、小蔓长春、金边阔叶麦冬、紫藤、芫花、阔叶山麦冬、薰衣草、蓝茉莉、迷迭香
粉色	樱花类（“江户彼岸”、“关山樱”、“枝垂樱”、染井吉野樱、“普贤象”）、二乔玉兰、西洋杜鹃、杜鹃类（乙女山茶、侘助山茶）、西府海棠、红萼野茉莉、红花继木、七叶树、大花四照花变种、木槿、桃树	日本绣线菊、圣诞欧石楠、沈丁花、杜鹃类、郁李、麦李、蔷薇类、头花蓼、柳叶绣线菊、松叶菊
黄、橙	银叶相思树、樱花类（“郁金樱”）、山茱萸、银荆、金寿木兰、木兰 '伊丽莎白 '、栾树、蜡梅	云南黄素馨、金雀花、金丝梅、突拔忍冬、大吴风草、凌霄、大萼金丝梅、金丝桃、萱草、日本小檗、木香花、雄黄兰、棣棠、连翘、羊踯躅
白	山杏、梅、野茉莉、大岛樱、荚蒾花、日本辛夷、茶梅、广玉兰、日本七叶树、梨、马家木、火灰树、玉铃花、白玉兰、大花四照花、珙桐、日本厚朴	马醉木、蝴蝶荚蒾、栎叶绣球、麻叶绣球、李叶绣线菊、鸡麻、厚叶石斑木、杜鹃类、阔叶沿阶草、六月雪、蔷薇类、窄叶火棘、珍珠绣线菊

①白花映衬下的配植（立面）

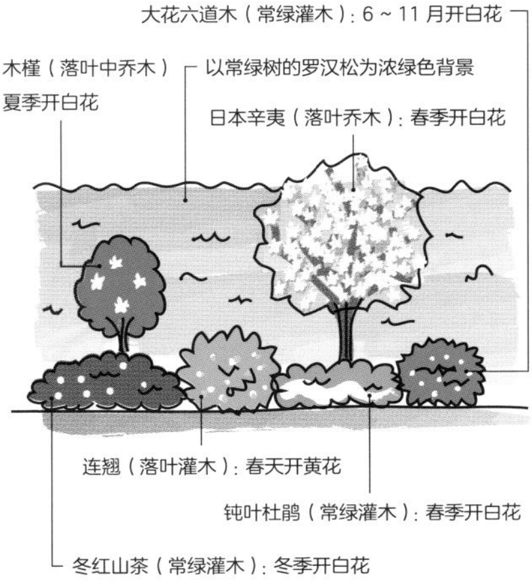

大花六道木（常绿灌木）：6 ~ 11 月开白花
木槿（落叶中乔木）夏季开白花
以常绿树的罗汉松为浓绿色背景
日本辛夷（落叶乔木）：春季开白花
连翘（落叶灌木）：春天开黄花
钝叶杜鹃（常绿灌木）：春季开白花
冬红山茶（常绿灌木）：冬季开白花

②粉花映衬下的配植（平面）

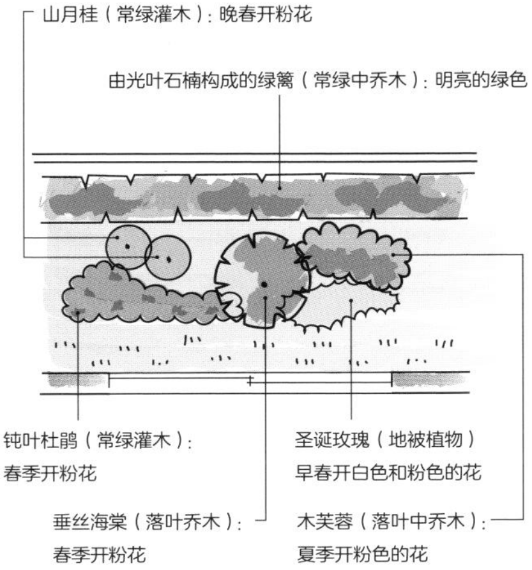

山月桂（常绿灌木）：晚春开粉花
由光叶石楠构成的绿篱（常绿中乔木）：明亮的绿色
钝叶杜鹃（常绿灌木）：春季开粉花
圣诞玫瑰（地被植物）早春开白色和粉色的花
垂丝海棠（落叶乔木）：春季开粉花
木芙蓉（落叶中乔木）：夏季开粉色的花

075

可欣赏时令花卉的庭院

根据花期及季节的变化来搭配花木，这样就能让人们可持续地欣赏到开花的景象。同时需要注意的是不开花的树木也要了解其四季的变化。

考虑花期的平衡

庭院中，花是让人们感受季节变换的要素之一。在选择庭院树木时，大部分的树木每年都要至少开一次花。从开花之日起，树木对气温的变化也变得十分敏感。如果气温骤然升高，花期也会随之缩短。一般来说，从花开之日起至 1 ~ 2 周间是赏花最好的时候。

在日本不断轮回的四季中，春季开花最多，而夏秋冬则相对开得少一些。为了能够让人们按季赏花，可以按照不同季节的开花树木来进行合理的配植。当然也要留出没有花开的时期，这样能够凸显出开花时庭院的魅力，也让人们多了一份期盼。

利用有季节性的花

春天是百花齐放的时节，所以尽量把一些花期不同的树木有计划地进行配植。如可以选择 3 ~ 5 月相继开花的树种，而且要注意的是尽量选择有着不同花色的树木进行种植。

夏天开花的植物多原产于热带，所以要种在阳光好、寒风吹不到的地方。木槿和芙蓉有“一日开花”之说，但是由于它们的花是相继绽放的，所以让人感觉花期很长。谢了的花是病虫害发生的主要原因（请参照 80 ~ 81 页），所以最好把花壳摘掉。

秋季开花的植物较少，以金木犀为代表。其他还有开黄花的多年草——大吴风草，不开花的时候叶子也很漂亮，因为叶子是可爱的圆形，有光泽且耐日照，所以常常被使用在庭院中。

关于冬季的花卉，要数自古以来就备受日本人青睐的山茶花类的植物了。山茶花中开花较早的品种从 12 月就开始开花，较晚的要到 5 月左右开花，所以赏花期间非常长。其品种繁多，有日本山上自生的野山茶花、珍珠山茶花，也有其他衍生品种，无论是和风还是洋风庭院都适用。

季节性开花日历

月份	大乔木、中乔木	灌木、地被植物
1月	腊梅	
2月	梅	沈丁花
3月	白玉兰 日本辛夷	麻叶绣球、少花蜡瓣花、珍珠绣线菊、连翘
4月	染井吉野樱 山杏、日本晚樱“里樱”（八重樱）、大花四照花、加拿大唐棣、紫荆、西府海棠 水曲柳、四照花、紫丁香	三叶杜鹃、棣棠 钝叶杜鹃、久留米杜鹃、厚叶石斑木、锦绣杜鹃 皋月杜鹃、金丝梅、金丝桃
5月		
6月	马尾山茱萸、日本半萼紫茎	绣球花、山绣球
7月		大花六道木、蔷薇类
8月	紫薇、木芙蓉、木槿	
9月		
10月	桂花、齿叶木犀	
11月		大吴风草
12月	茶梅 茶花类	冬红山茶

艳紫野牡丹（野牡丹科）夏天到秋天开花，也有的一直延续开到冬天

076

硕果累累的庭院

在庭院中种植一些结大果实或小果实的树木，用硕果累累的景象来营造庭院的气氛。

果实的色彩搭配

一般的植物在开花受粉后结果，所以人们在观花后还可以赏果，这样就会大大增加庭院的乐趣。如果想让果实引人注目的话，就要在颜色、大小及分量上下功夫。

要想让果实的色彩鲜明，就要选择能结出橙色、黄色果实的树种，来与绿叶形成明显的对比。如大花四照花，到了秋天就会有红色的果实向上生长，是一种果实非常明显的树种。其他的用于种植的树种有铁冬青、窄叶火棘等树木，多数结红色或橙色的果实。

当然也有结不同颜色果实的树木，如常用于日式庭院或野趣庭院中的青荚叶，在绿叶上会结一颗全黑的约 6mm 的果实。白棠子树就如其名，枝头上结满 2mm 左右小紫黑色的果实。

果实的大小及分量

日本夏橙或金柑等柑橘类的花朵虽然赏心悦目，但是存在感极强的果实才是主角。在其他的种植中，苹果和木瓜也同样是以色彩鲜艳的果实为主要特色。

还有一些果实虽小、色彩低调，但却以果实数量多而引人注目的树木。如花朵低调、果实却很奢华的落霜红，果实比花朵大且多，属于以果为乐的树种。珊瑚树开的小白花虽然很美丽，但是夏季结的通红的小果实也让人印象深刻。

周围绿色的数量多少也会决定对果实的印象。如以里山（山村）风景为形象而出现的柿子，在结果期会落叶，如果以常绿树为背景的话，那些果实的形象会更加鲜明和令人难忘。

树木分为雌雄同株和雌雄异株，树木有必要事先确认好是哪一种。

雌雄同株和雌雄异株：雌雄同株是指雌花和雄花同开在一棵树上，果实也结在同一棵树上；而雌雄异株是指雌花和雄花开在不同的树上，如果没有雌株和雄株就不能结果。

观赏果实的颜色和结果方式

①常绿果树

常绿果树的果实以黄色及橙色为多，与蓝色的天空形成较强的反差，如柑橘类等

②落叶果树

落叶果树落叶后只剩果实，如果背景是绿色的话将十分醒目。如苹果、柿子、木瓜等

果实的大小

① 1 个很醒目

一个手掌大小，非常醒目，如苹果、柿子、木瓜、柑橘类

柿树，柿科，柿属的落叶阔叶树，秋季结果

②群组很醒目

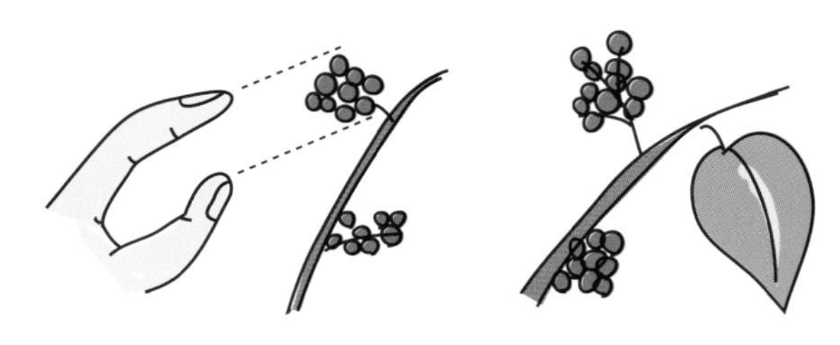

指尖大小的果实颗粒，一个群组就变得很醒目。如山桐子、荚蒾花、荚迷、白棠子树、珊瑚树、马家木等

白棠子树，马鞭草科，紫珠属的落叶阔叶树，秋季结果

077

培育果树的庭院

要点　准备好能充分接收日照的树墙，种植一些好培育的果树，期盼收获。

令人期盼收获的果树

种植可食用的果树，让人们除了观赏外又增加了一种期盼收获的乐趣，这样就令种植空间更具魅力，也是庭院中的一大亮点。为了简便起见，可以选择家庭用的柑橘类树木、苹果树、柿子树、梨树、琵琶树等来种。

为了结果，首先需让这些树开花。大多数果树都是喜阳的，所以让这些果树充分接触阳光是非常必要的。利用壁面或树篱等平面“树墙”，可以让叶子高效地吸收阳光，非常适合果树栽培。

另外，还有像猕猴桃一样雌雄异株的果树，是属于在人工授粉后容易结果的树种。

作为庭院树木的果树，最好是好培育的品种，这样可以长期放任不管。让果树像孩子一样，慢慢成长而成为一种乐趣。此外，果树结果多少会依年份不同而改变，千万不要因为结果少而过量施肥，因为那样会让果树变弱。

选择好培育的果树品种

对人来说是美味的果实，对于其他生物来说也是非常有魅力的，所以果树比其他树种容易招虫子，这一点要格外注意（请参照 80 ~ 81 页）。特别是柑橘类的果树容易招来大量凤蝶的幼虫，如果想无农药栽培，一定要在捕杀害虫方面多下功夫。

苹果在梅雨季容易招虫灾，但是山荆子是一种比较结实、不易受虫害的品种。

柿子树、琵琶树、木瓜树、榅桲树等是较少受虫害困扰的果树。此外，有着橄榄树氛围的、近年来菲油果树也因耐虫害而备受欢迎。菲油果树不仅能食果还可食花。

以果树为乐的配植

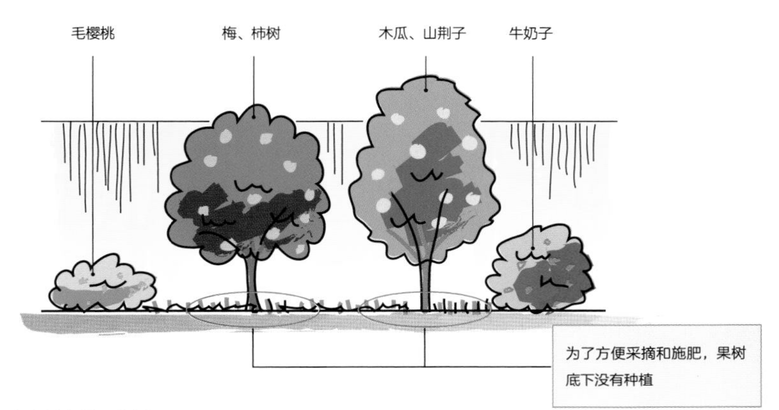

适合用作树墙的种植

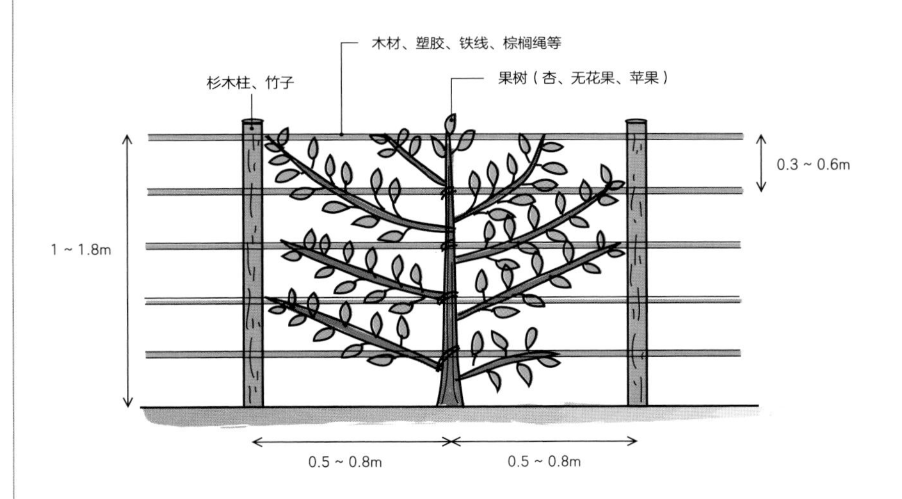

适合庭院栽植的果树

	乔木、中乔木	灌木、地被植物
适合观果用的果树	无花果、梅、柿树、木瓜、日本栗、胡桃、石榴、加拿大唐棣、琵琶、贴梗海棠、榅桲、桃树、四照花、杨梅、苹果	木通、猕猴桃、胡颓子类、日本木瓜、菲油果、葡萄类、蓝莓、毛樱桃
适合树墙用的果树	杏树、无花果、梅、柿树、木瓜、金柑、日本夏橙、山荆子、榅桲、苹果	日本木瓜、黑莓、毛樱桃

078

可欣赏特色树干的庭院

要点 庭院中若种树肌有特征的树木，一定要把视线控制在可观赏到树肌的范围内，让人们增加观赏的乐趣。

树肌的类型

树木的枝干因常被树叶遮挡而不引人注意，但是种植的场所不同，落叶后有特点的树木肌理会引人注目。特别是在浴室前，视线较低的位置，树干的肌理有特征的话，会给人留下非常深刻的印象。

树肌的类型有很多种，有平滑的、带横纵裂纹的、表面有筋的（横筋、纵筋）、鳞状的、带斑及斑点的，还有表面带刺的等等。

树肌分为若木（年轻的树）和老木，各有不同。但是树龄在 30 年以下的话，特征差别不大，可以按照种植时的效果利用。

各种各样树肌的特征

树肌是平滑型的树有茶花、小叶青冈、日本厚皮香等；有模样且平滑的有紫薇、日本半萼紫茎等。特别是紫薇，树肌质感明显，具有极高的观赏价值。

枹栎和麻栎是树肌上有纵裂纹的树木，表面上有粗糙的感觉。即使是年轻的树木，也能感受到岁月的痕迹。与日本椴木为同种的树木上有短册状、薄薄的裂纹，与枹栎的感觉完全不同。

有树筋的树种如山樱，树筋呈横向，非常漂亮。其表皮的纹理可与秋田的桦细工媲美。昌化鹅耳枥为纵筋型树木，白色的缟模样是其特点。而楂叶槭和瓜肤槭等树木，树干有着西瓜般的肌理而得名。

鳞状树种的代表是松树，树越大鳞也越大。木瓜和日本半萼紫茎虽然是平滑型树种，树皮上因为有斑而特征显著。

另外，白桦因为树皮薄且横向有木工刨过般的纹理而充满个性。

在树肌的模样上寻找乐趣

人在坐着的时候，视线的高度大概在 1m 左右。如果在与视线相同的高度上种植树干有特色的树木，一定会让人留下深刻的印象。需要注意的是，为了不转移人的视线，一定要修剪下面多余的枝杈及杂草

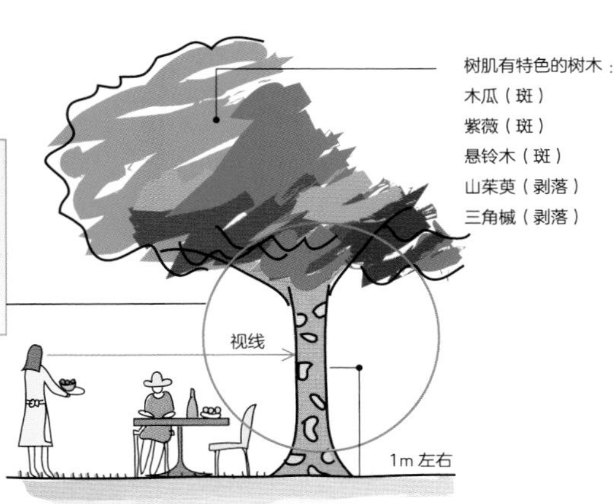

把树肌有横纵纹特色的树种混合种植

把树皮有横纹和纵筋特色的树木组合，会打造出有韵律感的庭院。

树肌模样有特色的树种

①横纹

山樱，蔷薇科，樱属的落叶阔叶树

②纵筋

昌化鹅耳枥，桦木科，鹅耳枥属的落叶阔叶树

③斑

法国梧桐，悬铃木科悬铃木属的落叶阔叶树

079

用整形树打造的庭院

要点 想要和风感觉的整形树，一定要确认后期管理的环节是否能跟进。整形树可以加入雕塑的元素与感觉

纯和风的整形树

在日本庭园或日本住宅庭院中经常能看到一些整形后的树木。这些树木不同于自然生长的树木，而是经过人工精心修剪或整形后而呈现较为规整、有特点的树形。

如让松树的横枝在门前生长的种植手法叫“门挂”，故意让主干弯曲生长的手法叫“曲干法”等。人们在茶庭中经常看到的台杉及最近不常见的罗汉松（常把叶子修剪成圆形），就是较为典型的整形树。

整形树的维持与管理工作一定要由专业人员来做。如果庭院的种植设计中有整形树木的话，一定要与业主确认后期的管理方法等事项。

西洋风的整形树

西洋风格的整形树对于建筑物的设计不是很挑剔，管理也没有那么难。与其说是植树，不如说是在庭院中配置雕塑。

西洋风格的整形树经常用在像法式庭院一样的整形式庭院中。如把常绿针叶树的东北红豆杉修剪成几何形状的圆锥形、圆筒形、台形等。此外，还有修剪成雕塑般的、模仿象棋中的驹、门柱、大门等造型。整形树正确的做法是从一棵幼小的树木开始培育，经过数十年后渐渐整形而成。也可以直接修剪一棵大树或几棵树放在一起修剪。

可利用的树种有齿叶冬青等耐修剪的树种，最好选择枝叶繁茂而细密的树木。叶子的颜色越浓厚，整体的存在感越强。另外，可用针金等做框架，再用白背爬藤榕或常春藤等藤蔓植物攀爬在上面也可以。需要强调的是，整形树适合种植复数棵，这样整体看起来更为规整。

具有代表性的树木

武者立
紫玉兰
野茉莉

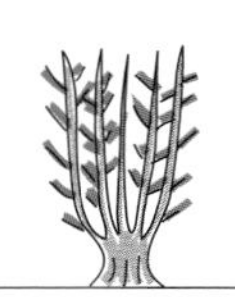

台杉
杉树

强力剪定
悬铃木、
冬青

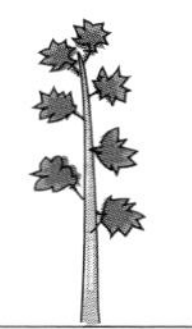

棒状
青冈栎

垂枝形
枝垂梅、
枝垂樱、
枝垂柳

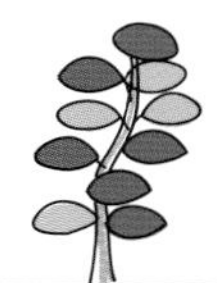

圆珠形
赤松、
昌化鹅耳枥、
罗汉松

贝壳形
赤松、
齿叶冬青、
罗汉松

层状
齿叶冬青
杉树

标准形
齿叶冬青、
黄金柏、
蔷薇

圆锥形
齿叶冬青
龙柏

迎客形
赤松、
罗汉松、
紫薇

圆球形
皋月杜鹃、
日本吊钟花、
龟甲冬青

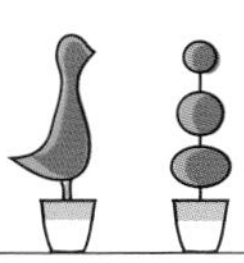

整形树
齿叶冬青、
黄金柏

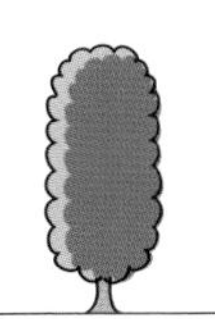

圆筒形
齿叶冬青、
龙柏

和风整形树及特殊造型树

用齿叶冬青修剪而成造型树

用白背爬藤榕做的大象造型树

080

充满野趣的庭院

要点 利用杂木或宿根草进行不规则搭配，让庭院中充满野趣。

基本方法就是不规则、不连续

庭院的种类繁多，从传统的和风庭院到西洋几何整形式庭院（法式庭院）等，多为人工打造的庭院。而最近流行的则是利用杂木或宿根草进行不规则搭配，使庭院更为自然和充满野趣。

这种类型的庭院对于建筑风格毫无要求，无论和风建筑还是西洋风格的建筑均可搭配，可以说是几乎不会失败的一种庭院种植设计。这种类型的种植设计基本以落叶树为中心构成，其显著的特点之一就是冬季可以让温暖的阳光照射到屋子里。

为了营造野趣氛围，最关键的是不要规则地种植树木。如不要把相同大小的树木左右对称种植，或是把 3 棵以上的树木呈直线形种植，还有要尽量把树木按照不连续的奇数棵进行种植等。

活用自然树形

用于野趣风格庭院的种植要避免那些大花改良后的园艺品种、叶子有模样的树种，树形也不要经过人工修剪，一定要种植自然风格的树木。

以落叶阔叶树的麻栎、枹栎、齿叶冬青、鹅耳枥等高乔木为中心，搭配中乔木的西南卫矛、野茉莉、日本紫珠等树种，进行杂木组合式种植。如果选择树形高大的高乔木，更能突显野趣氛围。

虽然以落叶树为中心，若能搭配常绿树的话，会有效缓解冬季的萧索氛围。如选择高乔木的小叶青冈和中乔木的青冈栎等树种，既不破坏整体感觉，又能让冬季也有绿色。灌木一定不要密植，适当种植溲疏及山杜鹃，或是种植阔叶山麦冬、吉祥草或若竹类的也会营造野趣氛围。

树木有人工及野趣等不同的配置方式

①人工配置方式的基本方法

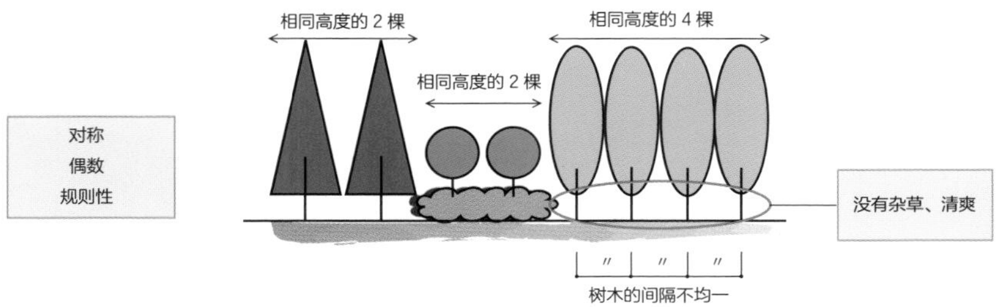

②野趣配置方式的基本方法

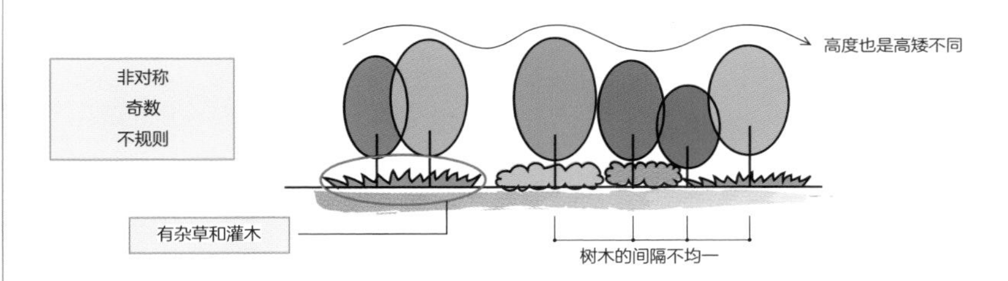

充满野趣的庭院的配植例

①立面

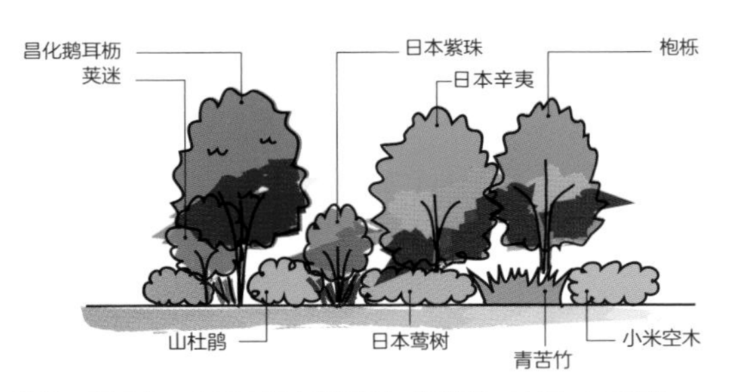

此外，高乔木、中乔木还有鹅耳枥、野茉莉、麻栎、四照花。

此外，灌木、地被植物有齿叶溲疏、荚蒾花、棣棠、阔叶山麦冬等也是野趣十足。

②平面

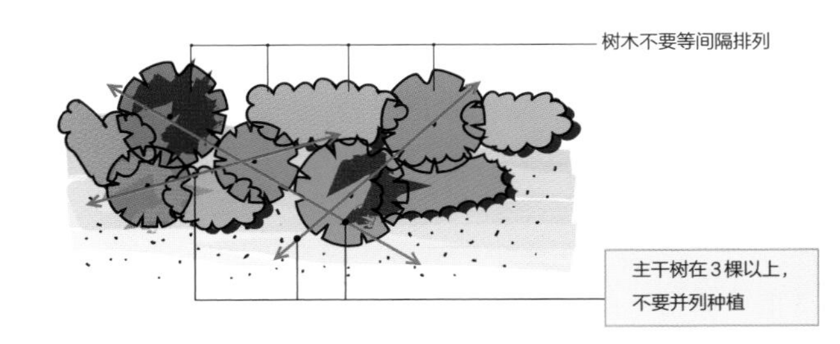

081

和风庭院

核心部分以落叶树为主，搭配一些常绿树，再点缀一些和风小品，让“和”的味道更加浓郁。

树木的配置最重要

打造和风庭院，关键是要选取一些自古以来就受日本人喜爱的树木。我们暂且不去管那些营造和风庭院的细节规定，只要庭院中有槭树、松树、杜鹃等树木，就足以飘散出“和”的味道。如果再点缀些景石、石灯笼等和风小品，效果会更好。

在为和风庭院选择树木时，高乔木中首选的是落叶树中的槭树。以槭树为中心，搭配花木中的梅花、樱花等树木作装点。此外，选择一些高低不同的常绿树，如厚皮香、冬青、山茶等来形成绿色的背景，更加凸显中心树木的景观效果。

落叶阔叶树担当着引领季节变换的主角，所以不要配置在庭院的正中央。和拍照时的构图一个原理，当我们眺望庭院景观时，主景一定是在中心稍偏一些的位置上，如左右关系中的 6 对 4 或 7 对 3 的位置等。这样布景的好处是让整个视觉更有平衡，更突出重点。

此外，和风庭院要突出自然的氛围，树木间隔是不均等的，也就是不要把树木进行直线排列。尽管有时会选择同样树种来种，也要让其高矮有些变化、按奇数而非偶数来种植。

纯和风的样式

若想更加强调和风的感觉，可以将常绿针叶树种的松树、罗汉松等树木进行整形，并点缀在景观节点上（请参照 172 ~ 173 页）。

若想将灌木整形的话，建议选择皋月杜鹃、钝叶杜鹃等常绿的、叶子纤细的树种。成片种植并修剪后，营造出小山的感觉。我们在日本常见到的“杜鹃山”就是这样打造出来的。在合适的地方，还可以点缀上文提到的造型松。

虽然纯和风庭院以常绿树为主，如果能少量加入日本吊钟花、连翘等常绿阔叶树的话，将会让季节的变换更为明显，从而增加人们赏园的乐趣。

和风庭院的配植

以常绿树为主体不均一地配置

①立面

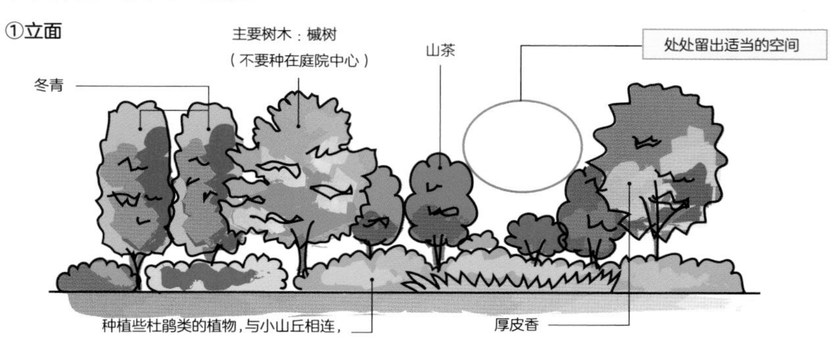

②平面

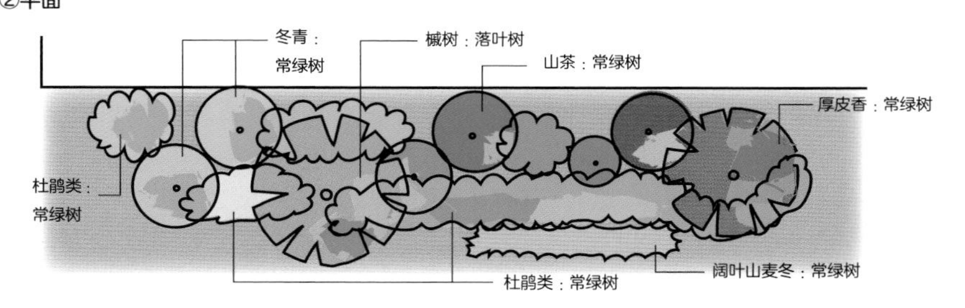

景观小品的配置

庭院中搭配上石灯笼、景石等小品，和风气氛会更加浓厚

石灯笼

景石

适合和风庭院的树种

高乔木、中乔木	赤松、青冈栎、罗汉松、小叶鸡爪槭、梅、日本厚皮香、茶梅、枝垂樱、小叶青冈、冬青、厚皮香、山茶
灌木、地被植物	冬红山茶、矮紫杉、钝叶杜鹃、皋月杜鹃、茶树、南天竺、柃木、紫金牛、阔叶山麦冬

082

充满自然趣味的茶庭

茶庭重视实用之美，为了突出自然的感觉，尽量避免使用那些过于夸张的花卉及园艺品种。

野山之趣

茶庭是和风庭院中的一种样式，也是茶室（行茶道的地方）的附属庭院。茶庭中有一条引导人们从外入内的路线，其中心构成被称为“露地”。露地可分为外露地、中露地和内露地，会把人们从大千世界渐渐地引入到茶的清静世界中去。

与其说茶庭是用来鉴赏的，不如说它既可供鉴赏又非常实用。茶庭被称为“市中山居”，尊重自然的野山趣味。园路两边种着杂木，庭院绿化的主体为山中常见的常绿阔叶树或常绿针叶树。尽量避免选择那些开着大花、有刺鼻香气的、园艺品种等植物，也要尽量避免植物种类过多或种植过密。只要有效地控制好绿量，就能使空间整体简洁、明快。

在选择杂木时，可以考虑山中常见的枹栎、齿叶冬青、槭树、西南卫矛等树木，树下可以种植若竹类的地被植物加以覆盖。山中常见的常绿阔叶树有山茶、冬青、青冈栎等；针叶树有杉树等，这些树常被用在茶庭中。

乔木的高度要控制在 4m 以内，可以选择茶花；中乔木可以选择木槿、青荚叶；灌木可以选择柃木等花朵不是很显眼的；草本可以选择桔梗、忘都菊等，这些植物都可以重点考虑。

不同流派的考虑

步道上配置“飞石”（汀步石），为了行走方便，其周边基本不种植物。需要特别注意的是，根据不同流派，蹲踞及迎客设施等设置会有些不同，尤其是蹲踞旁的景石及中门附近“飞石”的摆放方式都会有所不同。

最近，与独立的茶室相比，茶室与住宅的和室兼用的案例不断增多。如把住宅的玄关兼用为茶室的“寄付（喝茶前，等待的空间。同后面的“待合”）”；把茶室中的“待合”简化为仅作石铺的空间，在主人行茶事时可放置简单的用具等。这些改变都是以实用目的为主，把日常的生活起居与主人的茶道观融为一体而形成的。

露地：指通往茶室的路上营建的庭院。根据内露地与外露地的特点，按照“幽寂枯淡”等原则进行建设。
庵：指隐居者简朴的居舍。自平安时代末期开始，隐居于山中成为一种理想的生存模式，同时也体现了一种美的意识。
飞石：在“露地”中铺设的石头汀步，既有景观上的美感又可供步行使用。

茶庭的构成

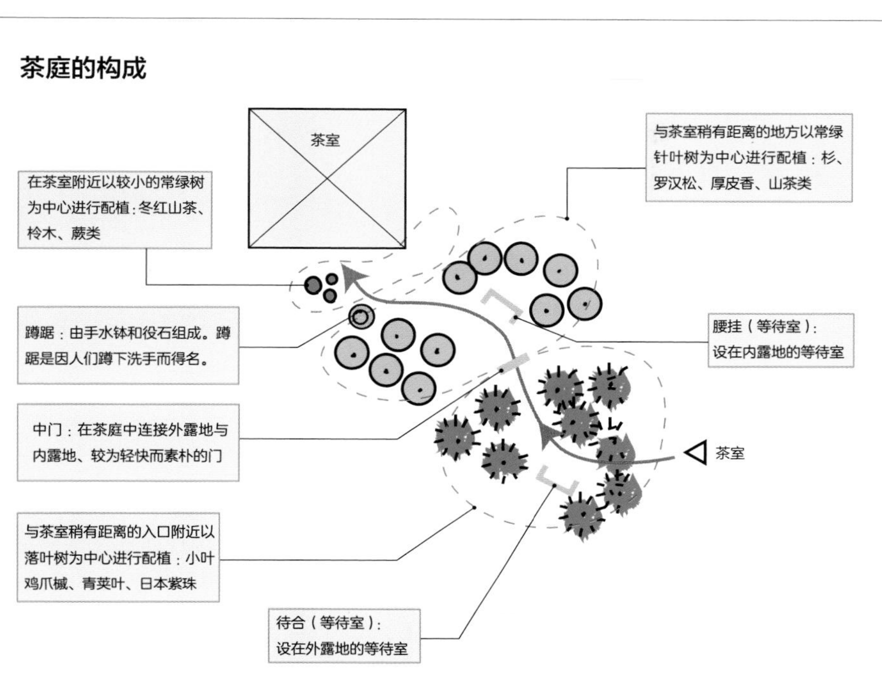

茶庭的配植

茶庭的庭院，给人一种从乡村到大山的诱惑感，所以在树木的配置上一定多多用心

役石：指飞石（步石）或石组。无论是功能还是外观上都起到非常重要的作用。
腰挂待合（等待室）：进入露地后、等待亭主迎接期间的等待场所。带屋檐，前面是空地，在座凳前放置贵人石、诘石等役石。

083

北欧风格的庭院

以常绿针叶树为主体，在树木下面覆盖地被植物，让整体空间显得干净、利落。

常绿针叶树为主体的空间构成

以瑞典、芬兰、挪威等国家为代表的北欧圈，有着比日本的北海道还严寒的气候，那里的树木都非常耐寒。像樟子松、白桦、日本冷杉一样高大的乔木种类很少，自然植被也不如日本多样。

北海道的自然植被是以鱼鳞云杉、库页冷杉等亚寒带针叶树林为中心，这些树木也常被用于庭院的绿化中，而北欧风格的庭院恰恰正需要这种常绿针叶树。

选择与气氛吻合的树种及配置方式

适合北欧风格庭院的常绿针叶树包括欧洲云杉等云杉类，还有日本冷杉、台湾云杉等，而常绿针叶树中的罗汉松类则不太适合。红松虽然整体形象适合和风庭院，但是与其近似的树种、不经过修剪的话却也适合在北欧风格的庭院内种植。如长着青铜色叶子的北美云杉，便能很好地烘托出北欧的风情。

常绿针叶树中的北美红杉和北美香柏虽然原产于北美，但是与北欧风格也非常吻合，所以也不妨把它们组合或搭配在一起种植。

树木下面不适合种植灌木，适合配植草坪、地被植物、雪铃花等球根植物。此外，像铺地柏一样的针叶树也可以当作地被植物来种植。

常绿针叶树的自然树形为圆锥形，是一种不用修饰的几何形状。因此，无论是随意配置还是等距配置，在绿化设计方面均可得到较好的景观效果。在开口部间隔相等或建筑物主体呈规则、对称的情况下，建议采用等间隔的配植方式；反之，则可采用树木高低、大小参差不齐的方式进行配植。

北欧风格的庭院的植物配植

①对称形的配置

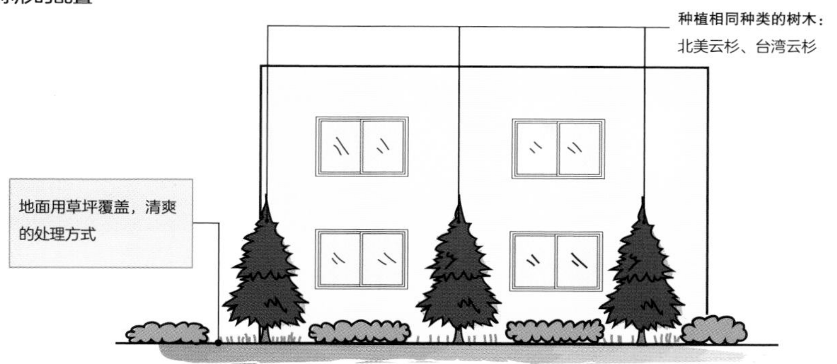

配合规则的建筑物，树木的选择与配植也要有规则。

②不对称形的配置

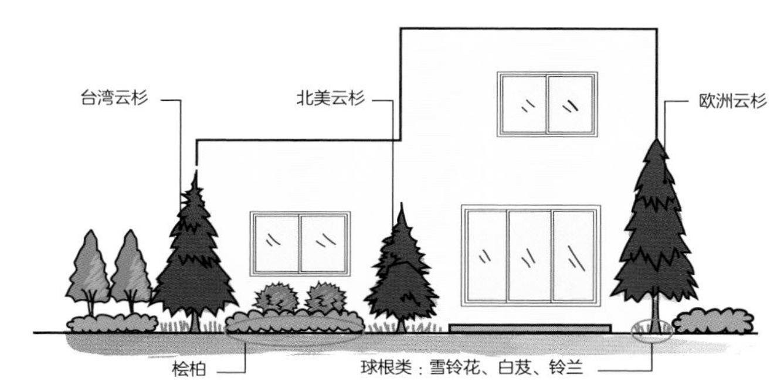

当建筑物的开口部或建筑形式为不规则的形状时，可以进行没有规律的、无序的配植。

欧洲云杉：松科云杉属的常绿针叶树

适合北欧风格庭院的树种

高乔木、中乔木	台湾云杉、东北红豆杉（紫杉）、北美红杉、欧洲云杉、北美香柏、雪松、北美云杉、日本冷杉
灌木、地被植物	石南科（石楠荒原）、西拉葡萄、铃兰、雪铃花 西洋芝、桧柏

084

地中海风格的庭院

地中海风格的庭院是以柑橘类和细叶树木为主进行配植的。整体空间要保证良好的通风及日照条件，给人以干爽的感觉。

以细叶树种构成

近年来，随着热岛效应及地球温暖化等问题的出现，以东京为首的城市中心部，开始在室外种植那些以前仅在温暖地区种植的树木。

如柠檬等柑橘类的树木和橄榄树等都是代表性树木，正因为这些树木的使用，南欧及地中海风格的庭院也开始流行起来。

说到地中海风格的庭院，主要是以常绿阔叶树为主构成。因为这些树木生长在比较干燥的地区，所以很少有能开出大量花朵的树木，相反以长着又厚又细叶子的树种居多。

在建造地中海风格的庭院时，要营造出有着良好通风环境和洒满阳光的氛围。建议选择橄榄、银荆（合欢）、迷迭香、薰衣草、一串红等树种为宜。

地中海风格的花色及柑橘类

橄榄及柑橘类的树种几乎不会长得很大，所以建议选择 2m 左右高的种植树。银荆（合欢）长大后是不能移植的，需要格外注意。在种植当初，可能它的树高仅约 1m，3 年后大概会长到 3m 高、冠幅也在 3m 左右。大概 6 年左右就要成长 1 倍以上。所以在种植的时候就要考虑这些因素。

柑橘类的树木可以选择柠檬或橙子等，在耐寒性较差的条件下，可以选择结黄果实的日本夏橙或金柑来代替。

灌木及地被植物也可营造出地中海风情的氛围，可以选择迷迭香、薰衣草、鼠尾草类的植物进行混合搭配。此外，把这些灌木、地被及草本类植物的花色定下来为好。如基本的花色不是以红色为主，而是以白色、紫色或黄色为主，这样更能体现出地中海的风情。

地中海风格的庭院的配植

①立面

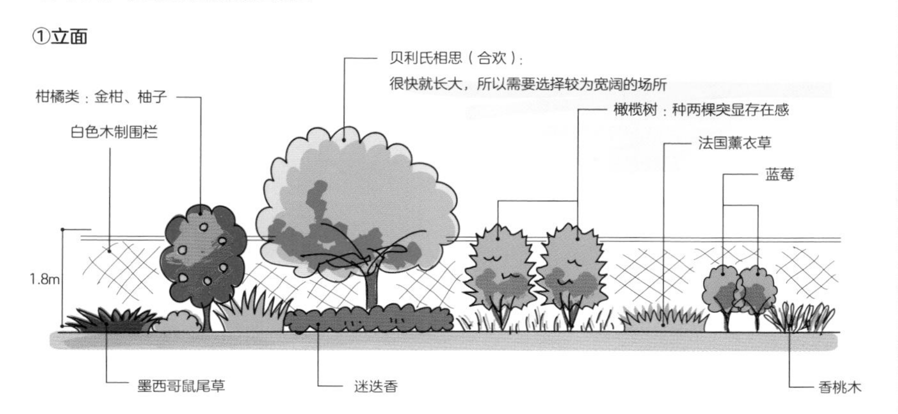

②平面

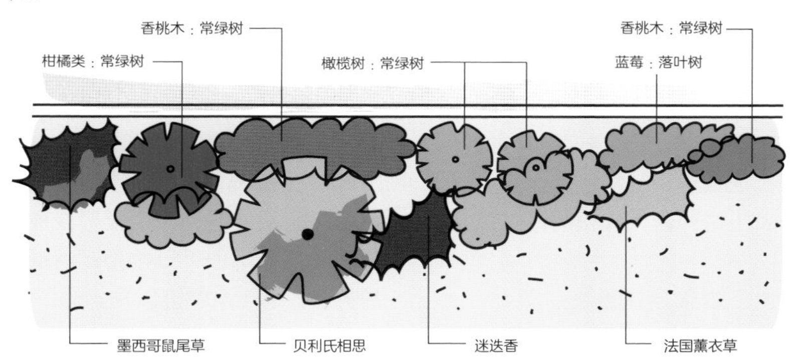

地中海风格的庭院是以常绿树为主体构成的。并不建议种植大叶及大花的树种，要选择叶子较为细小的树种。

迷迭香。唇形科迷迭香属的常绿灌木

适合地中海风格庭院的树种

高乔木、中乔木	橄榄树、金柑、贝利氏相思、石榴、日本夏橙
灌木、地被植物	香桃木、深蓝鼠尾草、墨西哥鼠尾草、大叶醉鱼草、法国薰衣草、蓝莓、薰衣草、迷迭香

085

南洋风格的庭院

以常绿的大叶树种为主。注意不要种植过密，要确保一定的空间。

利用常绿的大叶树

我们常看到一些酒店把度假设施或餐厅打造成南洋（东南亚）风格的建筑。近年来，越来越多的住宅也会在客厅等空间内采用这种让人放松的南洋风格的设计。

如果室内采用这种南洋风的设计，最好室外的庭院也能保持与其一致的风格。而南洋风格的庭院不是要建一个热带雨林，而是要选择好具有热带风情的植物种类及数量，并且要控制好种植的密度。

尽管城市的温度在逐年升高，但也不代表所有的室内观叶植物都适合种到户外。所以在选择植物的种类时，既要考虑它们能体现热带风情，也要考虑它们要能够在户外生存。

总之，南洋风情的庭院氛围，主要靠常绿的大叶树种来烘托。

树木间要留有一定的距离

从相对低矮的乔木、中乔木、灌木及地被植物中各选择 1 ~ 2 种进行种植搭配。注意一定要保持好彼此的距离，留出一定的空间，否则就会变成热带雨林了。高乔木中可以选择相对低矮的三裂树参，中乔木中可以选择椰子、芭蕉、苏铁及有着掌形叶的棕榈及八角金盘等。此外，在日本本州的山里常见的凤尾竹（与地下茎生长的竹子不同，是树形高大的一种竹子）也非常适合。

在配植上，从乔木到地被，任何空间都要铺满植物。地被植物不要选草坪，可以选择叶子较大的一叶兰、叶子会发黑变色的黑麦冬和野芝麻等种类，将地面完全覆盖起来。

使用藤蔓或攀藤类植物，可以按照 25 株 /m^2 的标准密植。

南洋风格的庭院的配植

①立面

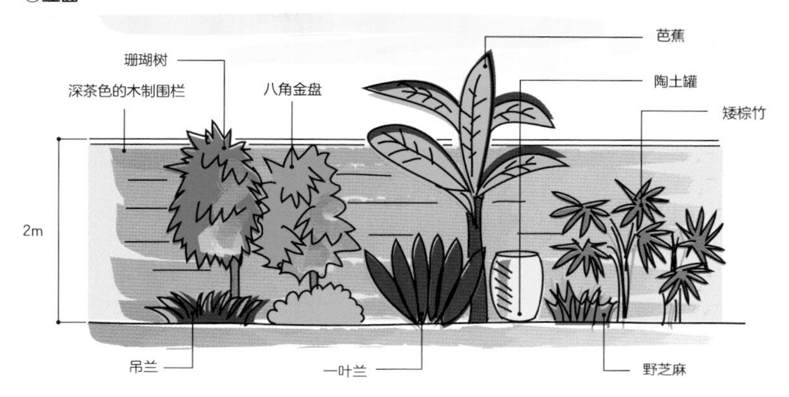

②平面

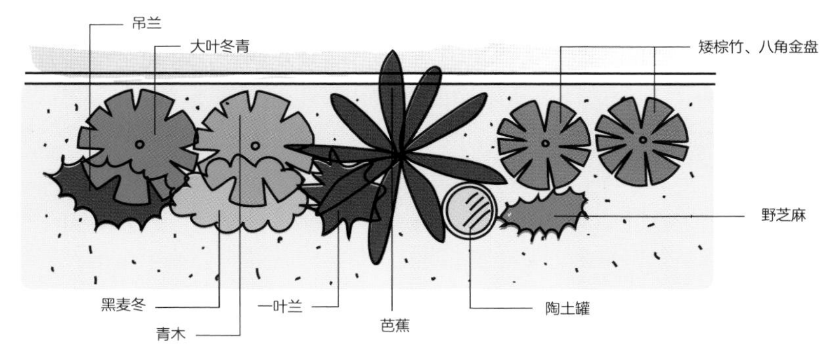

选择常绿的大叶树种是重点。

迷迭香。唇形科迷迭香属的常绿灌木

适合南洋风格的树种

大乔木、中乔木	青木、通脱木、珊瑚树、棕榈、矮棕竹、苏铁、广玉兰、大叶冬青、韦氏棕榈、芭蕉、八角金盘、交让木、华盛顿椰子
灌木、地被植物	井栏边草、火焰南天竺、吊兰、菱叶常春藤、黑麦冬、一叶兰、常春藤、贯众、野芝麻类

第5章 不同主题的种植

086

热带风格的庭院

种植是主角，充分活用色彩鲜艳的花与果实，营造热带雨林般量感十足的视觉效果。

热带雨林的印象

具有民族特色的庭院一般是靠客厅与每个房间的关系来进行植物配植的，而南洋风格庭院的主角就是种植。为了营造出热带雨林的氛围，一定要注意满足植物的数量。从乔木到地被植物，最好把形态不一、色彩鲜艳的开花和结果的品种进行混合搭配。

热带植物若在屋外种植的话冬天会枯萎，最好选择生长在日本温暖地带的常绿树，让整个一年都充满绿意盎然的氛围。树叶从圆形、细形到掌形，树形从苗条的到粗壮的等，要选择丰富的树种进行搭配。

多种类树木的组合

八角金盘或棕榈等树叶为羽状且大型的树种能够营造出热带雨林的氛围；大叶冬青也因其拥有草履状的树叶及丰满的量感而格外符合热带雨林的气氛；树叶较小却有光泽的光蜡树也是不错的选择。

青木的花、红色的果实及带斑点的叶子也能突显南洋的风格，若再能种植 1 棵让人联想到香蕉的芭蕉树将更加完美。

原产于新西兰的新西兰麻非常耐寒，因其拥有色彩丰富的红叶品种，将会成为庭院的亮点。

虽然不是常绿树，但是作为扶桑花的同种、夏季开艳丽鲜花的木槿及木芙蓉也与整体氛围非常吻合。

结果实的琵琶树若能作为庭院的背景，栽植在庭院整体的后面也将十分和谐。

灌木及地被植物中，选择如栀子花一样、树叶有光泽的树种或如紫金牛一样、结果实的树种也非常理想。地被植物中，选择野芝麻类或白背爬藤榕等藤蔓类植物攀爬在中乔木等树木上，更能突显南洋的氛围。

热带风格的庭院的配植

①立面

②平面

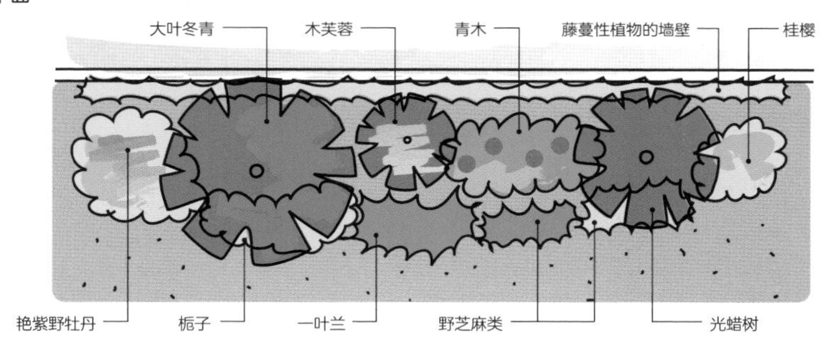

从乔木到灌木，用各种各样形状的树木营造出视觉上的量感。把色彩鲜艳的开花植物和结果的树种混植是要点。

野木瓜。木通科野木瓜属的常绿藤蔓性植物

适合热带风情庭院的树种

大乔木、中乔木	青木、光蜡树、棕榈、大叶冬青、芭蕉、八角金盘
灌木、地被植物	栀子、艳紫野牡丹、桂樱、新西兰麻、一叶兰、木芙蓉、紫金牛、野芝麻类
藤蔓植物	白背爬藤榕、菱叶常春藤、常春藤类、野木瓜

087

中南美风格的庭院

以仙人掌、多肉植物、中南美及澳大利亚原产的树种为中心，营造较为干燥的空间环境。

中南美风格的干燥庭院

中南美洲的地形复杂、景色多样，给人留下较为深刻印象的是如仙人掌类的、在干燥环境中也能顽强生长的植物。

与南洋风格庭院的湿润氛围不同，中南美洲风格的庭院虽然也使用热带植物，却给人以近乎干燥的印象。在草坪中，或是植入椰树，或是配植南洋斑杉和美国鳞杉等不同树形的针叶树，或是配植一些适合在恶劣条件中生存的仙人掌类植物，便可营造出中南美洲的氛围。

保证日照与水分是要点

椰树中有华盛顿椰和加那利椰等品种，在日本亦可植于户外。仙人掌类，则很难在日本的户外越冬，只能用容器种植，以便冬季移入室内。最近人们常使用南美原产的菲油果，花和果实都极具观赏性。只要日照条件好，几乎不会发生病虫害，管理起来相对容易。

中南美原产的树木有很多不适应日本的气候条件，如红千层是澳大利亚原产的植物，喜干燥环境，且与庭院风格容易吻合。如果考虑到耐干旱的话，八宝景天类或景天类的多肉植物也是不错的选择。

形状奇特的针叶树也常被用于营造中南美洲风格的庭院中，如异叶南洋杉、智利南洋杉等。但由于这类树的的树形十分特殊，很难与同样大小的其他树种搭配。可将其作为形象树处理，再搭配上适宜的灌木及地被植物。

中南美洲风格的庭院所使用的树木都非常喜爱阳光，故而充足的日照是其绿化的最重要条件。同时，为了确保土壤中的水分充足，最好在种植土中混合些沙子。

中南美风格的庭院的配植

①立面

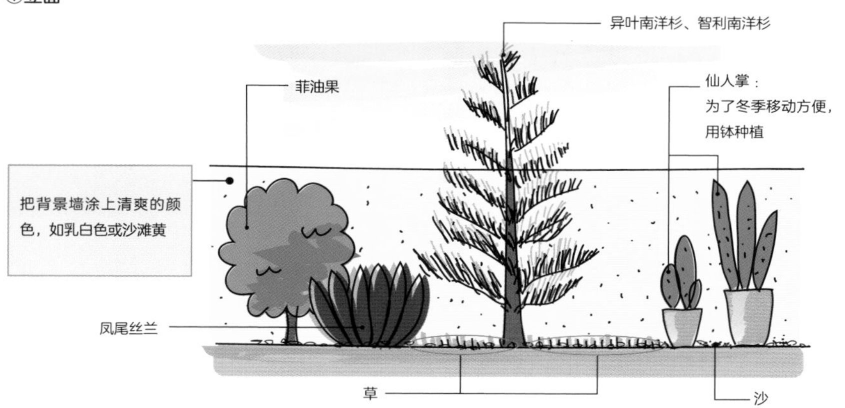

②平面

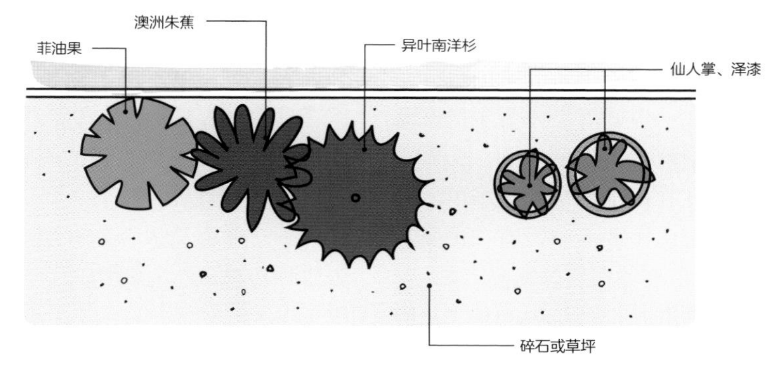

以仙人掌等有较为干燥印象的树种为中心进行配植

菲油果。金娘科、菲油果属。常绿中乔木

适合中南美风格庭院的树种

大乔木、中乔木	大乔木、中乔木：加拿利海枣、异叶南洋杉、菲油果、智利南洋杉、华盛顿椰子
灌木、地被植物	凤尾丝兰　、虎尾兰、矶菊、仙人掌类、草、景天类、泽漆、澳洲朱蕉、八宝景天

第5章 不同主题的种植

088

种植山野草的庭院

山野草适合种在杂木的树荫下，并且要把复数株数的山野草一并种植 3 株以上，以保证视觉饱满。

不同的树种，管理起来很困难

以杜鹃和松树等树木为主的庭院中很少种植草花，但是以杂木为主的庭院中，草花渐渐地为人们所使用。山野草通常是指长在日本山野中的草本的、低矮的灌木。很多园艺店中设有“山野草专柜”，受到很多消费者的喜爱。

需要注意的是山野草中的很多品种是很难栽培和管理的，包括路边和山头那些看似随意生长的野花、野草也会因为日照、水分等条件的变换而枯死，所以一定要真实再现这些植物适宜生长的环境，才能确保它们很好地成活。另外，对于宿根草的处理也需要格外注意，因为它们在夏季或冬季，地上的部分会枯死，所以要用置石加以覆盖，并且要做好记号。

难耐夏日直射的日光

大部分山野草的显著特点是在春秋季节很繁茂，但夏季却很少开花。很多山野草非常惧怕直射的夏日，如玉簪类、堇菜类等要种在春天也有树荫的常绿树下，而大吴风草和杜鹃草类的植物则要种在秋天也有树荫的落叶树或常绿树下。

由于单株的山野草太不显眼，至少要种 3 株以上才好。尤其是对于那些随着季节地上部分枯死的山野草来说若种植在灌木旁的话，至少看起来不至于那么可怜。

东北堇菜类等植物，人们可以享受每年撒播种子的乐趣，也可以每年选择状态好的小苗进行更换。

此外，山野草喜欢肥沃的土壤，在种植土中最好加些腐叶土。

使用山野草建造的庭院的配植

①立面

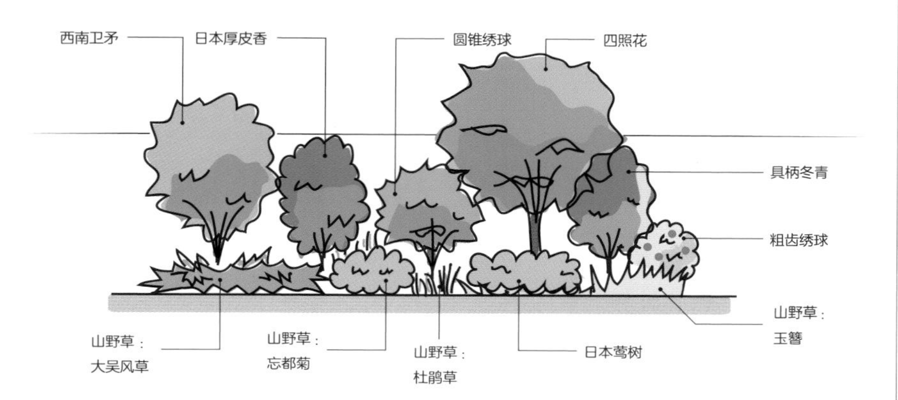

②平面

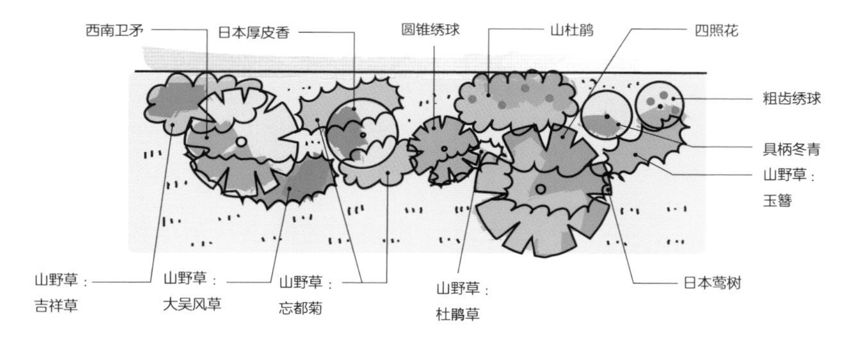

栽植山野草时，要选择以杂木为中心的树种，在脚下要一并种植 3 株以上。

忘都草、菊科、紫菀属的多年草，春季开紫花

适合在庭院种植的山野草

春季开花	溪荪、一轮草、短柄野芝麻、燕子花、玉簪、东北堇菜、鹅掌草、忘都菊、荷青花
夏季开花	多叶蚊子草、三白草、掌叶兔儿伞
秋季开花	败酱、吉祥草、大吴风草、杜鹃草、竜胆

089

有菜园的庭院

要考虑日照条件、工作效率及视觉效果等因素来种植菜园，若能活用壁面将会更加节省能源。

乐享收获的花园

近年来，越来越多的人开始利用庭院中空余的地方来种菜。只要有 $1m^2$ 左右的空间即可种菜，所以非常方便，我们可以把“乐享收获”作为菜园的主题来考虑种植内容。

一般来说，蔬菜类的植物都喜爱阳光，所以在日照好的地方种菜是首先要考虑的。其次，肥料和腐叶土等土壤条件也必须要确保。只有薄荷类的植物对土壤的肥沃程度没有什么要求。

建设菜园时，最好先把种植时需要的支架或收获时需要的空间等设计好。在种植蔬菜时，土或叶子等难免会把场地弄脏，所以设计这些空间时一定要考虑便于清扫。西红柿、茄子、豆科的植物都不喜欢连耕，所以要确保土壤便于更替的条件。

此外，要考虑堆肥及劳作工具等置放的场所，以便循环使用，避免浪费。还需注意的是，由于肥料的使用等会产生臭气时，要考虑与邻居间的距离，以不要影响到别人为好。劳作用具也要就近置放。

完美的收获及壁面活用

种上蔬菜的庭院，远看起来会显得杂乱，所以最好在庭院周边进行绿化。

像英国修道院的庭院周边一样，可以使用低调的、与整体氛围和谐的红砖墙或枕木、常绿灌木（小叶黄杨、龟甲冬青等）来修饰菜园的周边。

此外，还可以活用日照条件好的壁面。如在壁面上设置格栅，种上苦瓜、丝瓜等攀藤类蔬菜，这样既可以享受夏日收获的乐趣，也可以通过壁面绿化达到降温减排的效果。

菜园的设计

在菜园中可种植的蔬菜（较为简单的）

食叶类	意大利芹、空心菜、小白菜、紫苏、茼蒿、根达菜、青梗菜、菠菜、罗勒、芹菜
食果类	草莓、大豆、南瓜、玉米、茄子、小番茄
食根类	红薯、长羽裂萝卜、胡萝卜、四季萝卜

090

孩子们喜爱的庭院

挑选一些花、果实、叶子有显著特点的树种来种植，一定要避免有毒及带刺的植物。

可让孩子们快乐的树种

对于有孩子的家庭来说，庭院中除了种树外，最好还有一些可以玩耍的空间。供孩子们活动的场地，可以用铺装覆盖，也可以种植草坪（请参照 214 ~ 215 页）。但是如果草坪经常被踩踏的话会变得很弱，所以建议那部分可以用加固的土地来代替铺草坪。

为了让孩子们玩得高兴，可以选择一些花、果实、叶子有显著特点的树种，孩子们在玩耍时可把它们加入到游戏的内容中去；也可以种植一些能吸引蝴蝶和金龟子飞来的树木；还可以选择一些如壳斗科的栎树类（小叶青冈、青冈栎）、栎树类（枹栎、麻栎）等结橡果子的树等。椎栗结的果子加热后可以食用，而有着奇特造型的叶子和花朵还可以用于压花创作。

孩子们喜欢爬树，为了迎合他们的这些爱好，必须要选择树枝粗壮、不易折断且树皮不会伤人的树种。樟树、大叶朴、榉树等比较符合这些条件，但是由于这些树木都较为高大且冠幅也会扩张，所以不适合小空间种植。还有，如果临近住宅的 2 楼开口部，还容易“引狼入室”，坏人会爬进来，所以一定要多加注意。

避免种植有毒的树木

在选择庭院的树种时，我们要极力避免选择那些有毒的，或是会招来对身体有害虫子的树种。如山茶花树就很容易招来茶毛虫（对身体有害的代表性虫子），特别是有孩子的家庭，一定不要选择这样的树种。另外，还需要避免一些带毒的植物，如夹竹桃、日本茵芋、日本莽草、木本曼陀、马醉木、野茉莉、羊踯躅等等，这些树木的枝叶及果实都有一定毒性，不适合孩子接触。

孩子们喜爱的庭院的配植

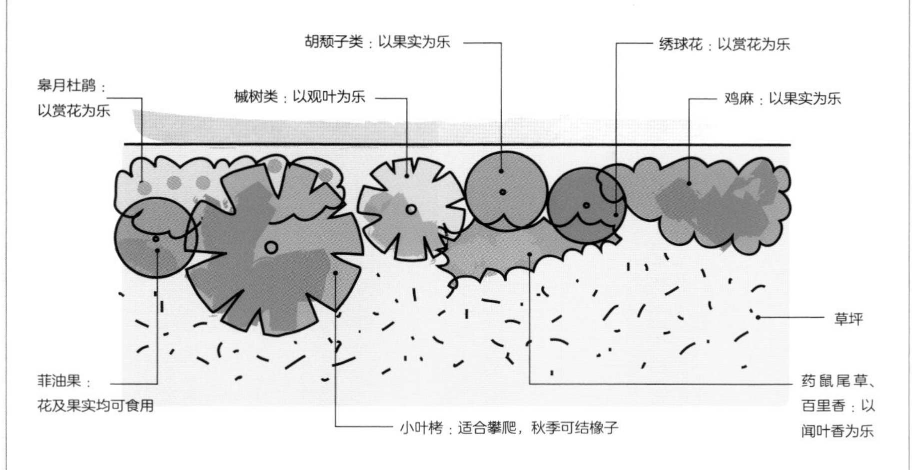

营建让孩子们喜爱的庭院，关键是要选择一些叶子、花及果实有特点的树种。

可让孩子们喜爱的树种

	乔木、中乔木	灌木、地被植物
以花为乐的	梅、樱花类、艳紫野牡丹	八仙花、杜鹃类
以果为乐的	1. 游戏素材（橡果等） 青冈栎、麻栎、枹栎、小叶青冈、椎栗、无患子 2. 可食用的 山杏、梅、柿树、金柑、桑树、加拿大唐棣、日本夏橙、琵琶、山荆子	1. 游戏素材（色彩斑斓等） 青木、白棠子树、鸡麻、薏苡、草珊瑚、丝瓜、朱砂根 2. 可食用的 日本莺树、猕猴桃、胡颓子、葡萄、蓝莓、毛樱桃
以叶为乐的	小叶鸡爪槭、柞栎、棕榈、八角金盘	菱叶常春藤、大吴风草、地锦

对于孩子们来说危险的树种

	乔木、中乔木	灌木、地被植物
带刺的	食茱萸、枳树、胡椒木、刺楸	蓟类、菝葜、日本云实、野蔷薇、玫瑰、日本小檗
有毒的	东北红豆杉、野茉莉、夹竹桃、日本莽草	马醉木、木本曼陀、铃兰、毒空木、莫罗氏忍冬、日本茵芋、羊踯躅

091

小鸟来玩耍的庭院

要点 在人与小动物较难接近的地方，种植鸟类喜欢的开花及结果的树木。

开花及结果的树木都会引得鸟儿来聚集：

只要庭院中栽植了很多树木的话，就会有很多生物汇集过来，特别是有了果树和花木，会吸引小鸟儿飞来嬉戏与觅食。我们把吸引小鸟儿飞来的树木称作为“食饵树”，它们也是连接鸟儿与树木之间生态关系的重要媒介。

人们觉得果实美味，鸟儿自然也是如此认为。如苹果在青涩时，鸟儿不大喜欢来吃，但是待到果熟肉甜时，小鸟就会飞来享受美味了。但与人类不同的是，那些人类认为不是很好吃，甚至吃了会拉肚子的果实，有时也会成为鸟儿们的食物，尤其像柃木一样的树木会有很多种类的鸟汇集在其周围。

除了果实外，还有些鸟儿喜欢吃虫，在某种程度上抑制了大规模虫害的发生。所以我们倡导尽量不喷洒或少喷洒防虫药，以确保维持一个小鸟能够飞来的生态环境。

此外，开花时，有些鸟儿还喜欢飞来吸吮花蜜。春天开花最早的梅花吸引来的是莺歌鸟，正如“梅莺相伴”所形容的，鸟儿在庭院树木上飞来飞去的样子，自古以来就是人们熟悉的景象。所以，如果把能开出鲜艳的花朵和结出甜美果实的树木栽植在庭院中心的花，就会吸引很多鸟儿来聚集。

吸引鸟儿的注意事项：

凡是人来回走动、猫频繁出现的场所都是鸟儿警觉的地方。还有就是鸟儿会排泄粪便，所以晾晒衣物时要避免树枝下面等地方为好。此外，乌鸦喜欢在常绿的、高大而浓密的树上筑巢，所以讨厌乌鸦的人可以选择种植落叶树或是把树木修剪得低矮一些。还有就是常听说樱花季会引来大批的红腹灰雀来吃樱花，所以最好把钓鱼绳绑在树枝上，以防这种现象出现。

※ 如果没有“食饵树”的话，也可以通过设置“喂食台”和“喂水台”来吸引鸟儿们前来。

果树配置的注意点

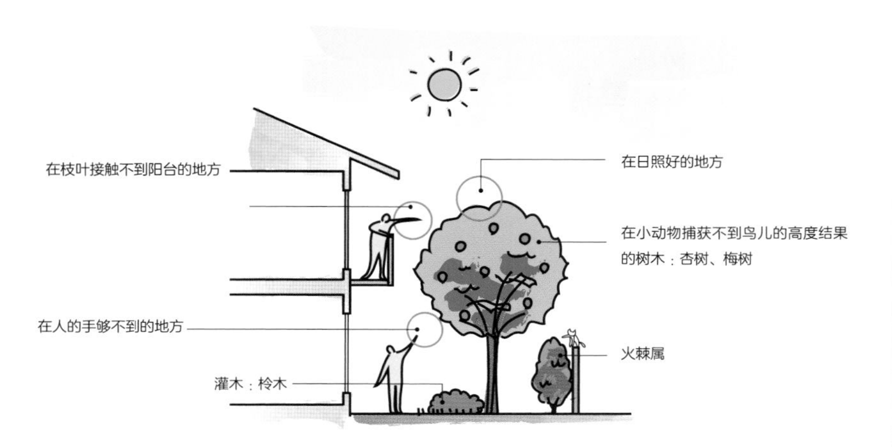

适合种植的果树及汇聚的鸟类

树木	鸟
樟树	赤胸鸫、灰喜鹊、乌鸦、山斑鸠、灰胸竹鸡、斑鸫、栗耳短脚鹎、灰椋鸟、暗绿绣眼鸟、铜长尾雉、连雀
铁冬青	赤胸鸫、松鸦、绿雉、灰胸竹鸡、白腹鸫、斑鸫、栗耳短脚鹎、连雀
大叶黄杨	赤胸鸫、金翅雀、绿雉、灰胸竹鸡、北红尾鸲、白腹鸫、斑鸫、栗耳短脚鹎、铜长尾雉、连雀
柃木	日本绿啄木鸟、赤胸鸫、灰喜鹊、乌鸦、金翅雀、绿雉、山斑鸠、灰胸竹鸡、北红尾鸲、白腹鸫、斑鸫、栗耳短脚鹎、三道眉草鹀、绿头鸭、暗绿绣眼鸟、铜长尾雉、红胁蓝尾鸲
红松	日本绿啄木鸟、松鸦、金翅雀、绿雉、山斑鸠、灰胸竹鸡、苍背山雀、麻雀、斑鸫、栗耳短脚鹎、三道眉草鹀、黄雀、山雀、铜长尾雉
东北红豆杉	日本绿啄木鸟、松鸦、金翅雀、锡嘴雀、白腹鸫、斑鸫、栗耳短脚鹎、山雀、连雀
水蜡	赤胸鸫、灰喜鹊、绿雉、苍背山雀、斑鸫、栗耳短脚鹎、暗绿绣眼鸟、铜长尾雉
日本莺树	灰喜鹊、松鸦、乌鸦、山斑鸠、小灰椋鸟、栗耳短脚鹎、灰椋鸟
刺五加	大斑啄木鸟、赤胸鸫、绿雉、山斑鸠、小灰椋鸟、斑鸫、栗耳短脚鹎、黄雀、灰椋鸟
野茉莉	松鸦、乌鸦、金翅雀、绿雉、山斑鸠、灰胸竹鸡、锡嘴雀、白腹鸫、斑鸫、栗耳短脚鹎、灰椋鸟、暗绿绣眼鸟、山雀
大叶朴	赤胸鸫、灰喜鹊、松鸦、灰胸竹鸡、小灰椋鸟、锡嘴雀、白腹鸫、斑鸫、栗耳短脚鹎、灰椋鸟、暗绿绣眼鸟、连雀
柿子树	赤胸鸫、灰喜鹊、乌鸦、绿雉、灰胸竹鸡、苍背山雀、锡嘴雀、斑鸫、栗耳短脚鹎、灰椋鸟、暗绿绣眼鸟、连雀
荚迷	日本绿啄木鸟、灰喜鹊、绿雉、山斑鸠、灰胸竹鸡、北红尾鸲、斑鸫、栗耳短脚鹎、铜长尾雉
桑树	赤胸鸫、灰喜鹊、乌鸦、山斑鸠、小灰椋鸟、白腹鸫、栗耳短脚鹎、灰椋鸟、暗绿绣眼鸟
黑松	金翅雀、绿雉、山斑鸠、灰胸竹鸡、苍背山雀、白腹鸫、麻雀、三道眉草鹀、山雀、铜长尾雉
山茱萸	灰喜鹊、乌鸦、金翅雀、绿雉、山斑鸠、小灰椋鸟、北红尾鸲、栗耳短脚鹎、暗绿绣眼鸟、红胁蓝尾鸲
染井吉野樱	赤胸鸫、红腹灰雀、灰喜鹊、松鸦、乌鸦、绿雉、山斑鸠、小灰椋鸟、苍背山雀、栗耳短脚鹎、灰椋鸟、暗绿绣眼鸟、山雀
野蔷薇	日本绿啄木鸟、赤胸鸫、鸳鸯、灰喜鹊、绿雉、山斑鸠、灰胸竹鸡、小灰椋鸟、北红尾鸲、白腹鸫、斑鸫、栗耳短脚鹎、灰椋鸟、铜长尾雉、连雀、红胁蓝尾鸲
糙叶树	赤胸鸫、灰喜鹊、乌鸦、绿雉、山斑鸠、灰胸竹鸡、锡嘴雀、白腹鸫、斑鸫、栗耳短脚鹎、斑鸫、栗耳短脚鹎、灰椋鸟、铜长尾雉、连雀
日本紫珠	赤胸鸫、红腹灰雀、灰喜鹊、金翅雀、绿雉、山斑鸠、灰胸竹鸡、白腹鸫、斑鸫、暗绿绣眼鸟

092

吸引蝴蝶飞来的庭院

要点 只要选择的树木在开花时有蝴蝶喜欢的花蜜，或是带有蝴蝶幼虫喜欢的树叶，蝴蝶都会欢快地飞来。

招来蝴蝶的庭院

只要庭院中种植了开花的树木，就一定会吸引一些小虫、小鸟等小生物前来。近年来，随着爱好蝴蝶的人们越来越多，“蝴蝶花园”也开始流行起来。所谓的“蝴蝶花园”就是在选择庭院植物时，重点考虑能吸引蝴蝶飞来的树种。

吸引蝴蝶飞来的树木要具备两个条件，一个是开花时有蝴蝶喜欢的花蜜，一个是有能让蝴蝶的幼虫附着产卵的树叶。所以，在为“蝴蝶花园”选择树木时，有蝴蝶成虫喜欢的花蜜，和蝴蝶的幼虫可以当饵料的树叶是两个基本要素。

蝴蝶的种类及喜爱的植物

春季，盛开的百花会吸引来种类繁多的蝴蝶。其中，具有代表性的蝴蝶要数菜粉蝶。这种蝴蝶喜欢十字花科的植物，所以庭院中的菜园可以种上十字花科的油菜花、长羽裂萝卜和甘蓝等蔬菜。

此外，芸香科的植物能招来凤蝶；伞形科的植物能招来金凤蝶；樟树能招来青凤蝶（产卵）。若能把这些植物引进庭院，蝴蝶自然就飞来了。还有，大叶醉鱼草能开出带有蝴蝶喜欢的花蜜的花朵，被称为“Butterfly Bush”。它们呈房状的紫花或白花朵，花朵数量诸多，花蜜香气四溢。

营造让蝴蝶的幼虫便于成长的环境也尤为重要。蝴蝶的卵和蛹不太适应干燥的环境，所以尽量不要选择那些日照特强和通风过好的地方。

但是，虫卵一旦孵化成幼虫，瞬间就会去吃树叶，所以也要避免不要让过多的虫卵附着在树叶上，以免日后的幼虫会让树叶大量枯死，给树木带来灾难（请参照 80 ~ 81 页）。另外，蝴蝶喜欢的树木，蜜蜂和椿象等也会喜欢，所以这些树木不要集中种在门口处。

蝴蝶花园的配植

①立面

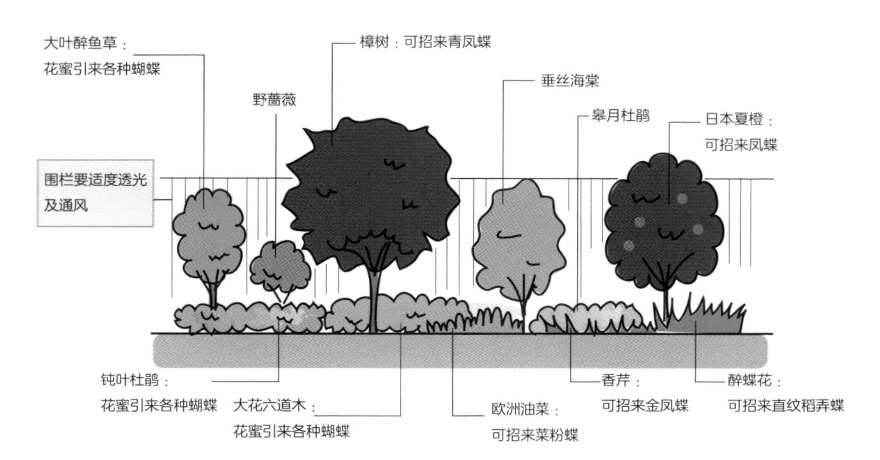

②平面

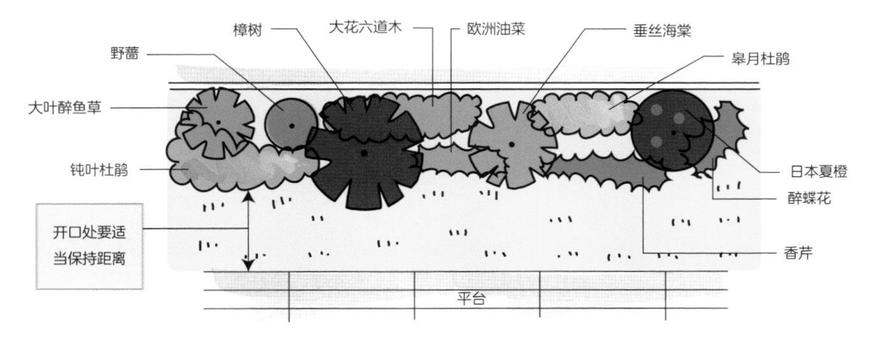

金柑、芸香科金橘属的常绿灌木，凤蝶喜欢吃芸香科的草

蝴蝶喜欢的树种

乔木、中乔木	灌木、地被植物	蔬菜
枸橘、柑橘类（日本夏橙等）、海州常山、樟树、臭常山、紫薇、垂丝海棠、大叶醉鱼草、木芙蓉、木槿	大花六道木、钝叶杜鹃、野葛、久留米杜鹃、皋月杜鹃、连翘	日本细辛类、甘蓝、醉蝶花、欧洲油菜、香芹

093

水池的种植

在培植水生及湿生植物时，要注意把握其生长形态及平衡，还要注意维持水质清洁。

各种各样的水生植物

人们可常在日本庭园的水池中观赏到游动的鲤鱼，但由于鲤鱼会吃水草，所以不建议直接把水草种在养鲤鱼的水池中。若水池中养些如青鳉鱼般的小型鱼的话，就可以直接种植水生植物了。这些水生植物除了可为小鱼提供隐身的场所，还可净化水质及防止水温上升。

水生植物包括浮在水面上的浮游植物、在水面上舒展叶子的浮叶植物及在地面上伸展茎叶的抽水植物等。在种植水生植物前，要充分了解它们各自的生长形态，并调整好生态的平衡。

维持水质清洁的要领

可在水深未满 1m 的水池底部的土壤中扎根并生长的水生植物种类很丰富。但是，几乎所有的水生植物都喜欢日光，若营造完全满足水生植物及湿生植物的环境，势必会造成这些植物的过度繁茂，所以要适当注意。

另外，夏天的水池由于水温升高，水质相对浑浊，常常会繁殖藻类。这时，就要在水中安装水泵，让水循环起来以确保水质的新鲜。还可以种植一些如芦苇、宽叶香蒲及开美丽黄花的黄花菖蒲来改善、维持水质。

如果池底有石头或混凝土的话，要把水生植物栽种在钵中并沉入水底；对于生长过于繁茂的水生植物也要栽种在钵中，以控制其生长速度；对于如凤眼蓝这样漂浮于水面上的浮游植物，就可直接栽种于水池中了。此外，在冬季，水生植物及湿生植物等水边生长的植物都会枯死，为了维持水质的清洁，要随时清除枯萎的部分。

水池的种植

①池底有土的情况

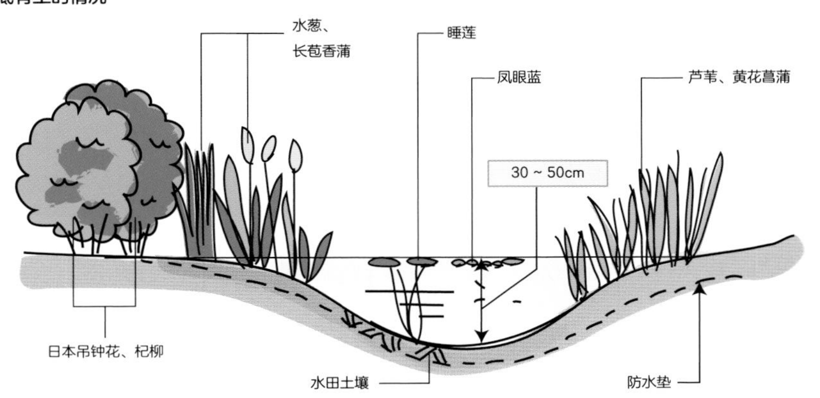

②池底是混凝土的情况

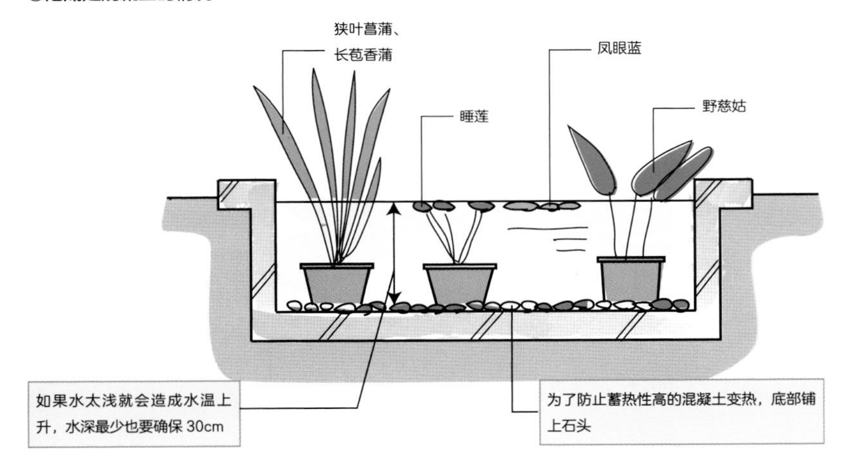

适合水池栽植的植物

	湿生植物	抽水植物	浮叶植物	浮游植物	沉水植物
树种名	燕子花、黄花菖蒲、黄莲花、狭叶白蝶兰、山梗菜、扯根菜、玉蝉花、日本青百叶、千屈菜、两裂狸藻	矮慈姑、野慈姑、宽叶香蒲、日本荷根、三棱水葱、狭叶菖蒲、睡莲、长苞香蒲、水葱、高笋、雨久花、黑三棱、睡菜、芦苇（芦苇）	荇菜、芡实、金银莲花、莼菜、萍、莲、丘角菱、睡莲、眼子菜	紫萍、狸藻、水鳖、凤眼蓝、貉藻	亚洲苦草、穗状狐尾藻、金鱼藻、水车前

094

营造生态环境

要点 营造植物和小动物、鸟类、鱼类、昆虫共生的水边环境，并进行适度管理。

有生态系统的庭院：

城市大规模的建设与开发带来了经济的发展，同时也带来了对自然与生态环境的破坏。为了重新构建身边的绿色生态环境，一度掀起了以“BioTops（生物生境）”为主题的运动。

“BioTops”来自希腊语，“Bio”指生命、生物，“Tops”指场所。由两个词语组合成一个词语，在德国被解释为生物社会的生息空间。

该词语在广义上是指人类聚居的场所中那些有着丰富自然环境的场所。如昆虫、鱼类、鸟类、小动物或飞来生物能够栖息的环境与场所。

在日本，“BioTops”主要指水鸟能游泳、蜻蜓能飞来的水边空间。实际上，生物生境不仅只是限定在水边，野外和树林都可以营造自然的生态环境。但是，如果是靠近水边的场所，多种多样的生物更容易栖息，所以从某种意义上来看，水池和水钵等水边环境更接近真正意义上的“BioTops”。

植物宜选择“原生品种”：

为了吸引各类生物前来安家，必须要为它们提供食物等供其赖以生存的条件。除了植物、水、石头、土等自然素材外，人工构造物也可以成为昆虫及鸟类的家园。

对于“BioTops”的管理，不应只停留在视线所及的地方，更应注重自然的管理方式，即营造生物适合生存的生态环境。在植物的选择上，不宜考虑园艺品种，而应考虑场地中土生土长的“原生品种”。

当然，生物的生活乐园中也会有不速之客来访，如那些不受欢迎的乌鸦、麻雀等生物也会跑来凑趣。所以在营造生物生境时，一定要全面考虑住宅周边的情况。

营造生态环境的配植

①立面

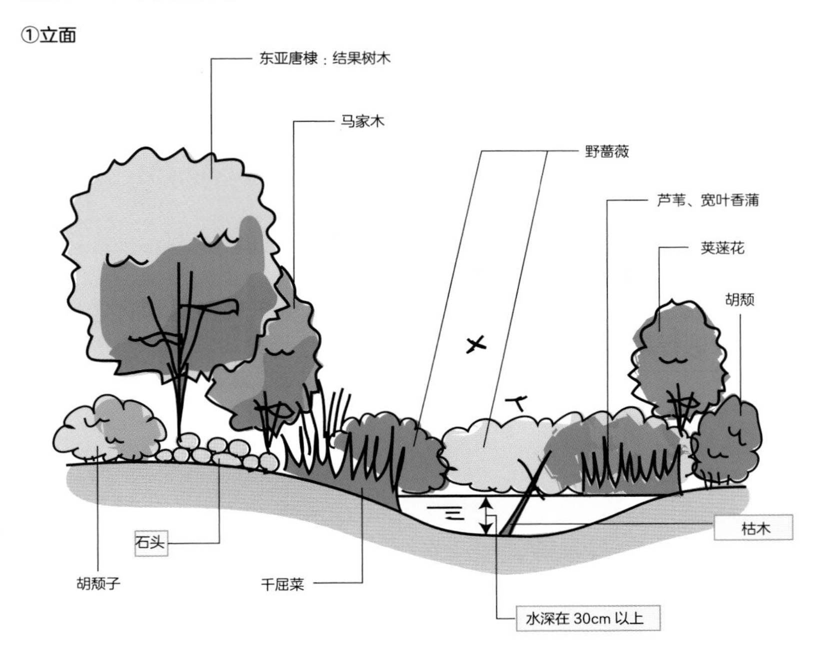

②平面

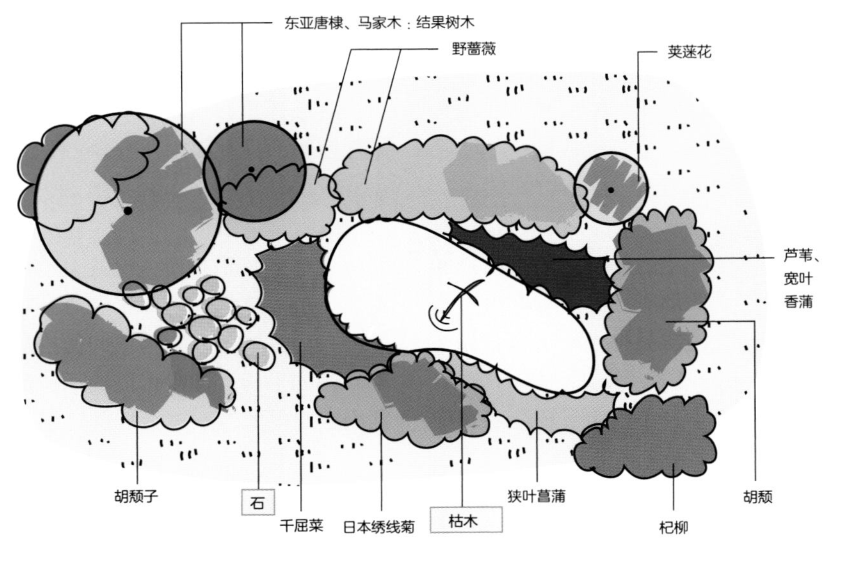

不仅种植树木，还要添加石头、枯木等物品，以确保生物生存环境的多样性。

095

迷你花园

在低矮或生长缓慢的树种中，选择那些尽管年轻但是却有老树风格的树木进行栽种。

活用低矮的树种：

在狭小的空间中，尽管加入了多种多样的植物品种，也不一定会有很好的景观效果。所以在空间受限的环境中，我们要更加严格地挑选植物的品种，并搭配适合的景观小品进行装点，营造出“迷你花园”的效果。

为了不破坏迷你花园的景观平衡，我们要在充分考虑植物的生长性后，选择那些低矮的或是生长缓慢的、尽管年轻但却有老树风格的树木进行配植。

有一种被称作“侏儒”的矮性植物，是突然变异而产生的品种，后经改良而让其维持矮小的形态。除了针叶树中常见的这些矮性植物品种外，还有一种树高约为 50cm、名为“矮紫薇”的植物。此外，如小栀子、小白棠子树等名字中带有“矮”和“小”字样的植物，都是因为其自身、叶、花都小的原因。

添加景观小品：

在迷你花园中，大叶植物会破坏整体的景观平衡，要尽量选择叶子小、开花小、结果小的品种。此外，如果植物品种过多的话，各种植物的生长速度不一，会破坏整体景观效果，所以建议尽量把植物的品种限定一下。

在迷你花园中，如果加入石头、照明、人偶等景观小品的话，就会令迷你花园更有空间感，而且视觉上也会显得更为宽敞。迷你花园除了要有一定的主题外，还要注意植物与空间的搭配及景观整体的平衡。如果可能的话，最好是利用空间中的空隙进行打造。

迷你花园的配植

①和风庭院

立面

平面

以常绿阔叶树、喜阴树种为中心（请参考 58 ~ 59 页）进行配植。

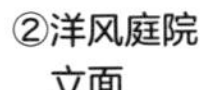

②洋风庭院

立面

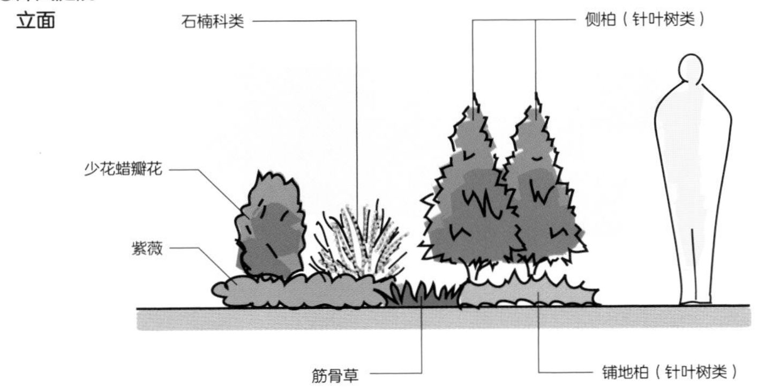

平面

以喜阳树种为中心（请参考 58 ~ 59 页）、混搭针叶树进行配植。

096

用有故事的树木营造庭院

用背后有故事的或有传说的树木作为象征树来设定庭院的主题。

象征树的选择

用于家庭或建筑的标识性的树木我们称之为“象征树”。“象征树”的树姿、花及红叶会随着季节的转换而改变面貌，所以我们在选择象征树时最好选择那些背后有故事或有传说的树木。

大部分树木的名字都能追溯其由来。尽管有些树木的名字很平凡、很普通，但背后也会有不一样的名字，并有着令人寻味的故事。

如春天开白花的日本辛夷，由于外形像拳头，所以得到与之相应的名称；夏天开粉花的紫薇，由于树干光滑得连猴子都爬不上去，所以又被叫作“猴滑树”；秋天以红叶闻名的马家木，由于叶子耐火，所以有放进火炉中烧 7 次都烧不尽的传说，因而得名。

传说的活用

树木名称的由来有很多故事，加上树木本身的性质，所以树木常常被当作一种“缘起物”（传说）被应用。

如海桐的叶及茎会散发出臭气，所以人们常把其枝干插在门上以表“除厄运”之意，而且种植在玄关周边也不错。交让木是因为新芽长出后老叶才掉，所以种植这种树木还有家族代代传承、子孙繁荣昌盛之意。

此外，吉祥的寓意用在正月装饰上的植物也不少，其中较具代表性的是草珊瑚、朱砂根、和南天竹。草珊瑚和朱砂根的日语名字（和名）叫作“千两”和“万两”，都寓意着财源滚滚，非常吉祥；而南天竹的和名则让人联想到“转运”和“否极泰来”之意。

利用树木名字的由来选择具有象征意义的树木

草珊瑚
该树与紫金牛科的"百两金"分布位置相近，因形状更为大型而得名"千两"（日语名），被当作"正月"期间使用的花卉更有深意

交让木
新叶长出、旧叶飘落，人们用叶子间的这种礼让行为来为其命名。后来，人们也借用此树来寓意父母为成长后的儿女让位

马家木
该树不易燃，日语发音的意思是被火烧 7 次都烧不尽。后来人们种此树寓意家中"不怕火"

南天竺
因生长在中国大陆中部以南地区而得名。也有"克服困难"之意，因此常被当作幸运之树

日本辛夷
因花苞形状像拳头（日语中"辛夷"的发音与"拳头"发音一样）而得名。该树还会让人联想到幸福与幸运，因此常被当作"缘起树"

海桐
叶与茎有臭气，因此被认为能驱除厄运。人们常在日本的"除夜（12 月 31 日）"插些海桐的树枝在家门口。另外，该树树名在日语中的发音也与"驱除厄运"相似

其他有趣故事的树种

树种名	故事
柊树	因为有刺，所以被认为可以去除恶气
百两金（百两） 紫金牛（十两）	草珊瑚（千两）和朱砂根（万两）同属紫金牛科，常被联想为金钱运会变好而被种植
虎刺	常被与草珊瑚（千两）和朱砂根（万两）一起种植，取其共同组合成"千两、万两常常在"的意思

097

容易打理的庭院

易于打理的植物条件如下：①生长缓慢；②无需肥料；③抗病虫害性强。

易于管理的植物：

最易于管理的庭院，可能要属由沙、石构成的枯山水庭院。因为枯山水庭院中，省去了对树木的管理，的确会让人轻松很多。因为植物是有生命的，它们的健康成长离不开阳光、土壤、温度、水和风等要素，而一旦这些条件满足不了的话，就要花费大量的人力进行人工弥补，所以在营造庭院时，头脑中一定要有这方面的认知。

但是，在繁忙的日常生活中，若想要在打理庭院方面省时省力，最好选择具备以下条件的植物：

①生长缓慢的植物；

②不需要施肥的植物；

③病虫害较少的植物。

省时省力的庭院中，针叶林风格的庭院较为典型。东北红豆杉等都是生长非常缓慢的针叶树。但是，针叶树中的柏和杉等树木耐土地的贫瘠性较强，如果把它们种植在肥沃的土壤上，它们的生长能力是非常强大的。

省力的要点：

很多人认为落叶树常常落叶，清扫起来很麻烦，殊不知常绿树也是一年之中常常落叶的，不清扫也不行。而花木虽然花开时十分美丽，但是一旦花儿谢了，如果不处理那些残败的花壳，视觉上也会很碍眼，所以选择开花的树木也一样是很需要费事打理的。而果树亦是如此，因为有时为了收成好，不得不使用肥料或消毒产品，所以如果想省时省力的话，最好不要选择果树。

种植草坪的话，要面临从春天到秋天与杂草的战役。如果在除草方面费时太多的话，建议采用正常的硬质铺装来处理地面。日照好的地方，一定是杂草生的最快的地方，不妨用常绿的地被来覆盖那个区域的地面，这样既可以有效地抑制杂草的生长，也不用费力地去除草了。

容易打理的庭院的配植

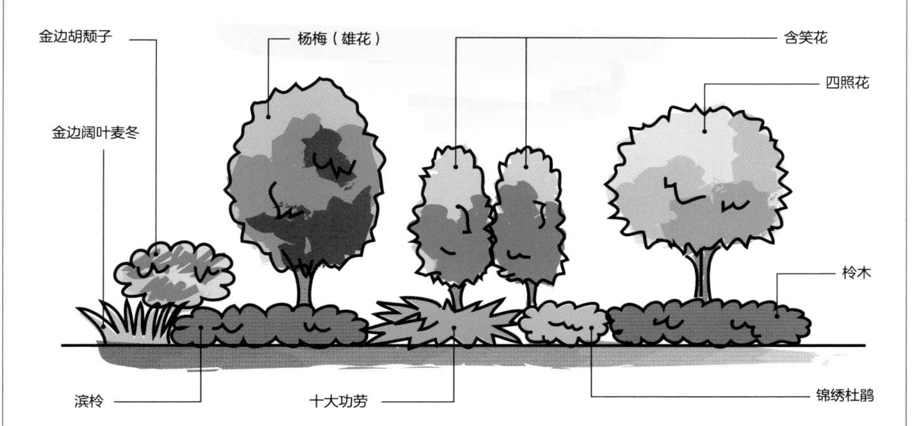

以常绿树为中心，再配植些斑点植物或比较容易打理的落叶树（如），让庭院整体明亮起来。

容易打理的代表性树种

	乔木、中乔木	灌木、地被植物
生长缓慢的树种	青冈栎、东北红豆杉、钝齿冬青、乌冈栎、野茉莉、具柄冬青、千头赤松、大花四照花、小叶交让木、冬青、厚皮香、昆栏树、四照花	吉祥草、野扇花、日本鸢尾、厚叶石斑木、草珊瑚、铺地柏、富贵草、紫金牛、阔叶山麦冬
不需要肥料的树种	青冈栎、东北红豆杉、钝齿冬青、罗汉松、乌冈栎、小叶青冈、具柄冬青、北美香柏、小叶交让木、西南卫矛、日本紫珠、冬青、厚皮香、四照花、杨梅、垂枝扁柏木	青木、百子莲、大花六道木、吉祥草、金丝梅、维氏熊竹、小叶维氏熊竹、白棠子树、野扇花、日本鸢尾、厚叶石斑木、红叶木藜芦、草珊瑚、大吴风草、南天竺、铺地柏、滨柃、富贵草、朱砂根、紫金牛、阔叶山麦冬
抗病虫害较强的树种	青冈栎、东北红豆杉、钝齿冬青、罗汉松、乌冈栎、小叶青冈、具柄冬青、北美香柏、小叶交让木、西南卫矛、日本紫珠、冬青、厚皮香、四照花、杨梅、垂枝扁柏木	青木、百子莲、大花六道木、吉祥草、金丝梅、白棠子树、野扇花、日本鸢尾、厚叶石斑木、红叶木藜芦、草珊瑚、南天竺、铺地柏、滨柃、富贵草、朱砂根、紫金牛、阔叶山麦冬、迷迭香

五叶黄连，是生长在本州东北以西到四国一带较为阴湿地区的多年草

以牧野博士的业绩著称的植物园

位于高知县五台山的牧野植物园，用地面积约 6hm^2。这里不仅地理位置优越，可鸟瞰高知市的风景，更可了解当地出身的植物学家——牧野富太郎博士（1862—1957 年）的生平业绩及奋斗历程。这里有博士收集的约 1500 种、1300 株植物，让您几乎可以观赏到大部分高知的植物。植物装点的色彩缤纷的四季，是您休闲及娱乐的最佳场所。

这里的土佐植物生态园设置了四个气候带的功能区，再现了从标高 1000m 以上的寒温带到温暖的海岸线的植被。此外，还有樱花及三叶杜鹃园、空木园、绣球花园、药用树木园等。除了植物园外，您还可以把这里当作一生中最佳的学习场所，去这里的博物馆看植物相关介绍的珍贵资料展等。

DATA

地　　址：高知县高知市五台山 4200-6
电　　话：088-882-2601
开园时间：9：00 ~ 17：00
休 园 日：年末年始
入 园 费：一般 700 日元（有团体打折票）、高中生以下免费

第 6 章
特殊树的种植

098

用竹子和笹竹营造的庭院

竹子和笹竹在狭窄处也能种植，地下铺橡胶垫防止地下根茎的扩张。

要注意地下根茎的扩张

竹子和笹竹的树形挺拔且能向上生长，所以经常被有效地利用在狭小的空间（请参照 84 ~ 85 页）或住宅绿化中。但是，由于竹子类植物的地下根茎常会蔓延生长到近邻地区，所以一定要采取相应措施。

顺便为您介绍一下竹子和笹竹的区别。据号称“竹子分类第一人”的室井绰先生介绍，若生长后“秆”（主干）的部分有皮脱落的话就是竹子类，没有皮脱落的话就是笹竹类。另外，笹竹类中也有几乎长不出地下茎的植物，这类植物也属于竹类。

竹子和笹竹的利用方法

竹子生长缓慢。春芽大量冒出后约两个月才会显出生长外形，经过 1 年约长高 6m。竹子的寿命短暂是其特点之一，一株竹子大概活 7 年左右就会枯萎，最好就地把枯萎的竹子贴根部砍倒。

竹子不喜欢日光直射其秆部，却喜欢照到它的叶子上，所以为其选择从正上方能接受日光的中庭环境为最佳。但是，如果通风条件不好的话，很容易招介壳虫，这点要格外注意。

一般住宅中喜欢种植树形挺拔的毛竹和桂竹，树高约 7m，从 2 楼都可以观赏到竹叶。因其地下茎会蔓延，所以要做相应处理。如在距地面约 1m 左右深的地方用橡胶垫或混凝土进行隔离处理，这样会比较放心。如果想控制竹子的生长数量，建议种紫竹、唐竹、四方竹等种类。

种植中常使用的笹竹类有寒竹、矢竹等，它们常呈野生状。另外，维氏熊竹和小叶维氏熊竹常被当作地被植物使用，经过修剪后，其鲜翠欲滴的色彩非常适合日式及洋式庭院。

竹子生长的环境

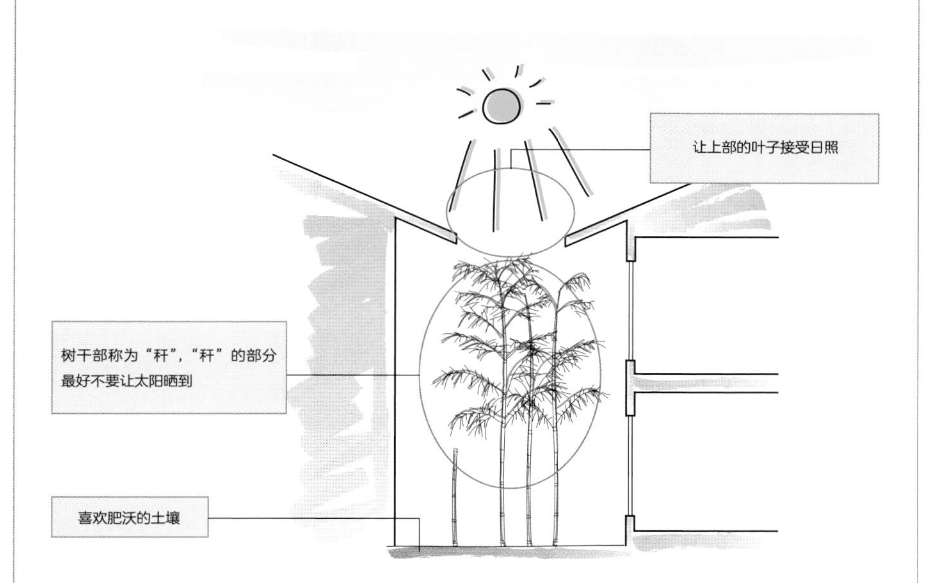

适合住宅用的竹子种类有：龟甲竹、縦缟孟宗竹 / 双色毛竹、紫竹、四方竹、矮棕竹、业平竹、毛金竹、凤尾竹、人面竹、桂竹、毛竹。

抑制竹子根部扩张的方法

竹子的根部会横向扩张，种植时一定要注意。在距离地面 1m 深的地方打混凝土，可有效防止竹子的根部横向扩张。

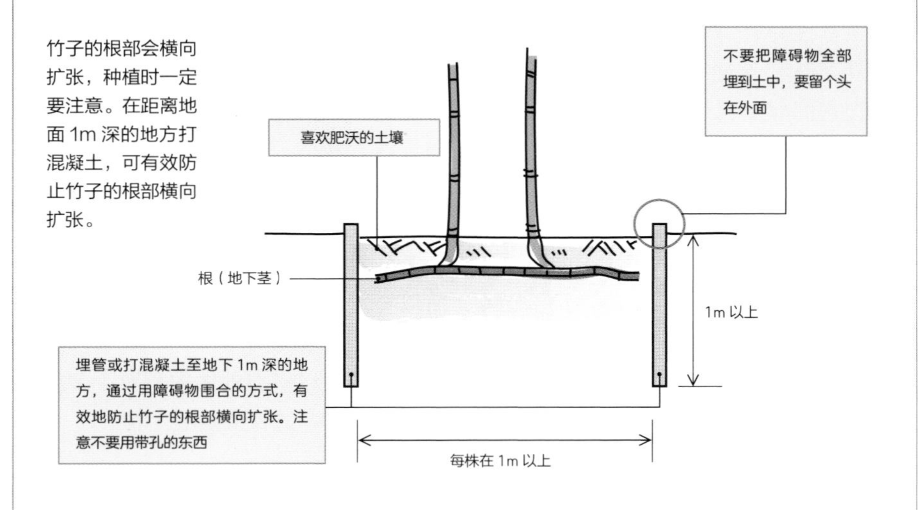

099

种植草坪的庭院

草坪可分为夏季型草坪（夏型）和冬季型草坪（冬型），两种类型都要注意日照条件。种植草坪前最好要与管理者商量、沟通一下为好。

夏型种和冬型种

绿油油的草坪令人赏心悦目，所以人们常希望自己的庭院中会有一片美丽的草坪作为种植的亮点。草坪大体可分为两大类，以结缕草和天鹅绒草为代表的草种为夏型种，到了冬季就会枯萎；以细弱剪股颖、草地早熟禾为代表的草种为冬型种，它们到了夏季会打蔫，反而在冬季很鲜活。

夏型草都为地下茎扩张和蔓延型，可以把它们加工成草垫状进行铺设，也可以靠撒播种子的方式种植。但是后者需要的工序繁多，想要致密而美观的草坪效果也很难达到，所以建议使用第一种方式。

杂交狗牙根是一种适合暖地生长的西洋草种，适合夏季播种。日本本州的足球场，常使用数种西洋草种，能保持通年常绿状态。

冬型草种中也有耐热的品种，在北海道可通年使用。这类草种一般在秋季播种，且每年都需要播种，不然会空缺。

草坪的管理方法

无论是夏型草还是冬型草，它们对日照条件的要求都很高。如果有半天晒不到太阳，草坪的生长、发育就会受到影响。草坪的维护与管理可能要比想象中复杂得多，如频繁的修剪、土壤处理、施肥、除杂草、洒水等内容都非常繁琐。市面上虽然有用于除杂草的除草剂，但需要注意的是除草剂毕竟是化学药剂，使用前一定要与管理者协商好，并明确使用范围。

冬型草的高度会达到 30cm 以上，所以要增加修剪的次数。夏型草中，天鹅绒草要比结缕草的叶子小、高度低、密度大，所以修剪的次数相对少些，但是它们不耐寒的特性需要了解。

土壤处理：为了增加草种的成活及繁殖率，在种植草坪时，把一些经挑选后的细粒土混播在一般土壤中，这样长出的草坪会致密而美丽。

草坪喜欢的和讨厌的环境

①喜欢的环境

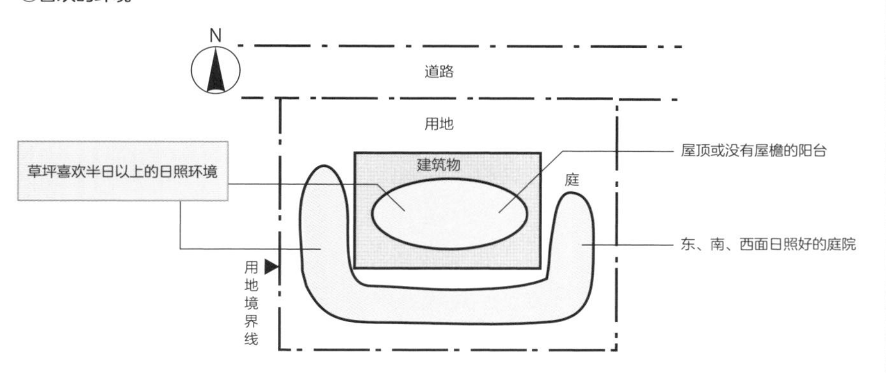

②讨厌的环境

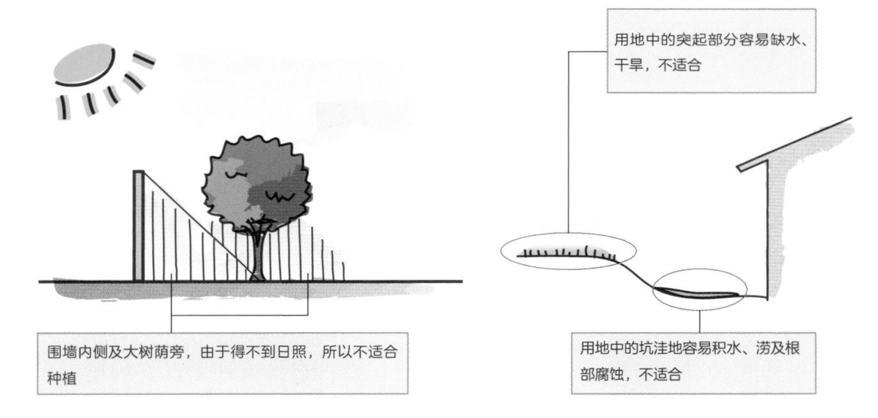

喜阳的种植要种在日照好的地方，这是最基本的要求。
若半日以上都接受不到阳光，又阴又湿的环境对其生长及培育不利。
另外，若是过道或有行人经常通过的地方，其根部会因过分踩踏而枯死，因此要避免这样的地方。

代表性草坪

夏型草	冬型草
弯叶画眉草、狗牙根、天鹅绒草、偏序钝叶草、结缕草、杂交狗牙根、两耳草、百慕大草、细叶结缕草	匍匐翦股颖、草地早熟禾、细弱剪股颖、细羊茅

100

用苔藓营造的庭院

苔藓喜欢在湿度较高的半日阴或日阴环境中生长，所以要根据这些特点为其浇水及选择合适的场所种植。

苔藓的特性

苔藓是日本庭园中特有的种植素材，而苔藓繁茂的庭园也被认为是湿度较高的日本所特有的。因苔藓形态较小，对于种植空间的要求也不是很高，狭小的空间及园路的间隙均可栽植。

苔藓几乎无根，靠茎叶蓄水、并直接吸收水分，因此在大气中湿度高或朝露多的地方长势尤好。若是偶遇干燥，它会处于休眠状态保持存活，但是时间一久，必枯死无疑。

虽说苔藓喜爱湿度高的场所，但适当的日照条件也是必须的，有些品种甚至在日照良好的场所长势尤好。相对来说，叶子厚的类型比叶子薄的类型耐干燥。

苔藓在富含水分时，茎叶呈绿色的膨胀状态，而变干后茎叶会因枯萎而呈茶色。如果这种现象反复出现几次的话，苔藓整体的生命力就会大大削弱，甚至枯死。因此，除了注意浇水外，最好让其在湿度高的半日阴或日阴环境中生长。

住宅中苔藓的种植

城市中整体的湿度都是较低的，而且夏天还会高温，不利于苔藓生长。因此在住宅环境中，最好为苔藓选择能回避强风、西日的场所来种植，最好是落叶树的树根周围。

要打造排水环境良好的场所，还要做些起伏的微地形来突显苔藓的魅力。通常会采用“张贴苔藓法”，在垫子上种植加工后的苔藓。

庭园中的苔藓对土壤的 pH 值非常敏感，通常喜欢弱酸性的土壤环境。它们对自来水中的强盐素较为排斥，因此建议不要直接使用自来水，而是使用放置一段时间后的、盐素已挥发掉的自来水较好。

苔藓培育不好的原因

①干湿不定

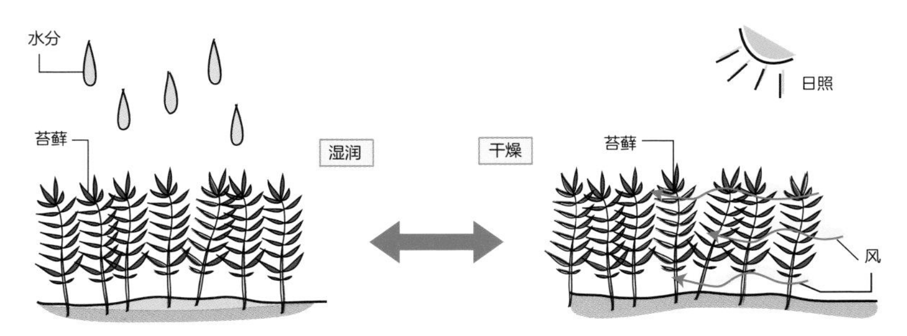

干湿不定的环境是苔藓整体长势变弱及枯死的主要原因。

②终日日阴

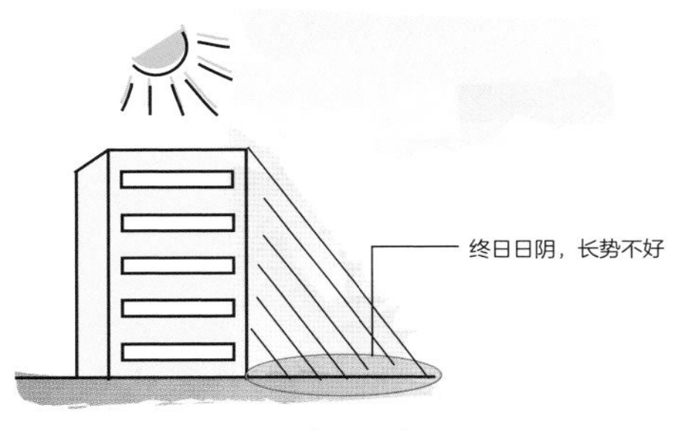

苔藓的生长也需要适当的阳光，完全没有日照必然枯死。

③不恰当的管理

恰当的管理也是苔藓健康成长的必须。夏天浇水，若如①所示的环境是 NG（不好的）。

苔藓庭院的培植要点

101

用蕨类植物营造的庭院

要点　蕨类植物通常种植在乔木下面、景石周边及飞石两侧，用来增加这些地方的自然野趣。

日本是蕨类植物的宝库

在日本，蕨类植物被广泛地使用在庭园的建设中，这在世界上都很少见，因为日本湿润的气候对蕨类植物的生长非常适宜。蕨类植物的生长既不靠种子繁殖，也不靠花粉传播，而是在江户时期靠改良园艺品种（如松叶蕨、瓦苇等）而得来。

蕨类植物喜欢水分，对缺水的环境最不适应。所以一定要选择排水好的优质土壤，并且注意在管理过程中一定不要断水。蕨类植物通常种植在乔木下面、景石周边及飞石两侧，以增加这些地方的自然野趣。

蕨类植物的种植方法

在住宅绿化中，常绿的蕨类植物较为常见。它们生长缓慢，草高最多只能达到 30cm 左右。在管理方面需注意的是，要及时拔掉变成茶色的枯叶，不用修剪造型。

蕨类植物中，生命力较为顽强的代表性种类有：营造柔和气氛的井栏边草、稍微硬朗些的红盖鳞毛蕨、色彩浓厚且造型硬朗的贯众类等。以观叶植物著称的稀叶铁线蕨的同类——单盖铁线蕨及掌叶铁线蕨均为造型优美、观赏价值高的蕨类植物，但是管理上稍有难度。荚果蕨在视觉上非常有量感，密植的话会被当作灌木来使用，适合配植在飞石或景石周边。像苔藓一样生长在地面的疏叶卷柏是蕨类的一种，并不是苔藓。

虽然蕨类植物给人以日式和风的感觉，但如果大量使用全缘贯众及日本肾蕨等类的植物，还会营造出热带的氛围。三叉耳蕨在日本国内大量生长与繁殖，造型美观且生命力顽强，不论和风、洋风的庭园都适合种植。

蕨类植物喜欢的环境

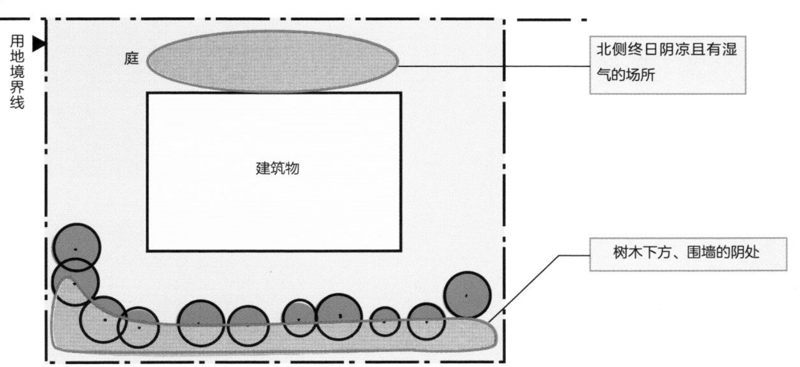

蕨类植物多喜欢湿气多的日阴处，但是在日照环境中也可生存。
水分过多对其生长也不利，因此要保持水分不多不少的合理状态较为重要。

蕨类植物的配植案例

蕨类植物常用于和风庭院中。种植在乔木及景观小品的下面，会给庭院增添很多自然野趣。

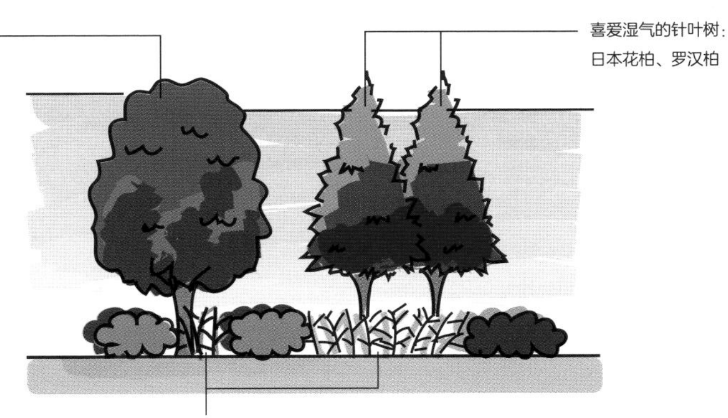

代表性的蕨类植物

井栏边草、卷柏、山苏花、荚果蕨、三叉耳蕨、展叶鸟巢蕨（※热）、日本肾蕨（热）、木贼、单盖铁线蕨、红盖鳞毛蕨、贯众、姬蕨

荚果蕨。大蕨类科荚果蕨属。种植在飞石及景石的周围

※ 热带植物是指生长在热带的植物，适合室内或冲绳的屋外。

102

用椰子树、苏铁营造的庭院

椰子树很难与其他树种搭配与组合，只能适当配植些灌木或地被植物。

椰子树的特征

椰子在庭院中多是用于营造热带氛围的种植。由于椰子属于热带植物，不适合在寒冷地区栽植（但可在冬季不是很冷、夏季高温的城市种植）。结果实的椰子树不易成活，但是菲尼克斯椰子的同种——加拿利海枣椰、布迪椰子（冻子椰子）、华盛顿葵等都可栽植。由于加拿利海枣椰及布迪椰的叶子可伸展 4m 左右，所以种植这类椰子树需要足够大的空间。

相反，由于华盛顿椰子及苏铁的外形较为洗练，容易栽植。苏铁生长在日本的九州南部，自安土桃山时代起，就被全国范围内的知名庭园广泛利用。另外，在皇家庭院的桂离宫中有苏铁山，可见苏铁也被和风日式庭园所广泛使用。

注意椰子树的重量

苏铁可在半日阴环境中生存，而大部分椰子类都喜欢日照好的地方。由于椰子较耐潮风，所以在海边的住宅可考虑种植（请参照 72 页）。选择可彰显椰子特殊造型的空间，注意它们不易与其他植物搭配的特点，为其配植些灌木或地被植物。

即便树不高，椰子也比别的树种重，搬运起来较困难。尤其是加拿利海枣椰及布迪椰，由于树干较粗，人手环抱困难，只能借助专业设备进行搬运，并留出足够的施工空间。

另外，严禁在寒冷季种植椰子类植物。天气转暖时，事先进行修根、整根处理后再进行栽植。而一旦天气转寒，要用御寒纱布给树木整体罩上，待天气转暖后再取下。

修根处理：为了确保移植后的成活率，大树、贵重树及较柔弱的树木在移植前要进行修根、整根处理。也就是在根钵内人为地让细根生出，并且通过保留粗根、挖出轮状沟的方式（沟掘式）或用铲子切掉多余的根（断根式）的方式进行处理。

用椰子或苏铁建造的庭院的培植

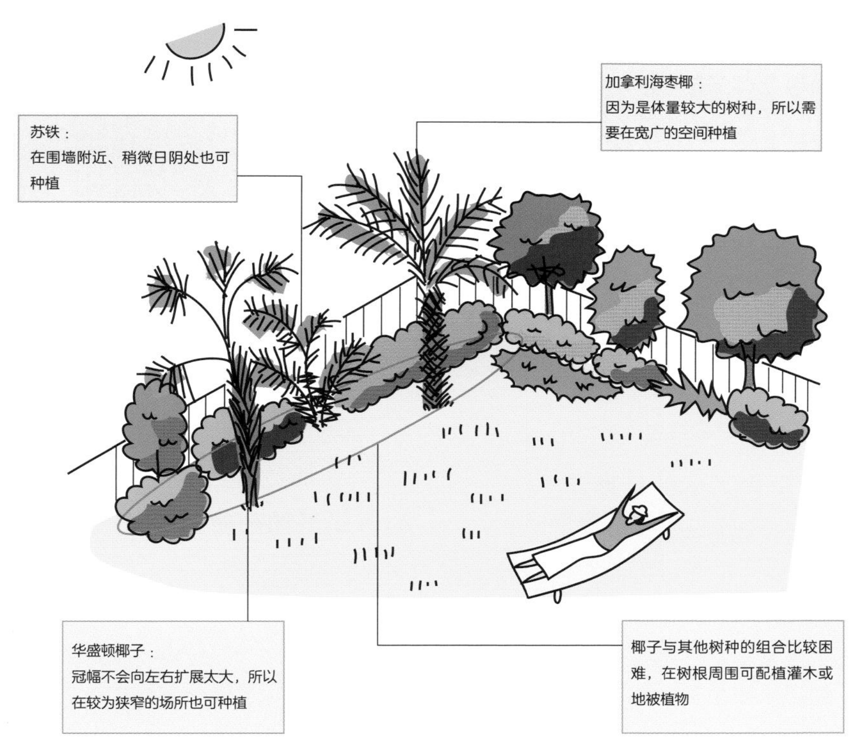

代表性的椰子及苏铁

加拿利海枣椰。棕榈科刺葵属

华盛顿椰子。棕榈科华盛顿椰属

苏铁。苏铁科苏铁属

御寒纱：为植物遮光、防霜、防虫及防止水分蒸发的粗网眼编织物

103

用药草营造的庭院

庭院中种植一些药草，除了供观赏外，还可以活用在生活中。按照种类进行分区种植（以红砖分隔），会便于收获。

可以用于生活中的药草

药草是指可药用或可食用的植物的总称。有些药草虽然有药性，但却因含有毒性而被禁止种植。在考虑种植药草时，一定要先确认好其是否在被许可的范围内，如果是被禁止种植的药草，要向相关部门提出申请，获得许可后方可种植。

市面上常见到的药草一般都是好栽培、易管理的品种，只要是在了解其特性的基础上，确保日照、土质、水分等条件，谁都可以培育并享受收获的喜悦。

在种植多品种的药草时，最好按照种类进行分区栽种（可以用红砖分隔），这样便于管理和收获。

药草可分为草本型和树木型两种类型。有一年的生长期且便于管理的为树木型，代表性植物为迷迭香。迷迭香在温暖地带长势良好，其叶子常被用作煮肉的香料。迷迭香按照形态可分为直立性和匍匐性两种，可以根据场所选择自己喜欢的类型。

推荐使用的药草

树木型的药草除了迷迭香外，还有叶子散发出迷人香气的香桃木、煮菜时当作香料使用的月桂树（也常被用于绿篱墙或象征树）等。月桂树在日照良好的条件下长势旺盛，可以修剪成造型树。胡椒木也可以当作药草树来使用，适合种在庭院的角落处。

草本型的药草中，生命力最为旺盛的是薄荷类的植物，只要种上一株，就能繁衍出很多株来。百里香喜欢干燥的场所，在石缝中也能生存，不妨把它们种在那些石头的缝隙中，以增加庭院的乐趣。洋甘菊会开出很可爱的白花，叶子和花都可以使用，但是不耐炎热的特性需要格外注意。

一般说来，药草类植物都喜欢日照良好的场所，但是在日照不好的地方，也可以考虑种植日本原产的蕺菜或蘘荷等。

直立性和匍匐性：直立性是指植物一直向上延伸生长的特性；匍匐性是指植物贴着地面匍匐生长的特性。

用香（药）草营造的庭院的配植

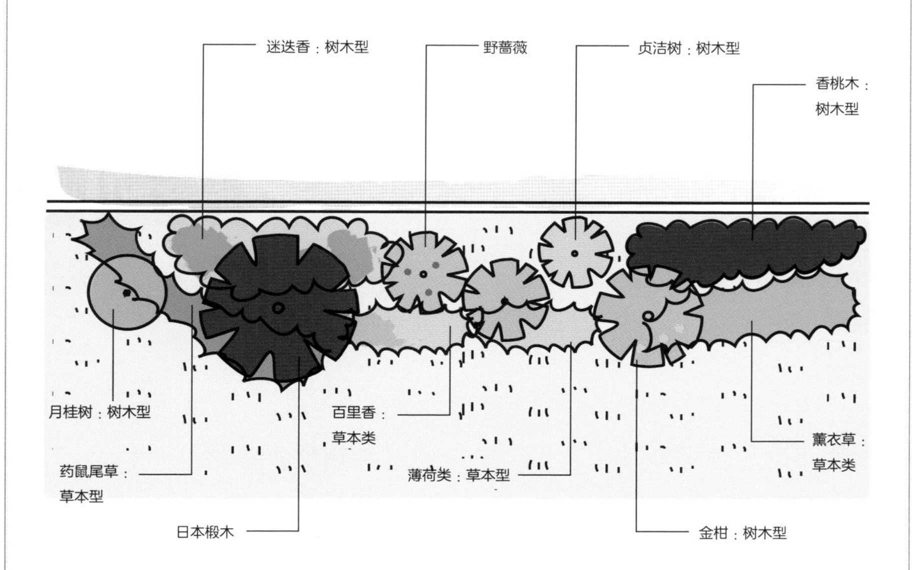

在日照良好的地方混合种植一些草本型及树木型的香（药）草。

适合种植的香（药）草

使用部分	植物名称
用花（也用叶）	洋甘菊、旱金莲、玫瑰茄（果实也可利用）、香柠檬、欧锦葵、洋耆草、薰衣草类（有些品种对于湿热的夏天很不适应，在购买时一定选择适合栽种场地气候的品种）
用叶	皱叶欧芹、紫松果菊、牛至、月桂树、香菜、药鼠尾草类、百里香（安妮霍尔百里香在干燥的场所繁殖力也很强）、罗勒、牛膝草、茴香、薄荷类（薄荷不分品种，繁殖力都很强）、香蜂草、玫瑰天竺葵、迷迭香（有横向生长的、也有纵向生长的，树形多样）

104

用针叶树营造的庭院

要点 充分利用针叶树的外形及色彩，有效搭配各种树木，组合成迷宫般的阵容。

在冬季充分发挥魅力

针叶树的显著特点就是叶子如针状，总称为“CONE”。“CONE”是指球状果实，松球果是其中较为典型的一种。针叶树几乎都是常绿的，庭院中如果只是种植针叶树的话会略显单调，缺乏四季的变化。但是到了冬季，当周边的树木掉光了叶子，这些针叶树就会发挥其独到的魅力。现在，人们通过品种改良，让针叶树的叶子也可以色彩丰富起来，并可搭配及组合成各种阵容。

几乎所有的针叶树都讨厌蒸汽般的湿度，所以尽量把它们种植在日照及通风条件良好的场所。针叶树不需修剪就能保持自然而挺拔的树形，属于非常好打理的树种（请参照 208 ~ 209 页）。因为乔木到中乔木的高度各有不同，树形及冠幅也各式各样，可以把它们像游戏中的迷宫般地组合在一起，那种平衡将十分有趣。

丰富的树形及色彩

适合种植在有限空间里的针叶树，有细长外形的窄圆锥形及圆筒形（长鞭形）的刺柏“片藻”、丝柏等。而适合种在乔木周边的较为低矮的灌木，有矮紫杉、园柏“玉伊吹”等。此外，树形为小半球形的除了矮紫杉“金黄”、北美蓝云杉外，还有小型的侧柏和黄金侧柏。

匍匐状向四处生长的有刺柏“蓝色太平洋”、铺地柏“miyama”和日本花柏等，常被当作地被植物来利用。

针叶树的叶子颜色除了浓淡不一的绿色外，还有黄色、蓝色及白色。丰富的树形及色彩，可让针叶树充分发挥其魅力，组合成变化多样的、充满立体感的庭院。

针叶树的树形和代表性的树种

圆锥形（广、狭）

台湾云杉、东北红豆杉、北美香柏“Elegantissima”、日本花柏、刺柏“蓝色天堂”、北美香柏“绿锥”、北美香柏“欧洲金”、桧、北美蓝云杉“hoopsii”、杂交金柏等。

窄圆锥形（铅笔形）

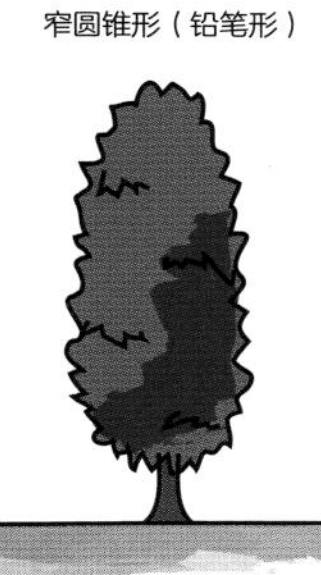

丝柏、刺柏“爿藻”、刺柏“哨兵”、欧洲紫杉、金叶复叶槭等。

半球形、球形

矮紫杉“金黄”、北美香柏“金球奖”、北美香柏“丹妮卡”、北美香柏“莱茵金”、北美蓝云杉等。

匍匐形

刺柏“黄金海岸”、刺柏“蓝色太平洋”、铺地柏“miyama”等。

针叶树的配植

①立面

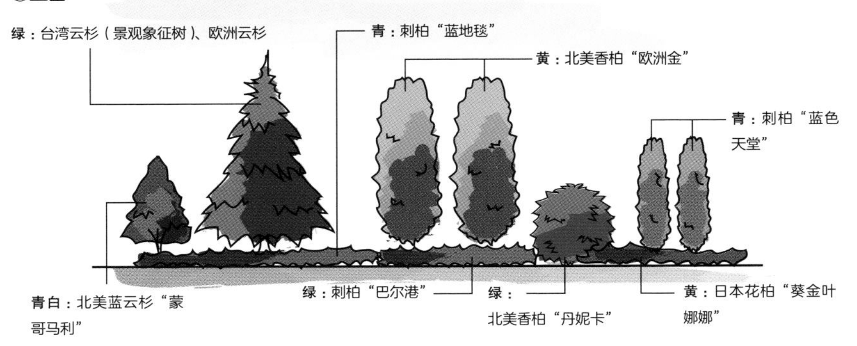

②平面

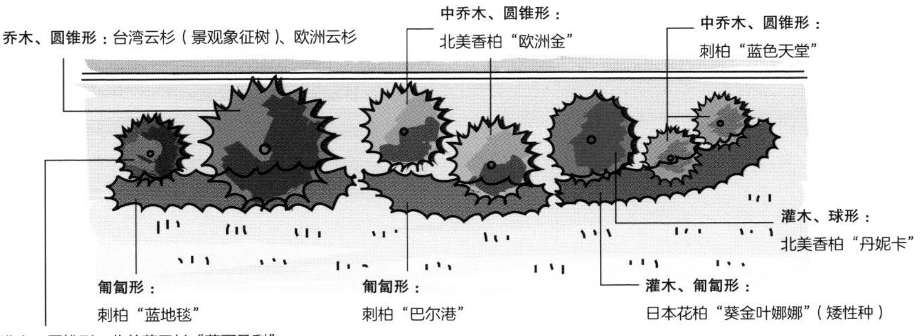

专题6—京都府立植物园

热带睡莲。睡莲分为耐寒性睡莲及热带性睡莲。热带睡莲在日本无法在室外栽培，只能在温室内栽培。青色及紫色只有热带种才有

来自全世界的热带植物近在眼前

京都府立植物园位于京都市街北部，东邻比壑山，西有加茂的清流，北面以北山群峰为背景，是一处风景极佳的名胜区。其历史悠久，早在1924年1月1日，就以“大典纪念京都植物园”为名开园。

园内除了有由花坛及喷泉组成的庭园外，还有可以让人们充分体验自然野趣的植物生态园，其空间由各种与植物相关的场景构成。最引人关注的是可近距离观赏全世界热带植物的观览温室。无论是占地面积还是植物的种类，这里都堪称为日本最大、最全的植物园。此外，这里还有类似“猴面包树”一样、世界珍稀的植物及被用作室内装饰的观叶植物可供您观赏。

DATA

地　址：京都府京都市左京区下鸭半木町
电　话：075-701-0141
开园时间：9:00～17:00（入园到16:00止）
温室观览时间：10：00～16：00（入室到15：30止）
休园日：年末年始
入园费：一般200日元，高中生120日元，中小学生80日元
※温室观览费另收

第 7 章
种植施工与管理

105

种植施工的内容

树木要按照乔木、中乔木、灌木、地被植物的顺序进行种植，重要的是要与建筑施工配合。

种植的基本顺序

种植设计结束后，就进入了施工阶段。较为理想的做法是，种植施工在建筑施工完全结束后再开始。如果种植施工与建筑施工同时进行的话，会出现很多意想不到的麻烦，如外墙涂料被树木剐蹭、相关设备的搬运会碾压及损伤树木等等。

种植施工的基本流程是：先清理相关场地，在种植完乔木及中乔木后，再按照灌木、地被植物的顺序进行种植，并保证地面的均衡状态。场地的清理包括为植物准备适合它们生长的土壤环境及地形条件、确保搬运植物及资材的动线、在不污染土地的情况下的养生工作等。

在种植高为 2m 以上的大树时，要把张开过大的多余的枝干剪下，并进行护干处理。要给树木提供充足的水分，还要按不同树种的需求设置支柱。

根据搬运条件来修剪枝叶

住宅庭院中的象征性树木是整个庭院绿化中的重点，决定了人们对整个庭院的印象，因此一定要与施工人员认真商量后再决定。一般来说，象征性树木可由施工单位准备，也可由设计师另行购买。但是，如果树木与施工现场距离过远的话，只能通过照片来判断和选择。

有时现场收到的树木看起来十分柔弱，那是因为为了减少搬运及种植过程中的麻烦，会把一些不必要的枝杈剪掉。另外，在挖掘地下根系较为庞大的树木时，会把根系修剪为原来的一半左右，为了保持上下平衡，地上部分的枝叶也要相应地进行修剪。特别是接近树木根部的枝杈特别影响搬运，所以一般都会剪掉。上述这些情况对于树木整体形象都会有所影响，最好事先与业主沟通好。

护干：用植物绷带等保护材料来保护树干的行为。在树木移植或修剪后，护干可有效防止树木因活力低下而变得衰弱，也可防止寒暑温差及大风等对树木的损伤。

种植施工的基本流程

①乔木、中乔木的种植

在地面上均匀地种植上乔木和中乔木，并设计出种植的整体框架。

②乔木、中乔木的种植

为了让乔木和中乔木的根系稳定，在其周边种植灌木。

③地被植物的种植（部分）

在种植设计中，较为重要的地方种植地被植物。

④地被植物的种植（全体）

最后，地面整体用草坪等地被植物覆盖，种植工作结束。

小常识

浇水

往树坑中回填 1/2～1/3 的土后浇水，为了让水分充分进入根系，要用棍棒捅泥水，从而使空气有空隙留在土壤中。因为干燥后土壤与根系间会有缝隙，所以边用棍棒捅泥水，边上下摇动树木。直到水分到达根系底部变为泥水，再依次把土壤回填。这样的操作反复进行，就完成了浇水作业。

待根系完全得到水分后就可以关掉水，等水分完全吸收后再把剩余的土回填，并用脚静静地踩实。若种植灌木的话，要在回填的土壤上面再次浇水，并上下摇动树木，使得泥水到达细根部分。

①挖出能容纳根系的树坑，把树木放置其中。
②用水管向树坑浇水。
③用木棍边捅根系部让水分充分进入其中，边进行种植。

浇水的顺序

106

支柱的设置

按照不同的用途及树种来选择支柱的类型。在人们常通行的地方，要避免选用钢丝支柱。

树木因支柱而稳定

树木在搬运的过程中，树根因被修剪而变小，种植后对树木整体的支撑力也变得很弱，特别容易倒。另外，在风势较强的地方，就算是不会被刮倒，树木也会一直在风中摇摆，因为其地下根系不稳。移植后的树木会重新长出根系，因为根的前端较为纤细，如果树木摇摆不定的话就很难扎根。所以，为了使树木更为安定，就要设置一些令树木稳定的支柱（※）。

各种支柱类型

根据树木的高度、树干的粗细及周边环境来为树木选择不同类型的支柱。例如在人们经常通行的地方就不适合设置地上支柱，最好以地下支柱来取而代之。地下支柱的好处是既不破坏地面景观，又可对树木起到很好的支撑作用。缺点是一旦设置了地下支柱，在更换树木或树木长成后想拆除的话会很麻烦。

有一种支柱，在日本被称作“八挂支柱”。这种支柱被固定在树木的较高处，可把树木在风中的摇摆度降到最小限。因其需要在树木的上方设置八字形的相互交叉的支柱，所以需要周围有较大的空间。

在施工范围较为局促的空间里，“鸟居支柱”是不错的选择。另外，在树木是列植的情况下，先设置一根横杆，再固定树根支柱的类型叫作“布挂支柱”（请参照 127 页）。

在建筑物附近种植大树的时候，可选择“钢丝绳支柱”。该支柱是指在建筑物或工作物上按上挂钩，并利用铁质或不锈钢质等的钢丝绳来固定树木枝干的做法。但是，由于钢丝绳较细，不易被肉眼看到，所以一定要避免在人来人往的地方设置，以免发生危险。

※ 直到树木的根系彻底安稳为止，支柱一般至少要设置 3 ~ 4 年。

各种支柱类型

①土中支柱

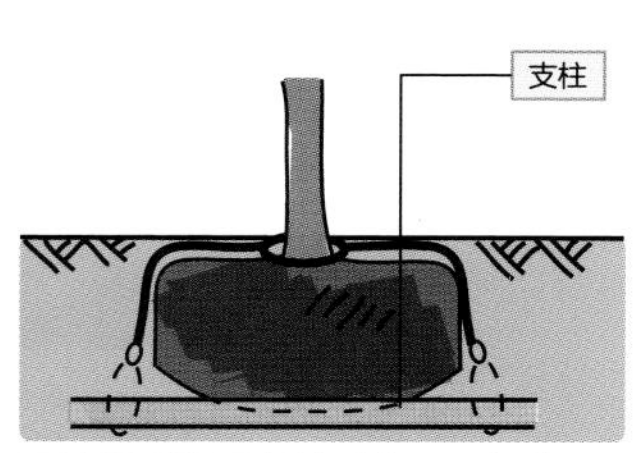

无法设置地面支柱时使用，但施工后很难管理。

②八挂支柱

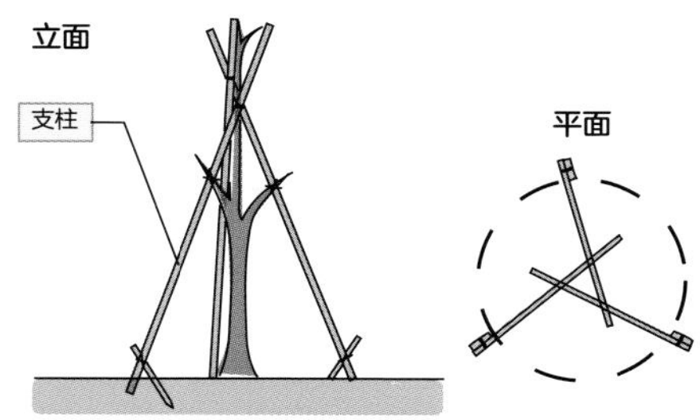

通过树木上方的支柱交叉起到固定作用，相对稳定，但是需要足够的空间。

③鸟居支柱

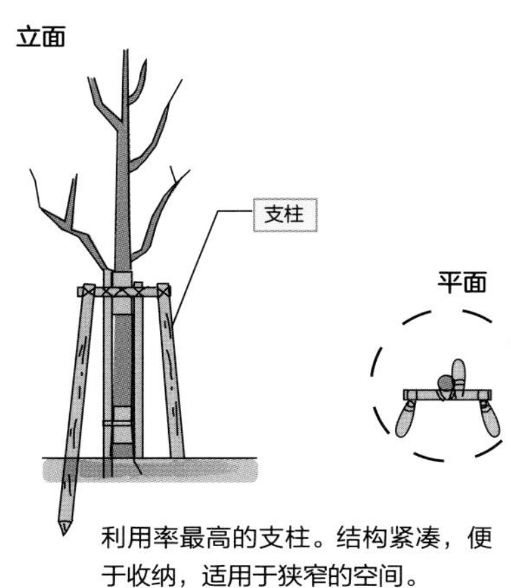

利用率最高的支柱。结构紧凑，便于收纳，适用于狭窄的空间。

④布挂支柱

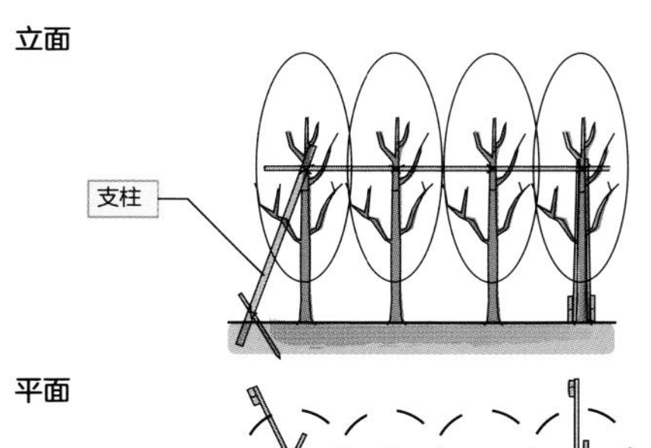

在一根横杆上固定数棵树木，常用于绿篱的列植。

⑤钢丝绳支柱

在建筑物或工作物上绑上钢丝绳来固定枝干的支柱，适用于建筑物附近空间不足的地方。但是，由于钢丝绳很细不易被看到，所以在人们走动频繁的地方设置会发生危险，所以要尽量避免。

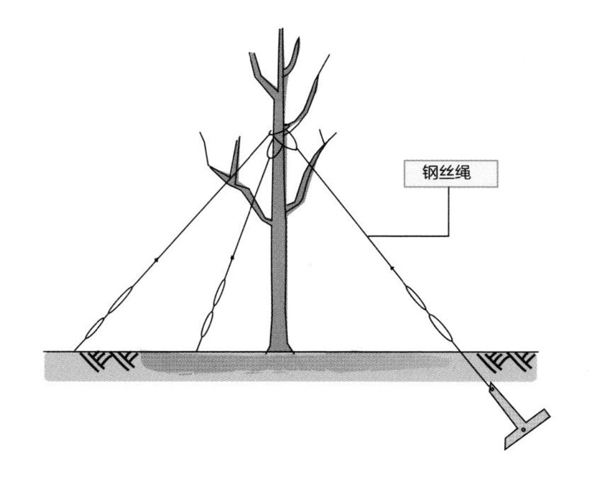

107

种植施工前后需完成的工作

现场的配线及配管工作要在种植施工前完成，并且要注意种植地附近的室外机等设备的位置。

种植施工前需完成的工作

种植施工是指植物种植、土地平整等一系列与种植相关的工作，但是只因种植而整合外部空间的情形却很少。为了修景及管理，有时要与其他工作同时或前后进行。

有些工作必须在种植施工前完成，如筑山、景石、垒石等修景小品要事先处理好。因为有些很重的石头、土等仅靠人力是搬运不了的，而等到种植施工结束后再搬运的话，无法确保其所需空间。

另外，水、电、煤气等设施的配管工作也要在种植施工前进行。因为地下管线的埋设使得树木无法种植的情形时有发生，从道路等地方引线而使得施工无法按照设计图纸进行的情形也时有发生，这些经验教训都需要借鉴（※）。虽然庭园灯等设施可以在种植施工结束后放置，但是如果事先不把地下管线埋设好的话，很可能会出现要把好不容易种好的树再挖起重种的麻烦。

如果庭院景观中有涉及瀑布、流水、蹲踞或洗手钵等与水相关的设施，一定要事先把水道的配管工作做好，并且安装好浇水用的水栓。

在建筑施工接近尾声时，需要搬入一些与种植施工相关的材料、安装门扉及其他工作同时进行时，通道会变得狭窄而拥挤，会有很多意想不到的事情阻碍工程的进展。所以事先要一再确认施工搬入口是否畅通。

还需确认室外机的位置

在种植施工结束后，要进行的是碎石铺装等收尾工作。因为铺装在种植施工中会受到污染，所以一定要把握好时间。在种植规划过程中还可能会发生一些意外或遗忘事项，如室外机等设备放置的位置等。事先一定要确认好，如果一旦有问题，就要想办法移动一方的位置。

※ 有时种植规划中有象征性树木，但是在实际的施工过程中，因出现地下管线或位置不对等情形而放弃象征树的案例不少。而象征性的树木直接与庭院的设计主题相关，所以一定要事先沟通及确认好。

种植施工前需确认的与施工相关的要点

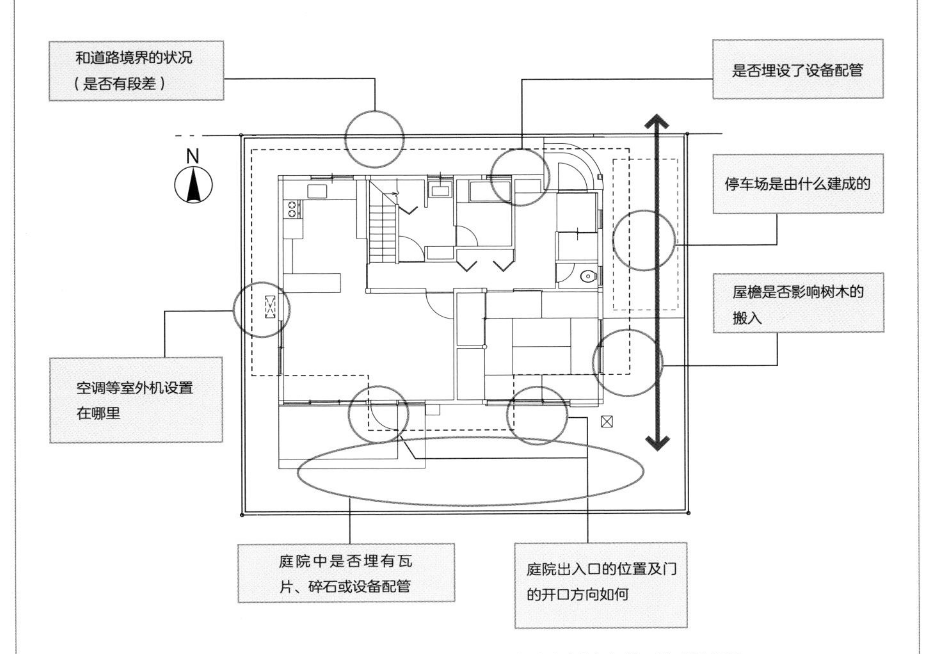

确认以上事项，若出现问题，可随时改变树种或调整种植设计。

建筑完工后，树木搬入途径参考

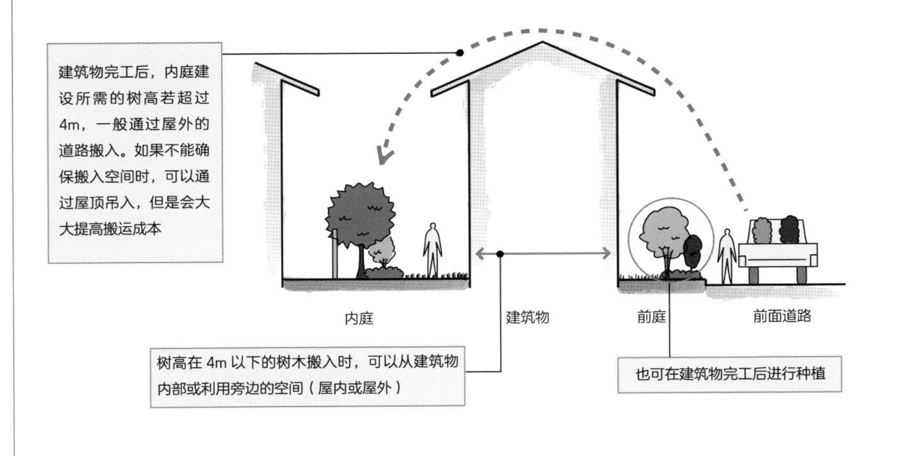

108

种植施工后的管理

一定要确认由谁来负责浇水。如果是大规模的施工，还要确认是否有“成活保证”及保证范围等。

浇水是管理的根本

刚种植的植物，由于有的根部被切断、有的受了伤，所以对于水分吸收的能力明显减弱。这时，管理的重点就在于在种植完植物后及时地为它们补充水分。通常情况下，植物种植完，庭院的主人会入住并管理，但是在主人还没入住期间，就要确认好谁来负责给植物浇水的问题。

浇水后，如果植物能够完全吸收最为理想，若是水分不能充分到达根系或是滞留在根系使之腐蚀的话，就要采取必要的措施进行完善，如在土壤中混合沙子或碎石，或者让地形带些坡度，或者设置排水沟等。

成活保证

在大规模的种植施工中，多数会与施工方签订“成活保证”。所谓的“成活保证”是指在施工后的 1 年内，尽管主人如何尽心管理还是会出现植物枯死的现象，施工方要无偿地进行植物更换和重新种植。确认是否有“成活保证”及保证范围均要在签订施工合同时一并确认完成。

所谓的“认真尽责地管理”的首要任务就是为植物浇水。

浇水的参考量

①浇水的基本方法

要给足水量，使水分充分到达根系部。中乔木一般浇水 5min 为参考。

②不恰当的浇水

只有表面濡湿，土壤中的根系部没有得到充分的水量是不行的。

③坑洼处的浇水方法

用地中的坑洼地容易积水，所以如果水浇得过多，会出现树根腐烂、枯死的现象。因此在给坑洼地浇水时，一定要观察水量，不要浇多。

④在屋檐附近浇水

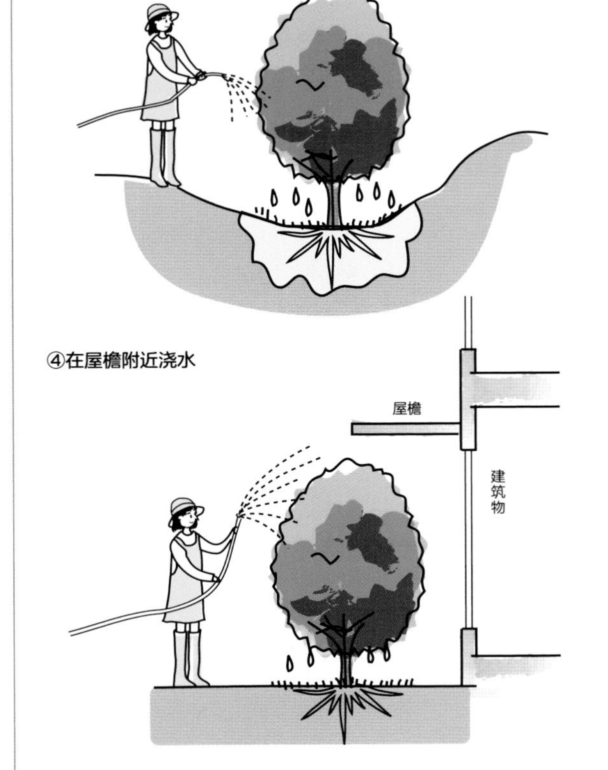

在屋檐处浇水需要注意的是，这里的地面比一般场所干燥，所以要多给些水。另外，这里一般雨水浇灌不到，因此树叶可能会出现干燥或肮脏的现象，所以不仅要注意脚下部分，叶子也要给足水分。

109

季节性管理

为了保持庭院的美观，按照季节特点对植物进行施肥、修剪等的管理方法被称为“季节性管理”。

季节性管理的要点

①春季管理（3 ~ 6 月）

对于开花的树种来说，及时摘除开花后的花壳较为重要。这个季节，杂草开始生长，最好要趁早除草。

②初夏的管理（6 ~ 7 月）

这个期间，日本的本州进入梅雨季节，浇水工作基本可以暂停，但是必须要留意树木的病虫害。对于春季已经开完花的树木，要及时修剪纠缠到一起的枝叶，并且对于病虫害一定要做到早发现、早治疗。

③夏季管理（7 ~ 9 月）

在持续的酷暑天气中，为植物浇水变为头等大事。只要地表变干就要浇水，这是最为基本的事情。因为这个期间，能够活跃生长的植物少之又少，所以不适合进行种植施工。特别是原产于寒冷地区的针叶树一定不要在这个期间移植。

④秋季管理（10 ~ 11 月）

落叶开始就意味着要频繁地进行清扫。由于堆积的落叶既可以防止土地的干燥，又具有保温效果，所以最好留一部分落叶在植物的根部。这个时期既是为果树及玫瑰等植物施肥的最佳期，也是种植热带原产外树木的最佳期，还适合修剪过分生长的枝杈。

⑤冬季管理（12 ~ 2 月）

这个期间，大多数的植物进入了休眠期。在霜多的地区要注意除霜，如在地表覆盖草席或枯叶来保温。另外，原产于温暖地带的苏铁，要利用防寒纱布或保温草席等为其御寒。多雪地区还要用“雪吊”或“雪避”来防雪。

雪吊：是北方多雪地区在冬季为植物做的一种保护措施。具体方法是用圆木或竹子当支柱，沿着树干竖起，在其顶点处拉放射状的线，把那些快要被雪压断的树枝吊起来。这种做法不仅有实用性，还有让人倍感亲切的景观效果。

雪避：雪避是指为了防止积雪的重量把树枝压断或把树形压坏而做的防护工作。

季节性管理日历

月份	管理作业	说明	种植时期
1月			
2月			
3月		是主要的落叶树、常绿阔叶树的种植施工最适期	
4月	摘掉花壳、进行开花后的整枝、修剪等工作，并除去杂草		
5月			
6月		为防止水分蒸发，要注意通风（摘掉花壳、整枝、剪定），要注意病虫害的发生	常绿阔叶树、竹子类、椰子类的种植施工最佳期
7月	盛夏骄阳，干燥难耐，所以早、晚一定要给植物补充充足的水分，并除去杂草		
8月			
9月			
10月	清扫落叶及枯枝，花木外的植物要整枝、修剪		主要的落叶树、常绿阔叶树的种植施工最佳期
11月		在寒地及多雪地带，需要设置支柱。而热带原产的植物需要移植到室内，或包上防寒纱或保温麻等	
12月			

110

长期管理

在把控树木整体平衡的情况下进行修剪，交织在一起的枝叶也可以适当修剪。

修剪的要点：

刚种下的树木，在 1 ~ 2 年内生长都较为缓慢，这是因为它们为适应新的环境需要一定的时间。一旦它们适应了新环境，3 年后就可能快速地成长起来。

一般来说，植物都会向阳生长。枝叶在向阳一侧长势良好，可谓枝繁叶茂，但弊端是树木的南侧和西侧会有很庞大的绿量，从而导致树木整体的平衡遭到破坏，树形也会变得很不美观。为了解决此类问题，可以采取修剪的方式，让整个树形变得美观。对于树龄较小的树，也可以趁早春或晚秋季节，把树木整个挖起，重新调整方向。

对于交织、缠绕在一起的树枝，也可以随时从根部修剪。但是需要注意的是，在炎热的酷暑，树干会因太阳的暴晒而灼伤；在寒冷的严冬，常绿树的树干也会因寒风的吹打而受伤，所以这样的气候条件就不适合修剪树木。

干与根的管理：

经过一段时间后，由于地面变干变硬，水分很难渗透到植物根部，会使整个植物的长势受到影响。这时就需要通过松土、施肥等手段，让土壤变成有利用植物生长。特别是那些狭小的庭院或屋顶花园等空间有限的地方，由于土量小，根部容易枯死。建议在土中打上透气孔，让空气进入到土壤中；或是修剪细根，同时也把地上的枝叶也进行配套修剪为好。

我们可以通过修剪来是当地改变树木的高度和枝叶的状态（请参考 56 ~ 57 页），但是却改变不了树干的粗细。所以要事先通过植物图鉴等了解植物的生长习性，把握好它们的生长规律。杂木等树木的树枝变粗后，要毫不犹豫地从根部把最粗的枝干剪掉，以确保整个树木的更新。

细根：根可分为向重力方向延伸的主根和向斜下方延伸的侧根，侧根又有吸收水分的细根生出，同时还会生出很多会动的根毛。

长期管理的要点

①修剪树形

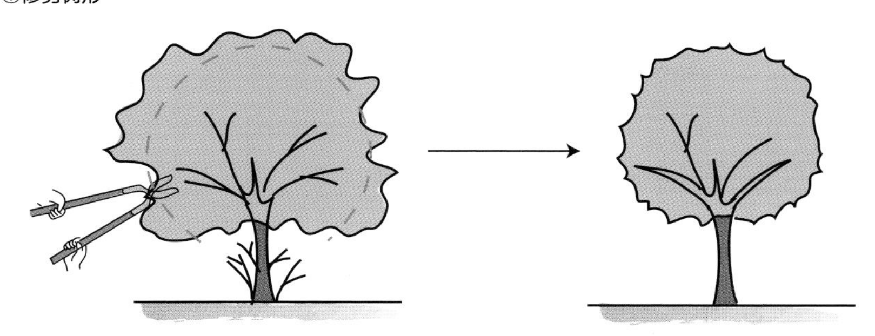

种植1～2年后会长出很多枝杈，树形变得散乱，需要剪掉多余枝杈（请参照56～57页）。

②调整由方位不同造成的生长差异

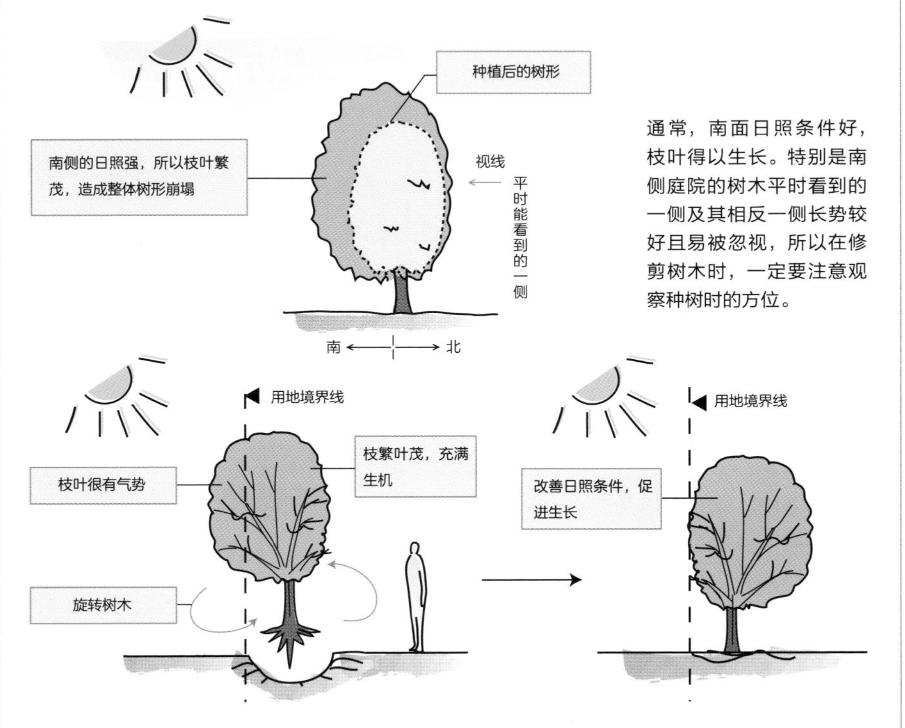

通常，南面日照条件好，枝叶得以生长。特别是南侧庭院的树木平时看到的一侧及其相反一侧长势较好且易被忽视，所以在修剪树木时，一定要注意观察种树时的方位。

经过多年的岁月累积，树木的北侧面也开始枝繁叶茂了。这时，应采取旋转根系的方法，使树木的南北调换方位，让树形及树木生长获得平衡。

著作权合同登记图字：01-2014-1120 号

图书在版编目（CIP）数据

庭院种植技巧 /（日）山崎诚子著；祝丹译 . —北京：中国建筑工业出版社，2020.7

（建筑基础 110）

ISBN 978-7-112-25019-6

Ⅰ. ①庭…　Ⅱ. ①山… ②祝…　Ⅲ. ①观赏园艺　Ⅳ. ① S68

中国版本图书馆 CIP 数据核字（2020）第 057853 号

责任编辑：李玲洁　杜　洁　刘文昕

责任校对：赵　菲

建筑基础 110

庭院种植技巧

[日] 山崎诚子　著

祝丹　译

*

中国建筑工业出版社出版、发行（北京海淀三里河路9号）

各地新华书店、建筑书店经销

北京点击世代文化传媒有限公司制版

临西县阅读时光印刷有限公司印刷

*

开本：965 × 1270毫米　1/32　印张：7½　字数：302千字

2020年9月第一版　2020年9月第一次印刷

定价：88.00 元

ISBN 978-7-112-25019-6

（35774）